전쟁과 무기의 진화

The Evolution of War and Weapons

전쟁과 무기의 진화

초판 1쇄 인쇄 2023년 09월 01일
초판 1쇄 발행 2023년 09월 05일

지은이 백상환
발행처 ㈜서원각

등록번호 1999-1A-107호
주소 경기도 고양시 일산서구 덕산로 88-45

ISBN 979-11-257-4203-6 13390
가격 20,000원

프롤로그

클라우제비츠가 저술한 『전쟁론』에서 그는 전쟁은 '다른 여러 수단들을 혼합하는 정치적 교섭의 연장'이라고 정의했다. 흔히 인용되는 영어 문구[1]보다도 원래의 독일어 표현이 애초의 미묘하고 복잡한 의미를 더욱 잘 나타내고 있다. 클라우제비츠의 생각은 국가와 국익을 보호하기 위한 합리적 계산을 전제로 하였지만, 사실 전쟁은 국가나 외교, 전략이 생기기 훨씬 오래전부터 이미 존재했다. 전쟁은 인류의 기원만큼이나 오래되었으며 인간 심성의 가장 비밀스러운 자리에서부터 비롯된다.[2]

전쟁은 '인간 본성(人間 本性)'에서 출발한다고 볼 수 있다. 싸움이 시작된 이래 도구를 활용하면서 대량 살상이 가능해졌고, 집단 간의 갈등을 무력으로 해결하기 시작했다. 또한 농업 혁명과 가축의 사육으로 인한 잉여 자산의 증가는 자연스럽게 도시와 국가를 형성하면서 지배와 피지배의 관계를 형성했다. 그러면서 전쟁의 본질은 더 많은 재화와 노예를 획득하기 위한 약탈의 본성을 지니게 되었고 이러한 전쟁의 양상은 적어도 전문직업군인과 국민

---

1) '전쟁은 다른 수단에 의한 정치의 연장' 또는 '정치적 목적을 달성하기 위한 수단'
2) John Keegan, 『세계전쟁사』(서울: 까치글방, 2019), 유병진역, p. 17.

군대가 확립되기 이전까지 지속되었다.

전쟁은 다음과 같은 속성을 지닌다. 전쟁을 수행하는 과정에서 끊임없는 마찰과 우연의 요소가 동반되고, 이러한 간섭과 충돌이 때로는 전쟁의 범위를 확대하기도 하고 제한하기도 한다. 마찰은 기후나 자연현상과 같이 외적인 면과 편성, 무기체계 등과 같은 내적인 면으로 구분된다. 우연은 계획과 시행 간에 발생할 수 있는 요인으로 계획은 계획일 뿐이라는 것이다.

따라서 전승(戰勝)은 이러한 마찰과 우연의 요소를 얼마나 유리하게 활용하는가, 또는 감소시킬 수 있는가의 문제이기도 했다. 이러한 문제는 당연히 무기의 발전과 전술의 변화를 가져왔다. 무기가 전술의 변화를 선도했느냐, 아니면 전술의 변화에 맞게 무기가 발전했는가에 대한 문제는 이제 진부한 질문이 되었다. 전쟁을 통해 무기와 전술은 서로에게 영향을 주면서 역동적으로 진화해왔기 때문이다. 저자는 이러한 무기와 전술에 관한 이야기를 전쟁사를 통해 살펴보고자 한다.

본 내용은 무기의 발전과 전술의 변화의 관점에서 시대를 구분짓는 또는 전쟁의 양상을 특징짓는 대표적인 전쟁과 전투를 통해 전쟁과 무기가 어떻게 진화되어 왔는가를 통섭(統攝)해 보려 했다. 특히 전쟁이 갖는 순기능적인 역할 중에 문명의 교류에 관심을 두었다. 고대 메소포타미아 지역의 이합집산, 알렉산더의 원정, 로마의 도로, 십자군 원정, 몽골의 유럽 원정, 나폴레옹의 전쟁, 오스만제국의 번영, 제1·2차 세계대전까지 모든 동서양 문명이 전쟁을 통해 직간접적으로 교류되었기 때문이다.

전쟁의 기원과 고대 전쟁에서는 아나톨리아 반도의 전쟁을 주로 언급했는데, 이는 이 지역이 인류 문명의 근원이라고 판단했기 때문이다.3) 현재까지 밝혀진 역사적 사실에 의하면 지금의 중동지역은 동양과 서양을 이어주고 문명을 전파한 교량과도 역할을 했다. 그리고 그러한 교류의 동력은 전쟁이었다. 승자든 패자든 자기가 알지 못했던 새로운 문화적 충격을 경험하면서 융합의 문화를 형성해 나갔다.

시대를 대표하는 주요 전쟁을 보다 많이 포함하지 못한 아쉬움은 있으나, 완성도를 제고할 수 있는 기회가 오리라 생각하면서 미흡한 작업을 마무리했다. 전쟁과 무기는 계속해서 진화될 것이고 과학기술의 발달은 이러한 주기를 단축할 것이며, 오늘의 전쟁과 무기가 결코 과거와 분리될 수 없기 때문이다. 이것이 전쟁과 무기의 진화를 지속적으로 연구해야 하는 이유이다.

---

3) 우리나라에서는 세계 4대 고대문명을 살짝 소개하고는 유럽 문화의 뿌리라며 그리스-로마 역사에서 출발하여 중세의 암흑기, 대항해시대, 르네상스, 종교개혁을 거쳐 산업혁명과 근대화로 귀결되는 서양의 역사 흐름을 중심으로 세계사를 가르친다. 서구 문물이 도입되면서 근대화를 서구화와 동일시하였고 그들의 세계관을 그대로 받아 들였기 때문일 것이다. 그러다 보니, 정작 인류사의 핵심인 아나톨리아 반도의 역사와 문명을 심층 깊게 다루지 못했다. 이희수, 「인류 본사」(서울: 휴머니스트출판그룹, 2022), pp. 15~16.

차례

프롤로그 • 3

1장

창검과 대형의 시대

전쟁의 기원 • 10
석기 시대에서 청동기와 철기 시대로

창검과 방패, 그리고 대형 • 26
그리스 페르시아 전쟁, 진의 중국 통일

밀집보병의 시대, 그리고 사선대형 • 44
펠로폰네소스 전쟁, 레욱트라 전투

다양한 병종과 대형의 실험 • 59
알렉산더와 로마 제국

2장

총포와 기동의 시대

기동을 위한 군사적 혁신(1) • 96
몽골 제국

창검의 시대에서 총포의 시대로 • 118
30년전쟁, 7년전쟁

기동을 위한 군사적 혁신(2) • 174
나폴레옹

뒤늦은 근대화의 시험장 • 219
청 · 일전쟁, 러 · 일전쟁

기관총과 철조망, 그리고 참호 • 249
제1차세계대전

3장

군사과학기술의 발달과 신개념의 등장

기동을 위한 군사적 혁신(3) • 280
제2차세계대전(유럽 전역)

항모의 전쟁 • 323
제2차세계대전(태평양 전역)

제4세대 전쟁 • 348
베트남, 이라크, 아프칸

에필로그 • 375
부록 : 전쟁사 연표 • 378

1장
창검과 대형의 시대

전쟁의 기원

석기 시대

싸움, 전투, 전쟁의 의미는 그 대상과 시공간적 범위에 따라 명확하게 구분될 수도 있지만, 때로는 애매하게 사용될 수도 있다. 누구에게는 싸움이고 누구에게는 전쟁일 수 있는 이 개념들은 아마도 인류의 역사와 함께 한 가장 오래된 단어일 수 있다. 구분을 한다면 전쟁은 조직이나 단체의 목표가 달성될 때까지 끝나지 않는 과업이고, 전투는 최종 목표를 달성하기 위한 일련의 행동이다.

선사시대는 '싸움'이라고 표현하는 것이 적절하다. 한정된 자원과 감정의 갈등, 그리고 때로는 종교적 대립 등이 그러한 '싸움'의 원인이었을 것이고 우리가 이 시대의 '싸움'을 확인할 수 있는 방법은 동굴의 벽화나 발굴작업을 통해서이다. 35만 년 전 네안데르탈인이 창에 의해 골절된 흔적이 발견되었다고 하는 것은 자연스러운 현상이다. 도구를 사용해서 사냥하고 나아가 사람에게 상해를 입히는 행위들이 자연스럽게 이루어졌던 시대이다.

신석기 시대에 이르면 활, 돌팔매, 단검, 손도끼 등이 발견되는데, 이는 개인 간의 '싸움'이 집단 간의 '싸움'으로 진행되고 있음을 알려준다. 또한 이 시대에 그려진 벽화에서 무기를 들고 무리를 지어 행진하는 모습을 볼 수 있는데 이는 오늘날의 전투대형과 흡사하다.[4]

공동의 사냥과 농경으로 인한 잉여재산의 발생, 이로 인한 영역의 갈등은 집단 간 싸움으로 발전했다. 버트 하드웨이는 로렌트의 '영역' 개념을 발전시켜서 개별적 공격성이 집단적 공격성으로 변모되는 과정을 설명했다. 더 효과적이라는 이유 때문에, 인간 집단들은 육식동물들과 마찬가지로 공동적 영역을 설정하고 함께 사냥하는 법을 배웠고, 그 결과 협동적 사냥이 사회구조의 근간이 되었으며, 공동의 영역을 침범하는 타 부족들과 싸워야 했다는 것이다.[5]

신석기 시대에는 세계 최초의 도시인 예리코(Jericho)가 레반트 지역에서 등장했다. 석벽과 대리석벽으로 둘러 쌓여있고, 2천~3천 명을 수용했으며, 거대한 석탑이 존재하고 있었다. 사탈휘익(튀르키예어 : Çatalhöyük)은 터키 중앙 아나톨리아 지역 콘야(Konya)에 있는 신석기 시대 초기 도시 유적으로 대략 BCE 7,500~5,700년 사이에 존재했으며 BCE 7,000년에 번성했다.

---

4) 스페인 르방(Levant)에 있는 신석기 시대 동굴벽화
5) John Keegan, 앞의 책, p.130.

싸탈휘익(CatalHuyuk) 地域 발굴 현장6)

　요새의 개념, 즉 성(城)의 개념이 등장했다. 약탈로부터 개인 및 집단을 보호하기 위한 것으로써, 집단 간의 갈등이 '싸움'의 단계를 넘어 전투의 형태로 발전한 것으로 보인다. 이러한 전투는 상대방의 굴복 내지 말살을 목표로 장기간 진행되기도 했을 것이다. 전쟁의 개념으로 진화한 것이다.

6) [Wikimedia Commons], Murat Özsoy,
　https://commons.wikimedia.org/wiki/File:%C3%87atalh%C3%B6y%C3%BCk,_7400_BC,_Konya,_Turkey
　_-_UNESCO_World_Heritage_Site,_08.jpg

청동기와 철기 시대

메기도(Megiddo) 전투

BCE 3,100년부터 문명을 시작하고 발전시켰던 이집트는 왕조가 거듭되면서 군사력과 문명의 성쇠(盛衰)가 계속되었다. 그들의 영향력은 이집트 뿐만 아니라 메소포타미아 지역까지 확장하기도 하였는데, 이 과정에서 신흥 강국들과의 경쟁도 불가피했다. 오히려 힉소스(Hyksos)족(族)[7]은 BCE 1,670~1,567년 이집트로 쳐들어갔고, 이집트의 일부 지역을 백여 년 동안 지배하기도 했다.

힉소스족은 당시에는 획기적으로 말과 전차를 자유롭게 빠른 속도로 운영했다. 이집트인들은 이들을 몰아내기 위해 그들처럼 말과 전차 타는 법을 배우게 되었다. 심지어 이집트인들은 전차를 개량해 바퀴의 축이 뒷부분에 위치하는 보다 빠른 전차를 만들어냈다.

---

7) 이집트 제2중간기 동안 이집트 역사에 나타나 나일강 동부의 델타(Delta) 유역을 점령하고 이집트 제15왕조를 만들어 통치

시속 40km까지 달릴 수 있는 이집트 전차에는 합성궁(合成弓)8)을 든 병사를 태워서 기동력과 충격력을 발휘했다. 이집트군은 빠른 전차와 긴 사정거리의 활 덕분에 원거리부터 우세한 전투력을 발휘할 수 있었고, 도주하는 적을 더욱 효과적으로 격퇴할 수 있었다.

메기도(Megiddo) 전투는 BCE 1,457년경 투트모세 3세(Thutmose III)가 이끄는 이집트 신왕국과 레반트 지역 국가들 사이에 일어난 전투였다. 메기도의 뜻은 '주둔지'. 현재 이스라엘 북부에 있으며, 나사렛 근처 남서쪽에 위치한다. 여호수아 12장에서 여호수아가 정복한 가나안 지명으로 최초 등장한다. 기록에 의해 전투상황을 추정 가능한 최초의 전투였다.

두 살 때 제위에 올랐으나 여왕처럼 행세한 계모이자 고모인 하트셉수트(Hatshepsut)에게 눌렸던 심약한 파라오 투트모세 3세는 청년이 되면서 조금씩 달라졌다. 하트셉수트가 죽은 지 채 2달도 되지 않아 인근 카데시의 왕이 군대를 끌고 메기도 지방으로 쳐들어왔다. 소식을 들은 투트모세 3세는 이 전투가 왕권 강화의 좋은 기회로 여기고, 대군을 편성해 메기도로 향했다.

---

8) 목재와 짐승의 뿔, 힘줄 따위 비목재 재료를 조합하여 만들어낸 활

해안을 따라 북
상한 투트모세 3세
는 2개월의 강행군
끝에 적군이 버티
고 있는 메기도 인
근에 다다랐다. 당
시 메기도와 투트
모세 3세 사이에는
한 산맥이 자리하

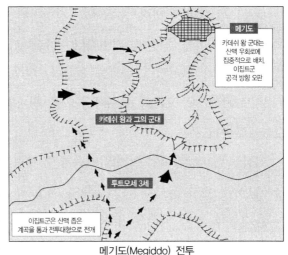

메기도(Megiddo) 전투

고 있었는데, 산맥을 넘어가는 방법은 3가지가 있었다. 산을 북쪽
과 남쪽으로 크게 돌아가는 방법이 각각 1개씩 있었는데, 왕실 신
하들은 산맥을 우회하는 경로가 가장 안전하다고 보고했다.

그러나 투트모세 3세는 신하들의 제언이 겁에 질린 것이라 생
각해 물리쳤다. 대신 그는 산맥 가운데로 뚫려 한 사람씩 겨우 지
나갈 만한 좁은 통로를 통해 산을 바로 돌파하기를 택했다. 이 전
략은 대성공이었다. 투트모세 3세의 군대는 바로 적군 정면에서
기습적으로 돌격할 수 있었고, 산맥에서 이집트 병사들이 나올 줄
은 상상도 못했던 적군은 쓸려나갔다. 적군은 패퇴해 메기도 성벽
안에서 농성전을 벌였지만 7개월 만에 궤멸되었다.

투트모세 3세는 반란 수뇌부를 처형하던 관습과 달리 살려둔 채 자녀 350명을 인질로 데려왔다. 이집트에서 교육받은 그들은 고향에 돌아가 친이집트 정책을 펼쳤다. 평생토록 열일곱 번의 싸움을 모두 이겨 '고대의 나폴레옹'으로 평가받았던 투트모세 3세 치하에서 이집트는 왕국에서 제국으로 커졌다.

이집트 승리의 요인은 첨단기술과 경제력의 결합이었다. 당시 사용되었던 전차는 무겁고 기동력이 없었다. 이러한 단점을 극복하고 기동력 및 충격력을 향상시키기 위해 오늘날의 휠(wheel)과 같이 바퀴에 살을 붙이고 전폭을 늘렸다. 창과 화살을 경량화해서 사용을 간편하게 하는 대신 사거리는 늘렸다.

당시 이집트에서 시리아 지역까지 부대를 이동시키는 것은 그 자체가 어려운 일이었다. 일반적인 이동과는 달리 군대는 많은 장비와 무기, 그리고 보급품들이 필요하기 때문이다. 이집트는 이러한 제한사항을 극복하기 위해 장비 및 물자를 표준화함으로써 교체와 수리를 용이하게 했다. 하루에 14t의 식량과 건초, 물 9만ℓ를 대군에 공급하는 병참선을 유지할 수 있었는데, 이는 이집트의 막대한 경제력 때문이기도 했다.

파라오는 자신의 전공을 수도 테베의 거대한 사원 벽에 상형문자로 새겼다.

투트모세 3세의 전승 기록이 새겨진 Karnak temple[9]

카데쉬(Kadesh) 전투

청동기와 철기(부분적인) 무기로 무장한 히타이트가 메소포타미아 지역의 새로운 강자로 부상했다. 히타이트 시대는 청동기와 철기가 공존하는 시대였다. 당시 철기는 매우 귀하고 특수한 물품이었고 주된 도구는 청동기였다. 히타이트 이전의 철기는 주로 운철을 이용해 만들었고 철광석에서 선철을 제련하는 기술은 히타이트인(人)들이 처음 시도한 것으로 보인다.[10]

이집트의 람세스 2세(Ramesses Ⅱ)와 히타이트의 무와탈리 2세(Muwatallis Ⅱ)가 즉위한 지 얼마 안 되는 시점에 시리아 지역의 아무루(Amurru)[11]가 히타이트에서 벗어나서 다시 이집트와

---

9) [Wikimedia Commons], Ovedc,
   https://commons.wikimedia.org/wiki/File:By_ovedc_-_Karnak_temple_complex_-_98.jpg
10) 이희수, 앞의 책, p. 136.

동맹을 맺는 사건이 벌어졌다. 히타이트의 무와탈리 2세는 아무루를 정벌하기 위한 군사행동을 준비했고, 이집트의 람세스 2세 역시 이를 히타이트를 격파할 좋은 기회로 여기고 히타이트를 공격하기 위해 진격하기 시작했다.

BCE 1274년(또는 1275년), 이집트와 히타이트는 시리아 지역의 패권을 놓고 카데쉬에서 격전을 치른다. 이집트의 람세스 2세는 아몬(Amon), 라(Ra), 프타(Ptah), 세트(Sutekh) 사단의 2만여 명 병력과, 전차 2천여 대, 궁병, 창병, 도끼병 등으로 부대를 구성했다. 히타이트의 무와틀리 2세는 4만여 명의 병력과 전차 3,700여 대, 기타 지역과 민족의 특기병들로 전투에 임했다.

진격하던 이집트군은 히타이트군이 이미 카데쉬 요새를 빠져나가 북쪽으로 도망치고 있다는 정보를 입수했다. 이에 이집트군은 신속하게 히타이트군을 추격하기 위해 부대의 이동속도를 높이고, 람세스 2세가 선두에 섰다. 그 뒤를 아문 부대와 라 부대, 세트 부대, 프타 부대가 따라왔는데, 부대 사이의 간격이 너무 벌어져서 서로의 상황을 알 수 없을 정도였다.

①오론테스강을 건너는 이집트 라 사단 앞에 ②히타이트의 전차부대가 크게 회전하여 마침내 모습을 드러내고 그대로 돌격하여 라 사단을 급습했다.(뒷면 요도 '카데쉬 전투 Ⅰ" 참조) 이집트군은

11) 아무루(Amurru)는 아모리인을 가리키는 낱말이기도 하다.

4개 부대 간에 서로 연결이 되지 않았고, 전력도 히타이트군에 미치지 못했다. 더욱이 라 사단은 방심한 상태로 그것도 강을 건너는 도중에 습격당했기 때문에 히타이트군의 공격을 버티지 못하고 그대로 궤멸되었다.

③히타이트군은 이어서 선두의 아문 사단을 공격했으며, 아문 사단 역시 예상치 못한 공격을 받고 궤멸당했다. ④선두에 있던 람세스 2세는 히타이트의 배후를 공격하기 위해 전차부대를 지휘했고, ⑤히타이트의 2제대가 이집트 본대를 공격했다.

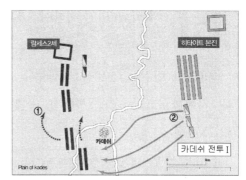

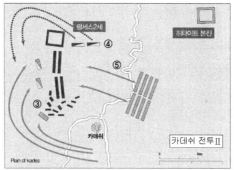

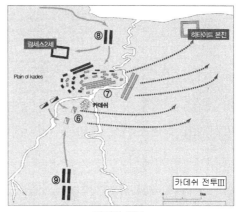

카데쉬 전투

⑥일부 히타이트 전차부대가 이집트 전차부대에 밀려 오른테스

강(江)을 건너 후퇴했다. ⑦히타이트 주력부대가 이집트 본대와 접촉하여 교전을 시작했다. ⑧이집트의 예비였던 네 사단이 북쪽으로 돌아와서 이집트 진영을 강화했다. ⑨프타 사단이 남쪽에서 전투에 참여함으로써 남과 북에서 공격을 받은 히타이트군은 강을 건너 후퇴했다.

이러한 전개 과정은 이집트의 기록에 따른 것이다. 이집트의 부조에는 아문 부대의 모습과 이후 아문 부대가 히타이트 전차부대의 공격으로 무너지는 모습 등이 분명하게 묘사되었다. 이때 당연하게도 일부 히타이트군은 람세스 2세를 잡기 위해 달려들었다.

여기까지는 이집트의 기록도 명확하며 히타이트의 기록과도 일치한다. 그러나 여기서부터 이집트와 히타이트의 기록이 상이하다. 이 때문에 다음에 대체 무슨 일이 벌어졌는지를 놓고 논란이 끊이지 않았다. 확실한 것은 결과적으로 람세스 2세가 히타이트군에게 잡히지 않은 것과 카데쉬 요새는 함락되지 않았다는 것뿐이다.

카데쉬 전투가 종료되자 이집트군은 본국으로 철수했다. 히타이트군은 그대로 군사작전을 계속하여 이집트의 중요한 거점인 우피(현재의 다마스쿠스 주변)를 점령했다. 또한 이집트의 동맹국인 아무루를 공격해서 약탈했다. 아무루는 이때 히타이트에 항복하지 않고 버텨낸 것으로 보이지만, 전투가 벌어진 지 1년 이내에 다시 히타이트의 동맹국이 된 것은 확실하다. 이로써 아시아(중동)에서의 이집트의 영역은 가나안 지역만으로 축소되었다

카데쉬 전투 이후에 맺어진 평화조약은 기록상으로 남아 있는 인류 최초의 평화조약13)이라고 한다. 당시 히타이트의 수도 하투샤(Ḫattuša)에서 맺어진 조약의 내용은 설형문자 점토판으로 발견되었다. 이 조약문 원본은 하투샤 지역이 있는 터키의 이스탄불 고고학 박물관에 전시가 되어있으며, 복사본은 국가 간 평화공존의 상징으로 국제연합 본부에 걸려있다.

이집트-히타이트의 평화협정12)

대규모 전차전의 효시

당시 전차에는 운전수, 궁수, 창수 이렇게 세 명이 타는 게 일반적이었다. 하지만 이집트 전차는 운전수와 궁수, 두 사람만 탑승했기 때문에 보다 빠르게 달릴 수 있었다. 이는 사정거리가 긴 합성궁이 다가오는 적을 효과적으로 견제할 수 있었기 때문에 가능했다.

---

12) [Wikimedia Commons], Osama Shukir Muhammed, https://commons.wikimedia.org/wiki/File:Clay_tablet,_Egyptian-Hittite_peace_treaty_between_Ramesses_II_and_%E1%B8%AAattu%C5%A1ili_III,_mid-13th_century_BCE._Neus_Museum,_Berlin.jpg?uselang=ko
13) 전쟁에서의 승리나 패배로 한 쪽이 다른 쪽에 복종하는 조약이 아닌 대등한 두 세력의 공존을 명시한 평화조약으로써 최초라는 의미

캐리오트(Chariot)라 불린 이집트 이륜 전차는 차축 위에 차체를 올려놓고 그 위에 전사가 올라타는 구조였다. 바퀴 옆에는 활과 화살, 칼, 창을 넣는 주머니를 두었고, 말에 연결해 말의 목덜미 힘으로 수레를 끌게 되어 있었다. 이집트 벽화에 보이는 전차는 바퀴 테가 놀라울 정도로 얇게 설계되어 있는데, 아카드제국(Akkadian Empire)의 이륜 전차에 달린 두툼한 바퀴 테와는 완연하게 구분된다.

이집트에서는 숙련된 수레바퀴 목수가 얇은 판이나 맞춤 구멍 등을 만드는 복잡하고 정교한 기술을 이용해 가볍고 튼튼하고 효율적인 전차를 만들었다. 이집트 전차의 우수한 성능이 알려지면서 이스라엘의 솔로몬 왕을 비롯한 여러 나라에서 이집트 전차를 구입하기도 했다.

이집트의 전차에는 두 사람이 탔는데, 한 명은 말을 몰고 다른 한 명이 방어를 하면서 화살을 쏘아야 했다. 이에 비해 히타이트의 전차에는 세 명이 탔다. 세 번째 병사가 방어를 전담했기 때문에 더 효율적으로 공격할 수

이집트 전차[14]

14) [Wikimedia Commons], 뉴욕 공립 도서관,
   https://digitalcollections.nypl.org/items/510d47d9-480b-a3d9-e040-e00a18064a99

있었다. 하지만 히타이트 전차는 더 많은 무게를 견뎌야 했기 때문에 속도가 느리다는 단점이 있었다. 히타이트는 기습 공격으로 그 단점을 극복했다.

철제 무기로 장비한 新아시리아(Assyria) 군(BCE 900년경~612년)

철제 무기를 최초로 사용한 제국은 지금의 터키 중부에 위치했던 히타이트였다. 그러나 강철 무기로 진정한 제국을 건설한 나라는 아시리아다. 메소포타미아 북부의 왕국으로 히타이트와 교역하던 아시리아는 히타이트로부터 철제 무기를 수입했다. 그리고 히타이트보다 더 빠르게 성장해 히타이트를 위협했고, 마침내 메소포타미아에서 이집트를 아우르는 제국이 됐다.

BCE 911년 아다드 니라리(Adad nirari) 2세가 즉위하면서부터 아시리아가 오리엔트 지역을 석권하고 최강국으로 등극했다. 활발한 철기 보급으로 인한 장비의 발전도 있었고, 상비군 제도를 도입하고 이를 적극 활용하는 등 군사 발전에 많은 투자를 하였기에 강한 군대를 보유했다. 또한 역사에 기록된 군대 중 병참 부대 개념을 가장 먼저 적용함으로써 아시리아는 당대 최고의 군사 강국이 되었다.

전차를 혁신하고 기병을 체계적으로 이용했다. 말의 품종을 개량하고 직접 타는 기마술을 고안하기 전에는 기병을 운용하기 어려웠는데, 아시리아가 오늘날 기병 개념으로 전투용 말을 활용했고, 이를 통해 포위 작전과 섬멸전으로 주변 나라들을 압도할 수 있었다. 단 아시리아가 기마술을 직접 고안한 것인지 아니면 유목민족이 고안한 기술을 도입한 것인지는 논란이 있다. 다만 적어도 아시리아가 싸운 적들 중에 스키타이를 제외하면 아시리아 정도로 기병을 운용한 나라는 없었던 것으로 보인다.

포로를 고문하는 모습의 부조15)

오늘날의 상비군 또는 징집제도와 유사한 군사동원 제도를 갖추고 있었고, 보병과 기병을 혼합한 전술을 개발하기도 했다. 전쟁 중에는 테러리즘을 적극 활용하기도 했는데, 저항한 지역은 주민들은 모두 살해해서 해골 탑을 쌓고, 항복한 지역도 군주와 귀족들은 짐승처럼 코에 구멍을 뚫고 쇠사슬로 엮어 끌고 가 처형했다. 평민들도 먼 곳으로 강제 이주를 시키고, 이 과정에서 거추장스러운 아이들은 바위에 머리를 박아 죽였다는 기록이 있다.

15) [Wikimedia Commons], Internet Archive Book,
https://commons.wikimedia.org/wiki/File:History_of_Egypt,_Chaldea,_Syria,_Babylonia_and_Assyria_(1903)_(14576972178).jpg

아시리아는 공병의 기능에 주목하고 완전히 새로운 전략을 구상했다. 그들은 산과 숲을 가로지르며 적이 예상한 것보다 훨씬 빠르게 이동하고, 유리한 지형을 점거해 적을 쳐부쉈다. 덕분에 아시리아 군대는 쉬지 않고 제국의 국경을 순회해야 했지만, 그만큼 많은 승리를 거두고, 그만큼 많은 전리품을 거둬 병사들에게 나눠줬다. 그리고 제국을 확장시켜 나갔다. 공성전을 위해 충차(battering ram)를 제작하여 사용하는 등 당시로서는 기술적으로도 상당히 진보했다.

창검과 방패, 그리고 대형

고대 그리스 페르시아 전쟁

BCE 513년, 페르시아의 다리우스(Darius) 1세는 도나우강을 건너 스키타이를 정벌하고 발칸 반도 원정을 시작했다. 트라키아와 마케도니아를 점령한 다리우스 1세는 다뉴브강을 거슬러 올라가며 영토를 확장했다. 이때 트라키아 반도에 주둔하던 아테네군 사령관 밀티아데스(Miltiades)가 페르시아군의 진격을 막기 위해 다리를 불태웠다. 페르시아의 다리우스 1세는 매우 분노했고, 이후 페르시아의 트라키아 공격의 원인이 되었다.

페르시아의 1차 원정

BCE 499년, 소아시아 연안에 있는 이오니아(Ionia) 지방의 그리스 도시 밀레투스(Miletus)의 정치가 아리스타고라스(Aristagoras)가 주변 소도시들과 연합하여 이오니아 반란(BCE 499~BCE 494)을 일으켰다. 다리우스 1세는 BCE 494년 이오니아 소도시들을 모두 점령했고, BCE 492년 함대를 정렬하고 사위 마르도니우스(Mardonius)를 사령관으로 하여 그리스 북쪽에 있는 트라키아 원정을 시작했다.

함대는 헬레스폰트 해협(Hellespont, 오늘날의 다르다넬스 해협)을 통과했다. 그러나 함대는 아토스(Athos) 곶(串)에서 폭풍을 만나 난파했으며, 역사가 헤로도토스의 기록에 따르면 300척의 전함과 20,000명의 군사를 잃었다고 한다.

페르시아의 2차 원정

다리우스 1세의 형제 아르타페네스(Artaphernes)와 장군 다티스(Datis)는 실리시아(Cilicia)군을 주력부대로 하는 대군을 이끌고 아티카(Attica)와 에레트리아(Eretria) 시(市)를 공격했는데, 그 명분은 이 도시들이 이오니아 반란을 도왔다는 것이었다.

페르시아 함대는 키클라데스(Cyclades) 제도(諸島) 연안을 따라 에우보이아의 에레트리아를 공격하여 이를 함락시키고, 이어 아테네 북동쪽에 있는 마라톤(Marathon) 평야에 상륙, 아테네를 공격했다. 아테네는 스파르타에 지원을 요청했으나 스파르타는 종교행사를 이유로 파병을 지체했고, 플라타이아에서 온 1천여 명의 지원군을 포함 1만여 명으로 페르시아군과 맞섰다.

밀티아데스는 양 측면을 하천으로 보호할 수 있는 지역을 전장으로 선정하였고, 그곳으로 적을 유인했다. 그는 열세한 병력수(數)를 용병술로 보완했다. 종심을 줄이고 그 대신 전면을 페르시아군과 일치하도록 길게 늘였다. 그리고 중앙의 종심을 더욱 얇게 하는 대신, 양 측면에는 병력을 두껍게 배치했다. 반면에 페르시아군은 평소와 같이 8열 종심의 균일한 방진을 갖추었다.

양군 간 거리가 1.6km에 이르렀을 때 밀티아데스는 전진 속도를 증가시켰다. 단, 중앙은 서서히 전진토록 했다. 페르시아군은 빠른 속도로 진군해오는 그리스군의 모습을 보고 그저 좋아했다. 기병도 없고 궁병도 없는 그들이 자멸의 길로 빠져들고 있다고 생각했기 때문이다. 그러나 그리스군은 페르시

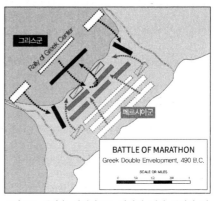

그리스군 중앙을 상대적으로 약하게 배치 중앙과 양 측면의 속도를 조절하여 자연스럽게 포위망 형성16)

아 궁병들의 사정거리(약 162m) 내에 들어가자마자 보다 신속한 속도로 공격하면서 활 공격을 받는 시간을 최소화했다.

그러면서 양 측면의 우세한 병력이 페르시아군 대열을 부수기 시작하고, 뒤편 중심부를 향해 완전히 포위한 다음 전열이 흐트러진 페르시아군을 크게 격파했다. 이런 상황은 단지 15분 사이에 전개된 일로서 페르시아군 보병은 미처 준비할 새도 없이 정신없이 당했다. 그리스군의 속도에 놀라고, 양측 면 공격에 다시 놀랐으며, 기병과 궁병들은 손도 쓰지 못하고 도망가기에 바빴다.

헤로도토스에 따르면 페르시아군은 6,400명을 잃은 반면, 아테

---

16) [Wikimedia Commons], The Department of History, United States Military Academy,
   https://commons.wikimedia.org/wiki/File:Battle_of_Marathon_Greek_Double_Envelopment.png

네군은 192명만을 잃었다. 이후 페르시아군은 아테네 공략을 단념하고 스니온 곳을 돌아 귀국했다.

페르시아의 3차 원정

다리우스 1세의 뒤를 이은 크세르크세스(Xerxēs)는 페르시아가 동원할 수 있는 모든 군대와 물자를 모아 그리스로 진격했다. 그러나 유례없이 큰 규모로 인해 진군 속도가 느려졌으므로, 그리스군은 그동안 충분한 방어 태세를 갖출 수 있었다. 스파르타를 중심으로 하는 30개 그리스 도시국가가 참여한 동맹이 결성되었으며, 육군은 스파르타가, 해군은 아테네가 지휘권을 맡았다.

페르시아군은 헬레스폰토스 해협에 선교(船橋)를 걸고, 아토스 곳에 운하를 판 뒤, BCE 480년 8월, 해륙(海陸) 양면에서 그리스를 공격했다. 그리스군은 테르모필라이의 협로에 7천 명의 병력을, 아르테미시움에(Artemisium) 271척의 전함을 배치하고 페르시아군을 맞았다. 스파르타 왕 레오니다스는 중부 그리스로 가는 통로에 해당하는 테르모필라이의 협로를 지켰으나 내통자(內通者)가 생겨 돌파당함으로써 전원 전사했다.[17]

그러나 해전(海戰)에서는 상황이 달랐다. 아테네는 테미스토클레스 (Themistocles)의 대함대 건조 제안을 채택하여 페르시아의

---

17) 에피알테스라는 지역 주민이 그리스인을 배신하고 그리스 전열 뒤로 이어지는 작은 샛길을 누설했다. 포위당했음을 알게 된 레오니다스 왕은 그리스 군대의 진열을 해체하고 후방을 지키기 위하여 스파르타인 300명, 테스피아이인 700명, 테베인 400명 그리고 여타 몇백의 군사들을 배치하였는데, 이들 대부분이 전사했다.

재침공에 충분히 대비하고 있었다. 테미스토클레스는 아테네 시민들을 설득, 협조를 받아냈으며 전투 장소를 살라미스(Salamis)섬과 아티카 사이의 해협으로 결정했다.

그곳 해협은 폭이 2~3km로 좁아서 페르시아의 밀집함대를 끌어들여 싸운다면, 우수한 해군을 거느린 그리스에 충분히 승산이 있다고 보았다. 본래 살라미스섬은 바다의 신인 포세이돈이 아들을 낳은 곳으로써, 그곳을 점령한 자가 바다를 장악한다는 전설이 전해오는 섬이었다.

해협이 페르시아 함대로 꽉 메워질 때까지 기다리다가 테미스토클레스는 일순간에 공격 명령을 내렸다. 그리스 3단 노선은 적선의 노를 부러뜨리고 적선 좌우 측면을 들이받고 하는 등의 기술적 이점을 유감없이 발휘했다. 약 7시간의 격전을 치른 결과 페르시아는 200척의 함선을 격침당했고, 또 그만한 숫자를 그리스군에 포획당했다. 이에 비해 그리스 함대는 불과 40척을 잃었을 뿐이다.

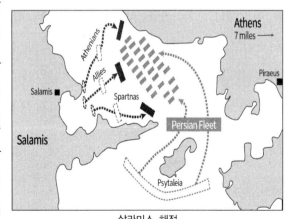

살라미스 해전
(검정 : 그리스 연합 해군, 연한회색 : 페르시아 해군)

크세르크세스는 철수를 결정했고 마르도니우스에게 뒤를 맡겼다. 살라미스 해전(BCE 480)의 패배에도 불구하고 타격을 덜 받았던 페르시아 육군은 북부 그리스에서 겨울을 지냈다. 다음 해, 페르시아군은 다시 남진했고 그리스 연합군과 격돌했다. 스파르타의 장군 파우사니아스 지휘 하의 그리스 연합군 중장보병부대는 보이오티아 남쪽 키타일론산(山) 북쪽 기슭의 플라타이아이의 동쪽으로 진출하여 마르도니우스 지휘하의 페르시아군과 10여일 간 대치했다.

마르도니우스는 기병을 이용 그리스군을 평지로 유인하려 했으나 그리스군이 이에 응하지 않았다. 페르시아군은 그리스군의

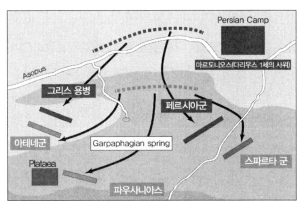

플라타이아이 전투

유일한 식수원(Garpaphagian spring)을 장악하고 보급로를 차단하는 등 그리스군을 불리한 상황으로 몰아갔다.

이에 그리스군은 야음을 틈타 부대 위치를 좀 더 후방으로 조정하려 했다. 그러나 정확한 위치를 찾지 못하고 부대 간 협조가 되지 않아 새벽이 되면서 그리스군 전체가 혼란에 빠졌다. 이러한 상황을 지켜본 페르시아군은 기회라 생각하고 전면적인 공격을 시작했다.

그러나 페르시아는 근접전투 상황에 그리스와 스파르타의 중장보병을 당해내지 못했다.[18] 아소포스(Asopus)강(江) 넘어 페르시아 캠프까지 후퇴한 페르시아군은 궤멸적인 인명 손실을 입었다. 같은 해 그리스 함대가 소아시아의 미칼레 전투에서 페르시아 함대를 격파함으로써 페르시아의 그리스 원정은 모두 실패했다.

소아시아 연안의 그리스 도시들은 페르시아의 지배에서 벗어났다. 아테네는 델로스 동맹의 맹주(盟主)가 됨으로써 정치적·재정적으로 그리스의 패권을 잡았다. 중장보병(重裝步兵) 또는 해전에 참여했던 시민들은 하나의 계급으로 성장하면서 발언권이 강화되었고, 이를 통해 아테네의 민주화가 촉진되었다.

페르시아군대 조직 및 특징

페르시아군은 전장에서 활과 말을 잘 사용했고, 고대 메소포타미아 지역에서 가장 강한 군대를 보유했다. 이집트와 몇몇 주요 지역에서 상비군을 운영했고, 유사시에는 각 지방에서 징집되어 최대 30만 명의 제국군을 확보할 수 있었다.

군 조직은 각각 10개, 100개, 1,000개, 1만 개의 부대로 구성됐으며 분대장은 페르시아인으로 구성되었다. 항상 최소 1만 명 이상을 유지했던 상비군은 모두 페르시아인으로 구성됐다.

---

18) 이 전투에 동원된 페르시아군은 10만, 그리스군은 8만을 헤아렸는데, 특히 약 3만 5,000명에 이르는 그리스 중장보병은 그 우월성을 유감없이 발휘했다.

페르시아군은 유사시 인종과 지역이 다른 세력을 징집하여 전술적으로 각각의 고유한 특성을 그대로 유지했다. 바빌로니아인들은 철제 헬멧을 쓰고 창과 몽둥이로 무장했다. 박트리아 사람들은 활과 도끼를 사용했고, 파플라자니아 사람들은 창으로 만든 무기를 사용했으며 사르가트 유목민들을 주로 기병대원으로 사용했다.

한편 순수 페르시아인들로 구성된 부대의 경우 보병들이 때로는 단검과 창을 들고 다녔지만 주무기는 활이었다. 방패와 갑옷은 각각 잔가지와 천으로 만든 것을 사용하여 가벼웠다. 페르시아군대는 활을 잘 쓰는 것으로 유명했고, 최대 유효 사거리는 약 160m였다. 기병이 먼저 공격하면 보병들에 의한 활의 집중 사격이 시작되었다.

페르시아군대는 기마전술에 통달한 군대였다. BCE 5세기 초반까지 페르시아 기병은 활과 창으로 무장했다. 당시 기병대의 장비를 마련하기 위해 남긴 기록에는 갈기를 손질한 말, 마구, 철제 마갑, 투구, 가죽 흉갑, 방패, 120개의 화살, 방패에 박는 철제 징, 두 개의 투창과 일정량의 현금 등이 필요한 것으로 되어있다. BCE 5세기 후반부터는 가죽으로 제작된 기병용 방패가 널리 사용되었다.

또한 페르시아군은 제국 함대를 보유하고 있었다. BCE 500~330년에 이르는 동안 400척 내지 800척의 군함을 보유했고, 주력 함선은 3단 노선(트라이림, triremes)이었다. 이러한 해

군은 300척 단위로 편성되었으며[19], 크세르크세스의 원정 당시에
는 800~1,000척 이상의 전함이 동원되었다.

그리스 군대 조직 및 특징

고대 그리스의 팔랑스[20]

기원전 7세기경 그
리스는 근동에서는 찾
아볼 수 없는 독특한
전술을 개발했다. 보
병의 밀집대형은 직사
각형 모양 때문에 '팔
랑스(Phalanx)'라고 불렸다. 보통 8단 수평형 포메이션으로, 싸울
때 열과 오의 견고함을 기본으로 상대 수비와 정면 충돌해 상대를
짓누르는 것을 목표로 했다. 적이 침투하지 못하도록 전선을 통폐
합하는 것이 매우 중요했다.

기본적인 전투방식은 청동으로 만들어진 큰 원형 방패를 일렬
로 포개어 적들의 무기가 파고들 수 없을 정도로 두껍고 넓은 방
패 벽을 만들고, '도리'라 불리는 창을 역수로 쥐고 방패 벽 너머
로 적병들에게 내리꽂는 것이었다. 기본적으로 대열을 유지하면서
방패로 자신과 옆 병사를 동시에 방어하는 것이 포인트이다.

가장 훌륭한 병사들이 오른쪽에 배치되었는데, 각 개인은 왼손

---

19) 헤로도토스는 페르시아의 함대가 30척이 기본 단위이며 하위 단위로 10척씩 구성되어 있다고 했다
20) [Wikimedia Commons], https://commons.wikimedia.org/wiki/File:Greek_Phalanx.jpg

에 방패를 들고 그것으로 자기 몸의 왼쪽 반신만을 가렸고 우측면은 우측 병사의 방패에 맡겨야 했기 때문이다. 보병 병사인 호플라이트(hoplite)는 창과 방패를 스스로 준비해야 했다.

호플라이트(hoplite)[21]

그들은 2.1m에서 2.4m 길이의 창을 가지고 있었다. 그래서 각 병사들은 약 34kg의 장비와 무기를 가지고 싸워야 했다. 가장 독특한 무장은 '호프론(hoplon)'이라고 불리는 방패였다. 초기에는 여러 가지 종류가 있었지만, 나중에는 어느 정도 통일할 수 있었다.

호플라이트 개인은 단순히 형식적인 군인이었고, 이전의 귀족 전사들에게는 상대가 되지 않았으며, 고립될 때 적들에게 좋은 표적이었다. 그러나 밀집된 포메이션으로 전투할 때는 강력한 전투력을 보였고, 재래식 전사의 공격이나 페르시아군의 공격 등 기병 위주의 대규모 병력을 제압할 수 있었다. 그리스인들의 밀집된 전투대형은 농업 체제에서 나온 것이라고 고대 그리스 역사학자 제노폰은 설명했다.

---

21) [Wikimedia Commons], Megistias, https://commons.wikimedia.org/wiki/File:Hoplites.jpg

그리스인의 전투는 기본적으로 농지를 둘러싸고 밀집된 형태로 싸웠고, 농민들은 언덕이나 산에서 싸우지 않았다. 일반적으로는 수확 철이 끝난 뒤 반나절 전투 형식으로 전투가 벌어져 약속 장소에 모이기도 했다. 통상 전투 시간은 매우 짧았고, 한 번의 충돌로 종종 결말이 났다.

그리스인들은 전장에 나가는 것은 영광이고 전장에서 죽는 것은 삶의 자랑스러운 결말이라고 여겼다. 그는 자신의 분수를 굳게 지키고 죽을 때까지 싸워야 하며, 방패를 버리고 도망치는 것이 가장 비굴하다고 생각했다. 비겁할 뿐 아니라 다른 동지를 위태롭게 하기 때문이다. 특히 그리스 도시국가 스파르타가 전사들에게 이러한 정신을 주입했다.

스파르타는 완전히 징집된 국가로서 군인들을 훈련시키기 위해 모든 노력을 다한 도시국가였다. 스파르타의 성인 남성들은 모두 30세까지 정기적으로 군 막사에서 생활하며 고도의 군사 기술을 연마해야 했다. 그리스의 다른 도시국가들의 군대는 스파르타 군대보다 엄격하지 않고 훈련도 덜 했지만, 스스로를 방어하는 희생 정신에서 스파르타 군대와 다를 바 없었다.

테미스토클레스의 호소에 힘입어 아테네는 3단 노선(trireme)을 건조했다. 170명까지 노를 저을 수 있는 이 배는 1인당 하나의 노를 맡도록 했으며, 전체적으로는 3단으로 배열되어 있었다. 그리스 도시국가들은 모두 총 380척의 함대를 확보했다. 1,200척의 페르시아 함선과는 비교가 안 되는 숫자지만, 그리스 3단 노함선이 질적으로는 우수했다.

당시 해전은 육지가 보이는 곳이나 해안으로부터 가까운 곳에서 전개되었다. 그리스 3단 노선은 페르시아 전함에 비해 기동력은 떨어졌으나 건조하여진 지 얼마 되지 않아 무게가 무거워 충격력에서는 훨씬 뛰어났다. 그리스 함선은 단단한 뱃머리를 높이 세우고 최고 속력으로 돌진, 적선에 부딪침으로써 적선을 침몰시킬수 있었다.

춘추전국시대와 진(秦)의 통일, 그리고 진법(陳法)

춘추전국시대(春秋戰國時代)는 BCE 770년부터 시황제(始皇帝)가 중국을 통일한 BCE 221년까지의 춘추시대와 전국시대를 합한 시기이다.

춘추전국시대는 잦은 전쟁으로 정치적인 혼란이 거듭되었으나, 사회·경제적으로는 오히려 변화와 발전이 있었다. 제후들의 새 영토 확장으로 중국인의 생활권이 춘추시대 말에는 양쯔강 유역까지 확장되었고, 전국시대에는 중국 서부와 만주의 랴요허(요하, 遼河)강(江) 하류까지 영토가 확대되었다.

확장된 새 영토에는 관리를 파견하여 직접 통치하는 방식을 취했으니, 이 것이 중국의 관료 제도를 낳게 되었다. 이러한 통치 방법은 봉건 제도에 동요를 일으켜, 누구든지 재능만 있으면 관리가 되어 그 능력을 충분히 발휘할 수 있었다. 농업은 철제 농기구의 사용, 우경의 시작, 경작지의 확대 등으로 생산이 크게 증가하여 잉여 농산물이 생기게 되었다.

한편, 토지 공유 제도가 무너져 토지의 사유가 인정되었으며, 토지나 생산물의 다과를 기준으로 세를 받는 조세 제도도 생겼다. 이와 같은 농업 경제의 변화와 더불어 제후 간의 세력 다툼이 생겨났다.

또한 제후국 간에 교통이 발달하고 물자를 교역하는 큰 시장이 열리니 상업의 발달을 보게 되었다. 이러한 상업의 발달은 화폐의 유통을 가져왔으며, 그것은 한반도와 일본에까지 유포되었으니 명도전이 그 한 예이다.

춘추전국시대를 끝내고 중국을 최초로 통일한 나라가 진(秦)이다. 진나라는 강력한 법치국가(상앙이 행한 법가에 따른 개혁)를 근간으로 당대 최고의 군사력을 유지하였으며, 이러한 군사력으로 중국을 통일할 수가 있었다.

사마천의 〈사기〉에는 다음과 같은 기록이 있는데, '진의 병사는 전투에서의 공적에 따라 그에 걸맞은 상과 작위를 받았다. 전투에서 공을 세우지 못한 사람은 아무리 왕족이라도 가차 없이 처단했다.'고 한다. 이런 이유로 진나라 병사들은 전투에서 끝까지 적을 추격해 섬멸을 시도했고, 무조건 적의 머리를 베는 수대로 진급할 수 있었다. 특히 진나라는 외국인 인재 등용에 적극적이었고, 이 들을 치열한 첩보전의 인맥으로 활용했다.

진(秦)의 무기와 진법

무기체계와 관련, 진은 청동기에서 철기로 이어지는 시기로서, 기술적 혁신을 통해 전투력을 향상시켰다. 중국식 석궁인 '노궁'은 활시위가 거의 60cm까지 당겨졌던 강력한 무기로, 같은 시기 유럽식 석궁에 비해 비거리와 파괴력 면에서 앞섰다.

특히 화살은 철로 된 철심이었고 철이 풍부한 진나라만이 만들 어낼 수 있었던 이 철심 화살은 노궁으로 쏠 경우 최대 400m까지 날아갈 수 있었다. 더욱 놀라운 점은 부품의 규격화였는데, 이로 인해 진나라 군대는 늘 여분의 부품을 충분히 가지고 있었고, 따라서 고장 난 병기도 신속하 게 수리할 수 있었다.

노궁을 이용한 진나라의 전 술은 세 명이 한 조로 교대로 발사하며 전진하는 전술이었다.

노 궁22)

---

22) [Wikimedia Commons], Gary Todd,
   https://commons.wikimedia.org/wiki/File:Qin_State_Bronze_Crossbow_Trigger_with_Replica_Bow_(993
   0726505).jpg

노궁을 연속 발사하여 계속 적을 압박하며 진격로를 열면 후방의 전차와 보병이 쇄도해 들어가는 매우 효과적인 공격 전술이었다.[23]

당시 메소포타미아 지역과 마찬가지로 진나라의 돌파, 돌격 제대는 말에 수레를 연결한 전차였다. 수레에는 보통 기수와 궁수가 탑승했고 때로는 창병이 함께 타기도 했다. 궁수는 노궁과 활을 사용했고, 창병은 '과'라는 꺾쇠 모양의 창을 이용해 상대방 전차에서 적병을 걸어 떨어뜨렸다.

하지만 전차는 말에 비해 기동력과 범용성이 많이 떨어졌다. 특히 기동로의 환경에 따라 이동의 제약이 심했다. 중국의 지형상 말을 타고 가면 비교적 쉽게 통과할 수 있는 지형도 전차는 이동이 불가능한 경우가 많았다. 병마용 출토 당시 말 모형의 발견은 대단히 놀라운 것이었다. 아마도 중앙아시아에서 들여온 말로 추정되는데, 진나라 군대의 말은 전차를 끄는 힘과 지구력이 우수한 것으로 알려져 있다.

일반 병사들은 '피'라는 창을 사용했다. '피'는 창끝이 양날이어서 찌르고 베는 것이 모두 가능했다. 그리고 얼마 지나지 않아 '과'와 '피' 모두의 장점을 가진 '극'이 등장했다. '극'은 진나라 군대의 주력 병기로 급부상했고, 이로써 보병도 기병에게 제한적이나마 대처를 할 수 있게 되었다. 또한 이러한 무기들은 주물 방식으로 대량 생산했고 표준화가 가능했다.

23) https://m.post.naver.com/viewer/postView.nhn?volumeNo=28547839&memberNo=25828090

'피'와 '과'[24]

금속이나 가죽으로 만든 미늘[26]을 갑편(甲片), 갑엽(甲葉), 찰(札)이라 부르며, 이것을 꿰매 엮은 개갑(鎧甲)이 방어구로 많이 사용되었다. 진나라 병사들은 청동과 가죽이 혼합된 개갑(鎧甲)을 착용했다. 미늘의 네 변에 구멍을 뚫고 상하좌우로 복잡하게 꿰매 엮은 얇은 판막 갑옷은 중국 개갑의 주류가 되었다. 가죽과 청동 조각을 이어 만든 개갑은 이후 중국의 갑옷에 지대한 영향을 미친다.

일반 보병용 개갑[25]

---

24) [Wikimedia Commons], Gary Todd,
https://commons.wikimedia.org/wiki/File:Qin_State_Warring_States_%26_Qin_Bronze_Spears_(9930669034).jpg
https://commons.wikimedia.org/wiki/File:Qin_Bronze_Ge_Dagger-axe_(9891942635).jpg
25) [Wikimedia Commons], Deadkid dk,
https://commons.wikimedia.org/wiki/File:Qin_stone_armour_suit.jpg
26) 흔히 무소가죽이나 외뿔소가죽으로 만든다는 비늘 모양의 갑옷 조각들

진법(陳法)

부대의 병력을 배치하고 부대의 진형을 짜는 방법을 진법이라고 한다. 춘추전국시대부터 많은 병법서가 만들어지고 이를 전쟁에서 적용 및 응용하는 과정에서 그리스의 팔랑스와 같은 대형이 만들어졌다. 그러나 중국의 진법은 상황과 여건에 따라 언제든지 변화가 가능한 유연성과 융통성을 기본으로 한다.

기본 8진형은 다음과 같다.

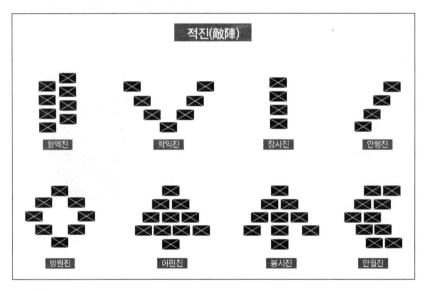

1 형액진(衡軛陳) : 적의 돌파를 방어하기 위한 진형으로 저울대와 멍에 모양의 진형. 단순 방어보다는 공격이 추가되는 것으로 적의 움직임에 따라 움직인다는 수동적인 진형으로 산악전에서 주로 사용되며, 돌파 봉쇄가 주요 목적

② 학익진(鶴翼陣) : 병력을 반달, U 또는 V 모양으로 배치. 기본적으로는 일렬횡대의 모습을 하다가 중앙부대는 물러나고 좌우의 부대가 협격. 적이 공격해 오면 주로 적을 포위하기 위해 사용

③ 장사진(長蛇陣) : 뱀처럼 길게 늘어서 있는 진형. 솔연이라는 뱀과 관련된 진형으로 머리를 치면 꼬리가 반격하고 꼬리를 치면 머리로 반격

④ 안행진(雁行陣) : 기러기가 떼지어 날아가는 모습의 진형. 적의 선봉을 좌우측의 날개로 포위하며 화살 등 원거리 공격으로 적을 타격

⑤ 방원진(方圓陣) : 원형으로 사방에서 본진을 보호. 어떤 방향에서 공격을 받더라도 큰 피해를 받지 않고 명령 전달이 용이하여 상황 대처에 용이

⑥ 어린진(魚鱗陣) : 고기비늘이 벌어진 듯이 치는 진. 중앙부가 적에 가까이 나아가는 진형

⑦ 봉시진(鋒矢陣) : 칼끝과 화살처럼 날카롭게 일점 돌파를 할 때 사용

⑧ 언월진(偃月陣) : 적을 향해 반달 모양의 진을 치는 진형. 적의 돌파를 무력화하거나 포위망으로 끌어들이려고 할 때 사용

밀집보병의 시대, 그리고 사선대형

펠로폰네소스 전쟁

펠로폰네소스 전쟁은 BCE 431~404년, 고대 그리스에서 아테네 주도의 델로스 동맹과 스파르타 주도의 펠로폰네소스 동맹 사이에 일어난 전쟁이었다. 역사가들은 전통적으로 이 전쟁을 세 단계로 구분한다.

첫 번째는 '아르키다모스 전쟁'으로 스파르타는 아티케의 침략을 되풀이하였고, 아테네는 자국의 해군력을 이용하여 펠로폰네소스 반도 해안을 습격했다. 전쟁의 첫 단계는 기원전 421년에 니키아스 평화조약이 체결되어 막을 내렸다.

두 번째는 아테네의 '시칠리아 원정'이다. BCE 415년 아테네는 시칠리아의 시라쿠사이를 공격하기 위해 거대한 시칠리아 원정대를 파견했으나, BCE 413년 아테네의 해군과 육군 모두가 대패하여 군사력 자체가 궤멸되었다.

마지막은 '데켈레이아 전쟁' 혹은 '이오니아 전쟁'으로 불린다. 이때 스파르타는 페르시아의 도움을 받아 에게해와 이오니아 반도의 아테네 패권을 잠식했으며, 결국 아테네의 제해권을 빼앗았다. 아이고스포타모이 해전에서 아테네 함대가 궤멸되면서 사실상 전쟁은 끝났으며, 아테네는 이듬해 항복했다.

아르키다모스 전쟁(BCE 431~421)

전쟁의 시작은 테베(Thebes)가 플라타이아(Plataea)를 기습적으로 공격하면서 시작되었다. 테베는 오랫동안 플라타이아를 점령하고자 노력했지만 매번 실패해 왔는데, 동맹인 스파르타가 전쟁을 결의하자 다시 시도했다. 테베는 플라타이아이를 포위했고 플라타이아는 아테네로 구원군을 요청하면서 결사 항전했다. 그러나 아테네의 구원군은 늦어졌고 플라타이아이는 함락되고 말았다.

전쟁의 결과, 대부분의 플라타이아 시민들은 죽임을 당했고, 아테네는 포위를 뚫고 탈출한 플라타이아인들을 보호했다. 이후의 전투들은 스파르타와 아테네 양쪽 모두 결정적인 승기를 가져가지 못한 채로 진행되었다. 애초부터 무적에 가까운 지상군을 가진 스파르타와 지중해 최강의 해군을 보유한 아테네였다. 스파르타는 바다로 함부로 나가지 못했고 아테네는 지상전을 회피했다.

한편 아테네의 지도자 페리클레스(Pericles)는 시민들을 설득하여, 스파르타의 공격이 있을 때마다 모든 농민을 아테네 성벽 안으로 피신시켰다. 대신 델로스 동맹의 함대를 대규모로 동원하여 펠로폰네소스의 해안지역을 유린함으로써 스파르타에 맞섰다.

비록 스파르타군이 아테네 주변의 농지를 약탈했지만, 강력한 아테네 해군이 해운을 통한 식량 공급선을 지켜주었다. 또한 항구에서 하역된 식료품은 항구부터 아테네시까지 세워진 장벽을 따라 안전하게 운반되었기에, 아테네는 스파르타의 초토화 작전에도 큰 영향을 받지 않을 수 있었다.

그러나 많은 인구가 좁은 시내로 몰리자 위생 상태와 영양 상태가 모두 안 좋아지면서, BCE 430년부터 아테네에 여러 번 전염병이 발생했다. 이 결과 아테네는 주민의 1/3(대략 7~8만의 시민들)을 상실하는 심각한 타격을 받았다. BCE 429년, 지도자 페리클레스마저 전염병으로 사망했고, 전쟁의 교착상태가 지속되면서 아테네의 재정 상태도 악화되었으며, 이로 인해 아테네 해군의 규모도 축소되었다.

그러나 숙련된 아테네 함대는 BCE 429년 나우팍투스 해전에서 40척 대 77척의 수적인 열세에서도 불구하고 대승을 거두는 등, 바다에서 주도권을 잃지 않았다. 한편 페리클레스 사망 이후, 아테네의 정권은 급진적 주전파인 클레온에게 넘어갔고, 이제 아테네의 전략은 보다 적극적으로 바뀌게 되었다.

BCE 425년, 일단의 아테네 함대는 시칠리아로 보낼 지원군을 싣고 항해하다가 우연히 폭풍을 피해 스파르타 인근의 필로스라는 이름의 곳에 도착했고, 데모스테네스는 이곳에 기지를 건설했다. 이후 필로스 곳의 아테네군을 후방에서 공격하려던 440명의 스파르타군이 근처의 스팍테리아 섬에 갇히는 사태가 발생했다. 아테네의 데모스테네스는 밤중에 800명의 중보병과 1만 명 이상의 경보병을 섬에 상륙시켜 스파르타군을 공격, 다수를 살상하고 292명을 완전히 포위한 뒤 협상을 통해 포로로 잡아 버렸다.

BCE 424년, 스파르타의 브라시다스가 헤일로타이와 동맹군으로 이루어진 군대를 이끌고 트라케 일대로 침투하여 암피폴리스를 포함한 인근 지역의 도시들을 제압하는데, 아테네에게 중요한 은광이 있는 지역이었기 때문에 대단히 의미가 있었다. 이때 트라케 지역의 아테네 사령관 투키디데스는 제때 브라시다스를 저지하지 못했다는 이유로 추방을 당했고, 이후 역사 저술가로 변신하여 유명한 펠로폰네소스 전쟁사를 썼다.

BCE 424년, 아테네는 스파르타의 주요 동맹국인 테베를 굴복시키고자 했던 델리온 전투에서 참패했다. BCE 422년, 아테네 강경파의 수장 클레온이 다시 트라케 지방을 되찾고자 파견되어 상당한 지역을 회복하지만, 결국 암피폴리스 전투에서 패배했다. 이 전투에서 클레온과 브라시다스가 모두 전사해 버렸고, 아테네와 스파르타 양측의 최대 강경파들이 함께 사망하면서 평화의 분위기가 찾아오게 되었다.

결국 BCE 421년, 아테네의 온건파 정치인인 니키아스의 주도로 50년간의 평화협정(니키아스 화약)이 체결되었다. 이 협상에서 양측은 몇 가지 예외를 제외하고는 서로가 점령한 영토를 돌려주기로 했는데, 아네테는 스파르타에게 스팍테리아 섬에서 잡았던 인질을 돌려주고, 스파르타는 아테네에게 암피폴리스를 돌려주기로 했다.

시칠리아 원정(BCE 415~413)

BCE 415~413년에 걸쳐 아테네가 시칠리아를 대상으로 실시한 원정이다. 시라쿠사(친 스파르타)가 시칠리아 전체 패권을 장악하려 하였고, 이에 위협을 느낀 시칠리아의 다른 군소국가들(특히 세게스타, Segesta)은 아테네에 도움을 요청했다. 이에 아테네의 외교 정책은 니키아스를 중심으로 하는 '평화주의자'(친 스파르타파)와 알키비아데스를 중심으로 하는 '전쟁파'로 갈라졌다. 민회는 알키메데스의 제안을 지지했고, 100여 척의 함대와 중장보병 5,000명의 파병을 가결했다.

이 원정을 승인한 민회에서 니키아스, 알키비아데스[27], 라마코스 3명을 사령관으로 선정했다. 아테네 함대는 2개로 분할했으며, 육군은 상륙을 하여 세게스타의 기병대와 합류했다.

아테네군은 즉시 시라쿠사를 공격하지 않고, 일단 카타니아에서 겨울나기에 들어갔다. 시라쿠사군(친 스파르타)은 카타니아를 향해 진군했지만, 아테네군이 다시 승선하여 시라쿠사로 향한 것을 알게 되었다. 시라쿠사군은 즉시 되돌아 가 전투에 대비했다.

---

27) 알키비아데스는 출항 직후 헤르마 파괴 혐의뿐만 아니라 '엘레프시나의 비밀의식'을 했다는 혐의로 체포되었다. 알키비아데스는 자신의 배를 타고 아테네로 돌아가기로 동의했지만, 이탈리아 남부의 투리이에 정박 중 펠로폰네소스 반도를 향해 탈출하여 스파르타에 망명을 요청했다. 아테네는 궐석재판에서 사형을 선고했고, 그의 유죄는 입증된 듯했다. 스파르타에 망명한 알키비아데스는 펠로폰네소스 동맹 도시에 아테네의 목줄을 틀어쥘 수 있는 모든 정보를 제공했다.

BCE 414년, 아테네군은 에피폴라이(Epipolae)의 평원에 원형 성채를 짓고, 성채로부터 벽과 도랑을 늘리고 공성 보루를 쌓아 시라쿠사를 봉쇄하려고 했다. 한편, 시라쿠사도 성벽에서 반격용 대응 성벽을 건축하기 시작했다.

아테네 병사 300명이 첫 번째 대응 성벽의 일부를 파괴했지만, 시라쿠사는 다른 대응 성벽을 건설하기 시작했다. 이 대응 성벽은 도랑도 같이 만들어져 있어 아테네의 공성보루가 바다까지 이르는 것을 저지했다.

시라쿠사군은 아테네의 공성보루를 약 300m에 걸쳐 파괴했지만 아테네의 니키아스가 지키던 원형 성채는 파괴하지 못했다. 니키아스가 시라쿠사군의 공격을 격퇴한 후 아테네군은 마침내 공성보루를 바다까지 쌓았고, 시라쿠사 남쪽은 육상에서 봉쇄되었다. 또한 함대를 만

아테네의 성벽과 시라쿠사의 대응 성벽

안쪽에 투입하여 해상 봉쇄도 실시했다.

한편, BCE 413년, 스파르타는 알키비아데스의 조언을 수용하여 데켈레아(Decelea)의 요새화를 시작했고, 그것을 저지하려는 아테네군을 섬멸했다. 데켈레아는 아테네 북부에 위치하여 농지가 부족한 아테네가 에우보에아(Euboea)로부터 식량을 수입하는 길목이었다. 아테네는 육지로부터의 식량 수입 통로를 차단당함으로써 상대적으로 비싼 해상 통로를 사용할 수밖에 없게 되었다.

이후 스파르타의 장군 길리포스가 시라쿠사의 구원 요청에 따라 해병 700명, 호플리테스 1,000명, 기병 100기와 시칠리아 병력 1,000명을 이끌고 시라쿠사로 향했다. 스파르타군은 아테네군의 방해에도 불구하고 에피폴라이 대지에 대응 성벽을 건설했고, 대응 성벽을 완성하자 아테네군의 공성 보루는 쓸모없게 되었다. 그 후 에라시니데스가 이끄는 코린토스의 함대도 도착했다.

이에 아테네는 증원군을 보내기로 했다. 에우리메돈과 데모스테네스가 지휘하는 아테네 지원군은 73척의 배와 5,000여 명의 중장보병을 이끌고 시라쿠사 항구에 도착했다. 아테네 함대가 도착하자 항구에서 80척의 시라쿠사 함대가 이들을 공격했다. 해전은 이틀 동안 진행되었지만 승부가 나지 않았다.

데모스테네스는 상륙해서 에피폴라이 대지에 있는 시라쿠사군의 대응 성벽에 야습을 했지만, 스파르타군의 보이오티아 병력이 격퇴했다. 데모스테네스의 지원도 아테네군에 큰 영향을 주지 못했다. 결국 아테네군은 철수를 결정했다. 그러나 귀환을 준비하고 있던 8월 28일, 시라쿠사는 76척의 배로 항만에 있는 86척의 아테네 해군을 공격했다. 아테네 해군은 패배를 당했고, 에우리메돈은 전사했다.

많은 아테네 선박이 스파르타의 장군 길리포스가 기다리는 해안으로 밀려들었다. 길리포스는 밀려드는 아테네 선박을 노획하고 선원들을 사살하거나 포획했지만, 전투는 얼마간 승패를 명확히 가르지 못하고 지속되었다. 결국 시라쿠사 함대가 아테네 함대를 해안으로 몰아넣었고, 선원들은 탈출했다.

궁지에 몰린 아테네군의 데모스테네스는 시라쿠사군의 공격에 사병 6,000명과 함께 항복했다. 나머지 병력은 니키아스와 함께 아시나루스 강으로 향했지만, 기다리고 있던 시라쿠사군에게 대부분 희생되었다. 사망자 수를 기준으로 한다면 이 원정에서 최대의 패배였다. 포로 수는 7,000여 명에 달했고, 포로들은 시라쿠사에 가까운 채석장으로 보내졌다.

길리포스의 명령과는 반대로, 데모스테네스와 니키아스는 처형되었다. 나머지도 열악한 환경에 10주 동안 노출되어 사망자가 속출했고, 아테네 사람 이외에는 노예로 팔렸다. 아테네 사람들은 채석장에 방치된 상태에서 질병과 기아로 서서히 죽어갔다. 소수의 생존자만 살아서 아테네에 도착하여 이 비극적인 사실을 전해주었다.

페르시아의 개입(BCE 413~404)

아테네는 시칠리아 원정에서의 패배로 심각한 위기에 빠졌다. 아테네의 재정은 바닥을 드러냈고, 중장보병으로 복무할 수 있을 정도의 재력을 가진 아테네 시민은 전쟁 전 2만 5천 명에서 9천 명 수준으로 줄어들었다. 지중해를 호령했던 해군은 이제 겨우 100척 정도의 수준으로 줄어들었고, 그마저도 노잡이들에게 지급할 임금이 부족하여 한 번에 동원할 수 없었다.

재정 위기 때문에 아테네는 델로스 동맹의 도시 국가들에게서 거둬들이는 공납금을 올렸는데, 이 조치는 이미 강제로 오랫동안 전쟁에 끌려들어 왔던 동맹국의 불만에 불을 지폈고, 결국 여러 동맹국이 반란을 일으키고 스파르타에 지원을 요청했다. 그러나 아테네는 빠르게 충격에서 회복했고, 최후의 힘을 동원해 반격에 나섰다.

아테네는 우선 해상 보급로를 확보하기 위해 모든 함대를 동원해서 스파르타와 맞선다. 그 결과, BCE 411년 키노세마 해전과 BCE 410년 아비도스 해전에서 스파르타에게 승리했다. 그러나 페르시아 지상군이 해안가로 밀려온 스파르타 해군을 지원해 주면서 결정적 피해를 주지는 못했다.

스파르타 해군이 페르시아의 자금으로 계속 다시 살아나자 BCE 410년 아테네는 키지코스 해전에서 소수의 함대로 스파르타 함대를 꾀어낸 뒤, 포위 공격으로 전멸시켰다. 전투 후반에는 다시 스파르타를 지원하러 온 페르시아 육군까지 몰아냈다.

BCE 406년, 아르기누사이 해전이 발생했다. 아테네는 스파르타 함선이 기동성을 발휘하는 것을 막기 위해 함대를 2열 횡대로 두텁게 배치했다. 아테네는 고작 25척의 함선을 잃으면서 70척가량을 격파하는 대승을 거두고, 일시적으로 다시 해상 지배권을 획득했다.

그러나 전투 직후 폭풍이 몰아치면서 아테네 해군은 생존자 구조와 시신 수습마저 포기하고 철수해야 했고, 이로 인해 스파르타의 잔존 병력도 살아남을 수 있었다. 그런데 고대 그리스 사회의 전통에 따르면, 전투 이후 반드시 생존자 구조와 시신 수습을 해야 했다. 이를 방기했다는 사실에 분노한 아테네 시민들은 재판을 열어 자국의 장군 8명 중에 6명을 처형해 버렸다.

아테네 해군의 지휘관들은 아르기누사이 해전 이후 전투에 소극적이었고, 계속해서 스파르타의 해군 지휘관 리산드로스보다 한 발 늦었다. 리산드로스는 아테네 해군을 교묘히 따돌리고 아테네 식량 공급선의 목줄을 쥐고 있는 헬레스폰토스 해협까지 기동했고, 이를 뒤늦게 알고 놀란 아테네 해군이 아이고스포타모이로 오게 되었다.

BCE 405년, 아이고스포타모이 해전에서 아테네 해군은 나흘간 스파르타 해군에게 싸움을 걸었으나 리산드로스는 요지부동이었다. 그리고 닷새째 되던 날, 스파르타군이 전투 의지가 없다고 지레짐작한 아테네군이 분산되자, 이 틈을 타고 리산드로스는 신속하면서도 전면적인 기습을 가해서 우왕좌왕하는 아테네 해군을 괴멸시켰다. 이 전투에서 아테네는 168척의 함선을 잃으면서 붕괴되었다.

BCE 404년, 아테네는 마침내 항복했고 27년에 걸쳐 벌어졌던 전쟁이 막을 내렸다. 아테네는 펠로폰네소스 동맹국들이 아테네를 완전히 초토화하고 노예로 팔려 갈 것을 두려워했고 테베와 코린트 등은 실제로 그렇게 할 것을 요구했다. 그러나 스파르타는 애초에 국체와 국민은 지켜준다는 조건으로 항복을 받아냈으므로 이런 요구를 거절했고, 대신 아테네에 다음과 같은 요구를 했다.

○ 장벽을 해체할 것   ○ 함대를 해체할 것
○ 제국을 해체할 것   ○ 민주정에서 과두정으로 바꿀 것

스파르타는 아테네가 보유했던 제국을 이어받아 그리스 반도에서 최고의 실력자로 부상했지만, 전쟁 과정에서 보여준 것처럼 페르시아의 지원 없이는 대규모 함대를 유지할 수 없었다. 이를 무리한 공물 징수로 극복하려 했으나 반발을 사서 결국 제국을 상실한다.

결론적으로 승리하고도 손해를 본 스파르타와 펠로폰네소스 동맹 입장에서는 사실상 피로스의 승리[28]였다. 스파르타를 지원한

---

28) 고대의 유명한 일화이자 시사용어. 이겨도 결코 득이 되지 않는 승리를 가리킨다.

페르시아는 이오니아 일대의 지배권을 다시 얻는 데 성공했다. 이 전쟁의 진정한 승자는 페르시아인 셈이다.

레욱트라(Leuctra) 전투(BCE 371)

사선대형의 등장

BCE 371년, 아테네가 붕괴되자 테베는 스파르타가 해산한 보이오티아 동맹[29]을 재건하겠다고 선언했다. 테베는 연맹의 집정관인 '보이오타르크[30]' 7인을 뽑아 중부 그리스에 영향력을 끼치기 시작했다. 하지만 그리스의 패권을 잡고 있었던 스파르타가 이를 반대했다.

스파르타는 보이오티아 대표인 테베의 에파미논다스에게 보이오티아 대표가 아닌 테베 대표라고 할 것이 아니면 조약에 서명하지 말라며 압력을 가했다.

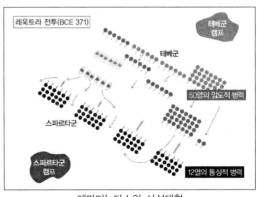

에파미논다스의 사선대형

---

29) BCE 6세기경 ~ BCE 335년까지 존속했던 보이오티아 도시국가들의 동맹이다. 주로 테베가 지배했으며, 보이오티아 동맹의 존재는 테베의 세력권과 직결되어 있었다.
30) 전통적으로 보이오티아 동맹의 장군을 지칭한다.

그러나 에파미논다스는 이를 거부했고, 마침 중부 그리스까지 영향력을 넓히고 싶었던 스파르타는 테베로 번개같이 진군하여 요새를 점령하고 군함을 노획한 후, 레욱트라로 진군했다.

스파르타의 기본 전술은 중장보병으로 12열의 통상적 대형을 형성하는 것이었다. 지휘관들은 가장 노련하고 존경받으며 강력한 부대를 가장 명예로운 자리인 우익에 배치했다. 반면 좌익에는 불안정하거나 중요도가 낮은 부대를 배치했다. 이에 따라 스파르타는 정예인 히페이스(Hippeis, 기병) 300명과 왕이 방진의 우익에 위치하도록 계획했다.

그러나 테베의 에파미논다스는 이같은 전통적인 대형과 달리 기병과 50겹에 이르는 보병을 좌익에 배치하고 스파르타의 우익으로 전진시켰다. 상대적으로 얇고 약한 중앙과 우익은 오른쪽으로 갈수록 점점 뒤로 물러난 형태인 소위 사선대형을 이루었다. 보병 간 교전이 일어나자 12겹에 불과한 스파르타의 우익은 50겹에 달하는 적의 강력한 돌진을 견디지 못했다. 스파르타는 처음에는 테베의 엄청난 병력을 막아냈지만 결국은 압도당했다고 크세노폰은 주장했다. 스파르타의 우익은 클레옴브로투스 1세 등 스파르타 시민 400명을 포함하여 약 1,000여 명의 손실을 내고 후퇴했다.

에파미논다스가 사용한 사선대형의 전술은 마케도니아의 필리포스 2세에게 큰 영향을 주었고, 그의 아들인 알렉산드로스 3세가 보다 발전된 수준으로 발전시켰다. 필리포스 2세와 알렉산드로스 3세가 거둔 전설같은 승리들은 테베가 스파르타를 격파할 때 사용한 전술적 기동, 특히 사선대형에서 비롯되었다. 병력 집중, 사선 대형, 병종간 통합과 같은 전술들은 알렉산더에게 많은 영감을 주었다.

레욱트라 전투와 이후 만티네아 전투[31]에서 군사력과 위신을 잃은 스파르타는 그리스에서 패권을 회복하지 못했다. 스파르타는 힘을 잃고 몰락했으며 테베가 그리스의 패권을 잡으면서 그리스의 힘의 균형을 또다시 바꾸어 놓았다. 그러나 테베 역시 곧이어 마케도니아의 필립포스 2세에게 패함으로써 새로운 시대를 맞이하게 되었다.

밀집보병(Phalanx)의 한계

밀집보병, 즉 중무장 보병과 충격작전만 가지고는 전쟁을 결정 짓는데 제한이 있었다. 특히 그리스의 산악지형에서는 대형을 전개하거나 전환하는 데 어려움이 많았는데, 이러한 이유로 유리한 지형을 선점하는 것이 중요한 요인이었다. 또한 중무장 보병은 상대편도 중무장 보병일 경우에만 실질적으로 유용했으며, 이러한 전투방식은 병사들에게 너무 많은 심리적, 인적 희생을 강요했다.

또한 밀집보병은 근본적으로 매우 수세적인 대형이며, 적을 막

---

31) BCE 362년. 테베, 아카디아, 보이오티아 동맹과 스파르타, 아테네, 만티네아 동맹이 맞붙은 전투. 테베는 이번에도 스파르타를 물리쳤으나, 명장 에파미논다스를 잃으면서 패권을 유지할 여력을 상실하였다. 하지만 스파르타와 아테네 역시 큰 손실을 입었기 때문에 패권을 주장할 수 없었다.

아낼 수는 있을지언정 적에게 큰 피해를 입히기도 어려웠다. 밀집대형 자체는 분명 가공할 정면 방어력을 가지고 있었지만, 적들도 바보가 아닌 이상 만전의 태세를 갖춘 밀집대형을 정면으로 돌파하지는 않았다. 만약 이러한 대형을 고집할 경우 주변을 돌기만 해도(특히 측면) 인간 과녁으로 전락할 수 있었기 때문이다.

반면 아시리아와 페르시아 등은 일찍이 다양한 병종으로 구성되는 통합군을 운용했으며, 보병·궁수·기병 등을 자유자재로 활용했다. 전쟁 후기에 사선대형과 같은 전술적 운용이 등장했지만, 고대 그리스 전투와 펠레폰네소스 전쟁 기간에는 밀집보병 간의 전투가 대부분이었다. 전투는 섬멸전의 성격을 가질 수밖에 없었고 전쟁에 패하면 학살을 당하거나 노예가 되는 것이 일반적이었다.

다양한 병종과 대형의 실험

알렉산더 제국

마케도니아군의 편성과 무기

마케도니아의 필리포스 2세(Philip II)는 영토 확장과 군제 개혁을 위해 노력했다. 그는 당시 페르시아와 그리스의 전쟁 결과를 지켜보았고 이를 군사 혁신에 응용했으며, 조직과 편성으로부터 무기체계에 이르기까지 후대에 영향을 미칠 수 있는 업적을 이루어냈다. 그리고 이러한 노력의 결과로 그의 아들 알렉산더 대왕(Alexander III)은 대제국을 건설할 수 있었다.

정예병 양성을 위해 직업군인 제도를 본격적으로 도입하여 상시 균형된 전투력을 유지하려 했다. 따라서 농한기 때만 전쟁을 할 수 있었던 다른 그리스 국가들과는 달리 언제든지 원하는 시기에 전투가 가능했고 이는 상대국 입장에서 보면 시공간적 주도권을 빼앗기게 되는 주요 원인이 되었다. 또한 엘리트 기병대에 복무하는 자들에게 토지를 아낌없이 나눠줬으며, 다른 그리스 국가들과 달리 장비를 국가에서 마련해 주었다.

마케도니아는 중무장 보병 위주였던 기존의 그리스 군대와 다르게 유연성과 융통성을 부여했다. 또한 대형의 변화, 기병의 중용, 다양한 병종(궁병, 투석병, 투차병 등)의 통합 운용으로 전투력의 상승 작용을 가져왔다. 이를

마케도니안 팔랑크스[32]

통해 당대에서는 볼 수 없었던 기동의 혁신을 가져왔으며, 적은 병력으로 많은 병력을 상대하여 이길 수 있는 군사적 비전을 제시했다.

고대 그리스의 팔랑크스(Phalanx)를 보다 강력한 충격과 융통성을 겸비한 중무장부대로 발전시켰다. 종래 3m 정도의 길이였던 장창(Sarissa)을 4~5m의 길이로 늘리면서 병사들의 안정감과 최초 접적 전투력의 강도를 증가시켰다. 이는 전방 3~4열에 편성된 병사들의 창끝을 최전방에 미치게 함으로써 마치 고슴도치와 같은 공격력과 방어력으로 작용하였다.

또한 직사각형의 대형을 정사각형으로 개선하면서 병사들의 간격을 넓게 하였는데(Pezhetairoi), 기존의 어깨를 맞댄 대형에서는

---

32) [Wikimedia Commons], F. Mitchell, Department of History, United States Military Academy,
   https://commons.wikimedia.org/wiki/File:Makedonische_phalanx.png

불가능한 행동의 자유와 대형의 변화를 가능하게 했다. 즉 신속한 대형의 변화를 통해 어떤 방향에서 적이 공격하든지 대처할 수 있도록 훈련시킨 것이다. 특히 적의 기병이나 전차의 공격을 대형의 변화를 통해 무력화시킬 수 있었다.

THE COMPANIONS

The Companions of Alexander[33]

고대 그리스의 보병 위주 병력 운용에서 기병을 적극적으로 활용했다. 헤타이로이(Hetairoi)로 불린 정예 중무장 기병들은 주로 귀족의 자제들로 구성되었다. 이들은 어려서부터 승마에 익숙해 있었으며 왕과 친숙하여 전술적인 공감대가 형성되어 있었고 약 200명 단위로 조직화하여 편성이 가능했다. 중무장 상태에서 말 위에서 전투가 가능하였으며 긴 창과 방패를 들었고, 칼을 찬 상태에서 적의 대형을 와해하거나 기습과 같은 돌격대의 임무를 수행했다.[34]

기병의 부무장으로서는 외날 검인 코피스(Khopesh)가 사용되었다. 당시 코피스는 기병, 보병 할 것 없이 사용하던 검이기도 했다. 코피스는 검의 날이 있는 바깥쪽으로 약간 휘어 있다. 인도

33) [Wikimedia Commons], Kirkman, Marshall Monroe,
    https://commons.wikimedia.org/wiki/File:The_Companions_of_Alexander_the_Great.jpg
34) 이내주, 『전쟁과 무기의 세계사』(서울: 채륜서, 2017), pp. 35~38.

네시아의 쿠크리검 같은 모습을 하고 있는데, 상대에게 훨씬 큰 부상을 입힐 수 있는 반면 사용법이 비교적 까다로웠다. 고대 그리스에서 사용되었던 파라조니움이나 코피스는 후에 로마군의 상징인 글라디우스의 출현에 영향을 주었다.

방패와 창(검)을 든 사람들이란 의미의 히파스피스트(Hypaspist)는 경무장 보병으로 대형의 측방 및 후방에 배치하였다. 이들은 주로 정찰 및 척후 임무가 주였지만 언제든지 융통성 있게 운용할 수 있는 전술적 예비대의 성격을 가지고 있었다. 적을 유인하거나 적이 혼란에 빠지도록 대열 사이를 급습하는 등 팔랑크스와 중무장 기병대를 지원하는 역할을 하였다.

이외에 궁병, 투석병, 투창병 등 다양한 병종을 운영했다.

마케도니아군은 유럽 최초의 석궁인 '가스트라페테스(Gastraphetes)'를 사용했다. 당기는 힘을 이용한 무기는 활이 전부였던 당시에 이 무기는 대단히 혁신적이었다. 가스트라페테스는 'U'자 모양 부분에 배를 대고 상체의 힘을 실은 상태에서 두 손으로 활시위를 당길 수 있기

석궁 가스트라페테스
(Gastraphetes)[35]

35) [Wikimedia Commons], Selinous, Aldo Ferruggia,
    https://commons.wikimedia.org/wiki/File:Gastraphetes_-_catapult_ancestor_-_antica_catapulta.jpg

때문에 종전의 활보다 훨씬 파괴력이 컸다. 특히 팔 힘이 부족한 사람도 강력한 화살을 발사할 수 있었다. 궁수의 인력 활용 폭을 대폭 넓힐 수 있었다는 뜻이다. 서양 최초의 대제국 마케도니아와 중국 최초의 통일왕조인 진나라가 모두 석궁 타입의 무기가 주력이었던 점은 주목할 만하다.

마케도니아군은 병참 체계를 획기적으로 개선했다. 기동력을 높이기 위해 전투병이 직접 식량 등의 군장을 메고 이동했으며, 현지 조달형의 보급 체계를 유지했다. 이러한 개인 소지품들은 오늘날의 전투식량과 전투배낭과 같은 역할을 함으로써 부대 전체를 경량화하고 이동을 자유롭게 했다. 아시아 원정에서 비교적 짧은 시간에 그와 같은 성과를 거둘 수 있었던 것은 이러한 혁신 때문이었다.

원정 기간 중에 수행해야 할 공성전에 대비해서 그리스 전문가들을 초청하여 공성을 전문으로 하는 부대를 육성했다. 이러한 결과로 당시로서는 획기적인 공성장비를 개발하여 사용할 수 있었으며, 전쟁 중에도 과학자들과 기술자들을 대동하였음은 물론, 현지 기술자들을 우대하여 활용했다.

정복 전쟁을 떠나는 알렉산더는 정복지에서 수많은 공성전을 수행해야 했기에 다양한 공성무기를 개발하거나 사용했다. 그중 하나가 가스트라페테스를 대형화한 '옥시벨레스(Oxybeles)'였다. 동물의 힘줄이나 말꼬리 등을 밧줄처럼 만들고, 이것을 꼬았다가 풀릴 때 발생하는 탄성을 이용해 거대한 화살을 400m까지 날리는 무기였다.

투석기의 일종인 '오나거(Onager)'도 있었다. 오나거 역시 토션 스프링 방식이었다. 마케도니아에서는 개량을 거듭하여 100kg의 탄환을 약 600m까지 날릴 수 있었다. 공성전에서 성벽을 기어오르려면 사다리는 필수 품목인데, 이동식 공성용 사다리 '삼부카'는 시소의 원리를 사용한 공성무기이다. 적군의 불화살로부터 병사들을 보호할 수 있었으며, 병사들이 탑승하는 상자 반대편에 놓인 돌의 양으로 높이를 조절할 수 있었다.

공성탑 '헬레폴리스(Helepolis)'는 티레섬 공격 시 위력을 발휘한 강력한 공성무기로 바퀴로 움직이는 여러 층의 전차 같은 구조로 되어있다. 나무로 된 외장에 가죽을 덧대어 불에 타는 것을 방지했고, 내부에는 각 층에 옥시벨레스와 같은 공성무기를 탑재해 집중 공격을 할 수 있었다.

이소스(Issus) 전투

BCE 333년 지중해 동남부 끝 이소스 평원에서 벌어진 전투로 마케도니아 왕국의 알렉산더 대왕이 페르시아 제국으로 침입해 아케메네스 왕조의 다리우스 3세를 물리친 전투였다.

페르시아는 그들이 고용한 그리스 중보병 용병을 가장 강력한 병력이라 판단하여 중앙에 배치했고, 정예 이모탈(Immortals)을 둘로 나누어 그리스 중보병의 양익에 위치토록 했다. 기병은 둘로 나누어 양익에 배치했는데, 페르시아 중기병은 우익에, 페르시아 기병보다 무장 수준이 낮은 메디아 중기병은 좌익에 배치했다. 이 포진에서 보여주는 다리우스의 의도는 분명했다. 그는 자기의 중앙과 좌익이 마케도니아군의 맹공을 견디는 동안 페르시아 중기병으로 마케도니아군의 좌익을 집중 공격하여 무너뜨리려는 것이었다.

이에 반해 마케도니아군은 병력도 현저히 열세인데다가 강을 건너 공격해야 한다는 불리함을 안고 있었다. 알렉산더는 최정예 보병이었던 마케도니아 팔랑크스를 6개 부대로 나누어 중앙에 일렬로 포진했다. 그 뒤 정예 호플리테스인 히파스피스타이를 팔랑크스의 좌우에 포진시켰다.

이렇게 중앙의 배치를 끝낸 알렉산드로스는 파르마니온에게 마케도니아 중기병 모두를 맡겨 좌익에 포진케 했다. 그렇게 한 뒤 그는 용병 페니키아 장창병과 그리스에서 고용한 중기

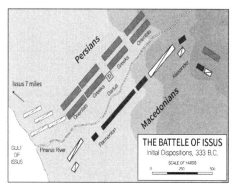

마케도니아군과 페르시아군의 최초 배치[36]

병을 하나로 묶어 우익의 가장 바깥쪽에 배치했다.

알렉산더는 최고 정예 기병이었던 3천의 헤타이로이 기병과 함

36) [Wikimedia Commons], The Department of History, United States Military Academy, https://commons.wikimedia.org/wiki/File:Battle_issus_initial.png

께 우익과 중앙 사이에 포진했다. 페르시아의 우익보다 상대적으로 약한 메디아 기병으로 구성된 페르시아군의 좌익을 무너뜨리려는 의도였다. 또한 그리스 시민들로 구성된 호플리테스를 3개 부대로 나누어 최후방에 포진하였는데 이는 좌익을 노리는 페르시아 기병이 파르메니온의 마케도니아 기병을 무시하고 후방으로 돌진하게 될 것을 막는 역할을 하기 위해서였다.

알렉산더는 헤타이로이 기병과 함께 공격을 시작했고, 페르시아군은 이들이 사정거리에 들어오자 일제히 화살을 쏘았다. 화살로 인해 말들이 놀라고 동요하자 알렉산더는 즉시 궁병을 향해 돌진하였다. 알렉산더의 갑작스러운 돌격에 대비하지 못한 페르시아의 좌익 최전방 경보병은 이 돌격에 그대로 강타당하고 뿔뿔이 흩어졌다. 그리고 알렉산더를 따라 그의 뒤에 포진했던 마케도니아군의 우익이 일제히 강을 건넜다. 이들은 페르시아 경보병을 완전히 무너뜨렸고, 곧바로 경보병 뒤에 있던 메디아 기병을 공격하기 시작했다.

마케도니아의 우익이 이렇게 치열하게 싸울 때 중앙에 있던 마케도니아 팔랑크스가 강을 건너기 시작했다. 팔랑크스는 강을 건너면서 전열이 흐트러지고 그 때문에 사리사의 고슴도치 형태가 와해되었다. 이것을 본 페르시아군의 그리스 용병은 이들이 대열을 갖추기 전에 공격하였고 이 두 정예 보병은 곧 치열한 전투에 돌입했다.

마케도니아군의 좌익에선 페르시아 중기병이 한 덩어리가 되어 강을 건너 돌진했다. 이들은 다리우스의 계획대로 마케도니아군의 좌익을 신속히 무너뜨리고자 했다. 이들을 견제하며 최대한 시간을 끌라는 엄격한 지시를 받은 파르메니온은 소수의 마케도니아 기병의 선두에 직접 위치하며 이들을 지휘했다.

페르시아 기병은 파르메니온의 부대를 포위하고자 했으나 파르메니온은 곧바로 자신의 기병을 뒤로 후퇴시켰고 다시 포위하고자 접근하면 다시 후퇴했다. 하지만 완전히 멀어지면 마케도니아군의 후방이 노출될 가능성이 있었으므로 이들은 일정 거리를 유지하였는데 이는 엄청나게 세심하고 정교한 지휘능력이 아니면 불가능한 움직임이었다. 파르메니온의 기병이 계속 후퇴하자 자연스럽게 마케도니아군의 후방이 페르시아 중기병에게 노출되었다. 그러자 그리스 호플리테스가 즉시 기동하여 일렬로 늘어서서 페르시아 중기병을 견제하기 시작했다.

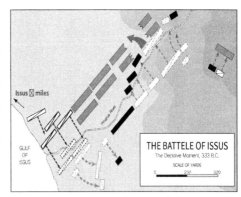

알렉산더의 결정적 돌파37)

37) [Wikimedia Commons]. The Department of History, United States Military Academy.
https://commons.wikimedia.org/wiki/File:Battle_issus_decisive.png

한편 페르시아군 좌익에 포진한 메디아 기병은 알렉산더가 직접 이끄는 1천의 헤타이로이 기병과 페니키아와 그리스 용병, 그리스 기병의 맹공을 받아 고전했고 이들의 사기는 점점 떨어지고 있었다. 초기의 갑작스러운 알렉산더의 돌격은 이들의 허를 완전히 찔렀고 뒤이어 쇄도해온 마케도니아 우익의 맹공은 이들이 대비할 타이밍을 완전히 뺏은 것이었다. 따라서 이들은 전투 시작 전에 이미 흔들리고 있었다.

최전방에서 싸우는 알렉산더는 눈에 잘 띄는 갑옷을 입고 있었는데, 그의 활약은 마케도니아 우익의 사기를 크게 올려주었다. 그의 바로 곁에서 호위하고 있던 병사들은 마케도니아군에서 가장 용맹하고 힘이 좋은 자들이었고 이들은 알렉산더에 대한 접근을 쉽게 허용치 않았다. 따라서 알렉산더는 전방에서 종횡무진 활약하였고 페르시아의 메디아 기병은 점점 뒤로 밀려 나갔다.

중앙의 마케도니아군 팔랑크스는 페르시아의 그리스 용병대의 맹공을 받고 있었다. 팔랑크스는 강을 건너느라 전열이 무너진 상태였고 따라서 사리사의 긴 창을 효과적으로 쓰지 못했다. 페르시아의 그리스 용병은 그 명성에 걸맞게 팔랑크스의 사리사 사이로 용감히 돌진하여 상당한 피해를 입혔다. 중앙이 이렇게 버티고 알렉산더의 우익이 메디아 기병을 밀어붙이는 동안 우익의 후방에서 대기하고 있었던 나머지 2천의 헤타이로이 기병이 강을 건너 우익에 합류했고, 이들은 메디아 기병의 왼쪽으로 기동하여 배후를 협공하려 하였다.

이렇게 되자 후방에 있던 메디아 기병들이 협공을 피하기 위해 달아나기 시작했다. 그러자 이 공포는 전체 우익 부대에 전염되었고 메디아 기병 전체가 전장을 떠나 달아나기 시작했다. 메디아 기병은 후퇴를 개시하였고 이와 동시에 알렉산더는 1천의 헤타이로이 기병과 함께 전열에서 이탈한 뒤 중앙의 다리우스를 향해 돌진하였다.

알렉산더의 돌격과 메디아 기병의 철수는 동시에 이루어졌기 때문에 다리우스는 알렉산더가 방향을 전환한 것을 눈치채지 못했다. 다리우스 주위에 있었던 그의 친

알렉산더와 다리우스가 근접한 상황을 묘사한 그림[38]

위대 몇몇이 알렉산더를 육탄으로 저지했으나 알렉산더와 그의 기병은 이들을 그대로 밟고 지나갔다. 그 와중에 알렉산더의 허벅지가 창에 찔렸으나 그는 이에 아랑곳하지 않고 다리우스의 바로 앞까지 쇄도하였고 그의 코앞에서 창을 겨누었다.

중앙에서 우세하게 싸우던 그리스 용병들은 그들의 배후에 있던 다리우스와 그의 호위군이 궤멸되고 알렉산더가 그들의 배후에

---

38) [Wikimedia Commons], https://commons.wikimedia.org/wiki/File:Battle_of_Issus.jpg

위치하고 있다는 것을 알고 심하게 동요하기 시작했다. 특히 알렉산더의 황금 갑옷은 눈에 잘 띄었기 때문에 이 상황을 마케도니아군의 중앙과 우익도 눈치챘다. 그리스 용병들은 알렉산더가 그들의 뒤를 급습할까 봐 두려워했고 무기를 버리고 달아나기 시작했다. 또한 마케도니아군의 좌익에서 고립되었던 페르시아 중기병은 도망하기 시작했고 이를 마케도니아군이 추격하여 많은 페르시아군을 죽였다.

이 전투에서는 마케도니아군이 지형과 병력에서 모두 불리한 상태였다. 알렉산더가 승리하려면 중앙을 불시에 기습해야 했고 가장 빠른 시간에 다리우스의 지휘체계를 붕괴시켜야 했다. 이를 위해 알렉산더는 우익에 맹공을 퍼부어 적을 뒤로 물러나게 했고 중앙군을 불리한 상황에서 공격하게 함으로써 페르시아군 중앙이 앞으로 전진하게 유인했다.

이로써 헤타이로이와 다리우스의 위치 사이에 돌격로가 생기게 되었고 알렉산더는 이 길을 따라 다리우스를 불시에 급습할 수 있었다. 이러한 불시의 공격은 다리우스의 허를 완전히 찔렀고 이에 당황한 다리우스가 전장을 떠나 달아남으로써 알렉산더의 의도대로 전투가 진행되었다.

가우가멜라(Gaugamela) 전투

BCE 331년, 마케도니아와 페르시아가 오늘날 이라크의 모술 근처의 가우가멜라[39] 평원에서 치른 전투였다. 상대적으로 병력이 열세인 마케도니아군을 맞아 페르시아의 다리우스 3세는 넓고 평탄한 평지를 전투 장소로 정해 미리 기다리고 있었다. 많은 병력과 전차부대, 그리고 기병이 전개하는데 유리한 지역을 선점한 것이다.

페르시아군은 동맹 부족들에게서 우수한 기병을 지원받았으며, 전차 200대와 인도의 전투 코끼리 15마리도 포진시켰다. 다리우스는 전차의 원활한 기동을 위하여 평원의 잡목과 풀들을 모두 제거했다. 진영 중앙에는 보병대와 이모탈, 궁수를 배치했고 전체 부대의 좌익과 우익에는 각각 기병을 포진하고 전차를 기병대의 선두로 좌우에 배치했다. 다리우스 자신은 중앙에 포진하면서 최정예 보병대와 기병, 그리스 용병의 호위를 받았다.

마케도니아군은 중앙에 팔랑크스를 두고 좌우익에 기병을 배치했다. 우익에는 알렉산더 자신이 직접 최정예 컴패니온 기병대와 파이오니아, 마케도니아 경기병을 지휘하고 좌익에는 파르메니온이 테살리아와 그리스 용병, 트라키아 기병대를 지휘했다. 중앙의 팔랑크스는 이중으로 배치하였는데 이는 수적으로 우세한 적에 대항하여 좌우익의 균열이 생길 경우를 대비한 것이었다.

알렉산더는 창의적이고 대담한 전술을 구사했다. 그의 계획은 페르시아 기병대를 최대한 좌우 날개 쪽으로 끌어들여서 적진에

---

39) 플루타르코스에 의하면 가우가멜라는 '낙타의 집'이라는 뜻이라고 한다.

공간을 만들고 그 공간을 이용하여 다리우스의 본진에 결정적인 일격을 가한다는 것이었다. 이것은 완벽한 타이밍과 기동을 요구하는 전술이었다. 마케도니아군은 적의 기병을 최대한 끌어들이기 위해 사선대형으로 진형을 갖추었다.

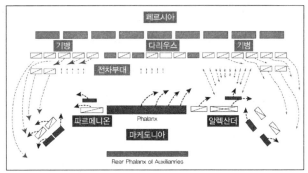

가우가멜라 전투(1)[40]–페르시아 기병과 전차의 최초 기동

다리우스는 전차의 돌격으로 전투를 시작했다. 마케도니아군은 전차에 대한 대비를 충분히 한 상태였기 때문에 맹렬하게 돌진하는 전차에 맞서 제1열이 비스듬히 물러나 틈을 열고, 제2열이 전차를 에워싸는 전술을 구사했다. 결국 전차는 마케도니아 창병에게 포위되었고, 마케도니아군은 손쉽게 기수만 찔러 죽일 수 있었다. 마케도니아의 밀집보병 방진인 팔랑크스가 전차를 모두 격퇴했다.

페르시아군은 점점 더 마케도니아의 우측 날개 쪽으로 밀고 내려왔고 알렉산더는 천천히 제2선으로 밀렸다. 다리우스는 기병을

---

40) [Wikimedia Commons]. The Department of History. United States Military Academy.
　　https://commons.wikimedia.org/wiki/File:Battle_of_Gaugamela._331_BC_-_Opening_movements.png
　　요도를 기본으로 한국어 표식을 함

이용 알렉산더 대왕을 추격하도록 명했다. 하지만 그것은 알렉산더 대왕이 이미 예상하였으며, 페르시아 기병대는 추격이 아니라 유인당한 것이었다. 이를 이용해 알렉산더의 기병대 일부가 급선회하여 다리우스의 본진 앞으로 밀고 들어갔다.

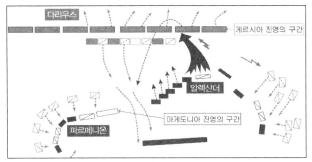

가우가멜라 전투(2)[41]–알렉산더의 전선 돌파

갑자기 전선을 돌파당한 페르시아군은 어쩔 줄을 몰랐으며 마케도니아 진영 깊숙이 들어왔던 페르시아의 좌익 기병대는 군사를 급히 뒤로 돌리려고 하였으나 여의치 않았다. 알렉산더는 다리우스를 보호하던 근위대와 페르시아의 그리스 용병을 치고 들어갔고, 다리우스는 목숨이 위험해지자 말머리를 돌려 도망갔으며 페르시아군이 그를 뒤따라 도망쳤다.

한편, 알렉산더가 본격적으로 다리우스를 추격해 들어가려는 찰나, 마케도니아군 좌측의 파르메니온으로부터 다급한 전갈을 받

41) [Wikimedia Commons], The Department of History, United States Military Academy, https://commons.wikimedia.org/wiki/File:Battle_gaugamela_decisive.png 요도를 기본으로 한국어 표식을 함

앗다. 파르메니온이 이끄는 좌익은 마자에우스가 이끄는 페르시아 기병대로부터 돌파당했고 마케도니아의 팔랑크스는 둘로 갈라져 심각한 타격을 입었다. 알렉산더는 자기의 부대를 지키느냐 다리우스를 잡느냐의 선택을 해야 했는데, 결국 추격을 포기하고 파르메니온을 돕기 위해 돌아섰다.

다리우스가 도망쳤다는 소식을 들은 페르시아군은 혼돈에 빠져 달아나기 시작했다. 알렉산더가 도착하면서 파르메니온은 전세를 회복했고 역전에 성공했다. 알렉산더는 곧바로 다리우스에 대한 총추격을 명령했고 해질 때까지 쉬지 않고 다리우스를 추격했다.

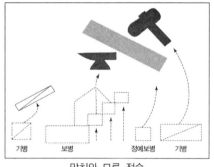

망치와 모루 전술

알렉산더가 이소스 전투와 가우가멜라 전투 당시 페르시아군을 격퇴하는 데 사용한 전술은 '망치와 모루' 전술이었다. 이는 주력 보병인 마케도니아 팔랑크스를 모루(철을 두드릴 때 받치는 받침대)로 적의 움직임을 막고, 발 빠른 기병대를 전진 우회하여 적의 후방을 급습, 전열을 흐트리며 적에게 치명적인 피해를 주는 전술이다. 그리고 이러한 전술은 후대의 모든 전술가들이 응용하여 사용하게 된다.

히다스페스(Hydaspes) 전투

BCE 326년, 마케도니아와 인도 제후 연합군과의 전투였다. 지금의 펀자브 지방 일대의 영주로 파우라바 왕국의 수장이었던 포로스가 이끄는 인도 제후군과의 치열한 전투였다. 마케도니아군에게는 가우가멜라 전투 이후 최초로 전투 코끼리를 보유한 군과의 전투였으며, 알렉산더에게는 최후의 일전이 되었다.

포루스는 적이 대규모 곡물 수송을 받을 때까지 움직이지 않을 거라는 정보를 입수하고, 당분간 전투가 벌어지지 않을 거라 생각했다. 알렉산더는 적군이 방비를 단단히 한 걸 보고, 그라니코스 전투 때처럼 무작정 강을 건넜다가는 손실이 엄청나리라 예상했다.

알렉산더는 포루스를 속여서 강을 쉽게 건너기 위해 여러 행동을 했다. 그의 진영에 첩자들이 숨어 있다는 기미가 느껴지자, 그는 어떻게 하면 장마철이 끝날 때까지 편히 쉴 수 있을지에 대해 큰 소리로 말했고, 강변을 따라 수많은 모닥불을 피웠다. 이는 첩자들이 '알렉산더가 장마가 끝날 때까지는 강을 건너지 않겠구나.'라고 오판하기 위한 것이었다.

또한 그는 적절한 도하지점을 찾기 위해 군대를 이끌고 강을 따라 행진했고, 마케도니아군 주둔지에서 약 18마일 떨어진 곳에 강을 건너기에 적당한 장소를 발견했다. 알렉산더는 포루스가 알아채지 못 하게 하기 위해 크라테로스에게 상당한 병력을 맡겨서 주둔지에 그대로 있게 했다. 그 후 자신은 7,000명의 기병과 11,000명의 보병을 이끌고 폭우가 몰아치는 야밤에 소리없이 이동하여 도하 지점 숲에 병력을 은신시켰다.

이후 30척의 배와 뗏목을 활용하여 강을 건너기 시작했는데, 여기서 문제가 발생했다. 기껏 건넜더니 도착한 육지가 사실은 반대편 강변이 아니라 강 한 가운데에 있는 큰 섬이었던 것이다. 알렉산더와 부하들은 이 사실에 당황했지만, 날이 밝기 전에 어서 강을 건너야 했기에, 반대편 강변을 향해 걸어서 건너기로 했다. 많은 장병과 군마가 거센 물살에 밀려 떠내려갔지만, 알렉산더는 이를 무릅쓰고 밀어붙인 끝에 새벽 즈음에 강변에 도착했다.

　이후 군대를 전투대형으로 재편성하고 포루스와의 대결을 준비했다. 헤타이로이는 보병대 앞에 배치되었고, 스키타이 궁기병들은 양익에서 코끼리를 상대하는 역할을 맡았다. 얼마 후 정찰병들이 포루스에게 달려와서 적군이 강을 건넜다는 소식을 전했다. 이에 포루스는 아들에게 3,000명의 기병과 120대의 채리엇을 파견하여 알렉산드로스의 진군을 지연시키게 했다. 그러나 알렉산드로스는 기병대를 급파해 포루스의 아들을 죽이고 기병대와 채리엇을 박살을 냈다.

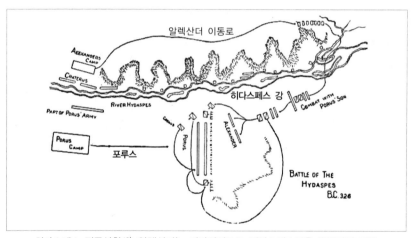

히다스페스 전투상황42)–알렉산더는 기만작전으로 히다스페스강을 우회하여 도하

42) [Wikimedia Commons],The British Library,
　　https://commons.wikimedia.org/wiki/File:35_of_%27Great_Captains,_A_course_of_six_lectures_showin
　　g_the_influence_on_the_art_of_war_of_the_campaigns_of_Alexander,_Hannibal,_C%C3%A6sar,_Gusta
　　vus_Adolphus,_Frederick_and_Napoleon%27_(11291849693).jpg

최초 계획에는 알렉산더가 강을 건넌 뒤 크라테로스의 부대가 강을 건너기로 되어 있었으나, 알렉산더는 추가 병력이 건너기를 기다리지 않고 크라테로스의 부대를 감시하는 파루라바 왕국군을 향해 6마일 가량 전진했다. 포루스는 이에 응전하기 위해 본군을 이끌고 맞섰다. 최전방에 코끼리 부대가 배치되었고, 기병대와 전차부대는 좌익과 우익 측면에 배치되었다. 또한 보병대가 중앙에 배치되었고, 포루스는 진형 중앙에서 코끼리에 올라탄 채 전황을 살폈다.

이후 벌어진 전투에서, 알렉산더가 페르시아에서 특별히 징집한 스키타이 궁기병들의 활약상이 대단했다. 그들은 코끼리를 모는 기수들을 화살로 저격해 모조리 떨어뜨렸고, 기수를 잃은 코끼리들은 미친 듯이 날뛰다가 자기 편 장병들을 짓밟으며 전장을 이탈했다. 이렇듯 궁기병들이 코끼리 부대를 성공적으로 물리치는 동안, 헤타이로이는 포루스의 기병대를 물리치고 적군의 측면을 요격했다. 채리엇이 이를 막기 위해 투입되었으나, 이미 페르시아의 채리엇 부대를 무찌른 경험이 있던 마케도니아군은 이들 역시 손쉽게 물리쳤다.

포루스는 최후의 수단으로 코끼리 부대를 중앙의 마케도니아 팔랑크스로 돌격시켰다. 그러나 팔랑크스를 구성하고 있던 장창병들은 천천히 후퇴하면서 코끼리를 장창으로 위협하는 전술을 구사했고, 이에 공포를 느낀 코끼리들은 도주하면서 포루스의 부하들에게 큰 피해를 입혔다.

한편, 강 건너편에 있던 크라테로스는 전투가 한창인 틈을 타 강을 건너서 포루스군의 후방을 돈 뒤, 적의 좌측면을 공격했다. 이리하여 파루리바 왕국군은 사방에서 에워싸인 채 처참하게 살해 되었고, 많은 이가 도주했다. 하지만 포루스는 심한 부상을 입었 음에도 불구하고 끝까지 맞서 싸웠고 결국은 생포되었다.

이제 알렉산더는 갠지스강을 건너 본격적인 인도 정벌에 착수 하려 했다. 이 시기 갠지스강 남쪽에는 난다 왕조가 있었는데, 이 나라는 인도 북부 전역을 장악하고 있는 대국이었다. 그러나 마케 도니아군 장병들은 이미 10년간 전쟁을 지겹도록 치렀는데, 또다 시 대규모 전쟁을 치러야 한다는 데 질색했다.

BCE 326년, 마케도니아군은 갠지스로 가기 직전 히파시스 강 변에 이르렀는데, 장병들은 더 이상 진격하고 싶지 않다며 파업을 선언했다.(히파시스 반란) 알렉산더의 친구들이 간절히 설득하는 데다 장병들이 절규와 탄식을 쏟아내자, 그는 결국 뜻을 바꾸고 귀환하기로 했다. 이렇게 해서 원정을 끝낸 알렉산더는 바빌론으 로 돌아갔지만 BCE 323년에 급사했고, 그의 광대한 제국은 분열 되었다.

로마 제국

로마군의 편성

로마군은 마리우스의 군제개혁(BCE 107년)까지는 유사시 창설, 동원되는 비상시 체제였다. 공화정 시기에 이르러서는 스스로 장비를 마련한 징집된 자들로 편성했다. 사령관은 네 명의 집정관 중에서 두 명을 임명했으며, 임기 중인 두 명의 집정관들이 나누어 지휘했다.

BCE 2세기 말부터, 로마는 군대를 유지하기 위한 재정과 인력의 부족을 겪기 시작했다. 이 상황은 재산 자격을 폐지하고, 국가가 복무 기간에 장비 및 보상을 지급함으로써 재산이나 사회적 계급에 상관없이 모든 시민이 복무를 할 수 있게 하는 법령을 발표하게 했다. 시민들이 아닌 자들도 보조병으로서 입대할 수 있었는데, 복무를 마치면 로마 시민권에 준하는 권리를 보장받았다.

로마 군단은 공화정 시기 로마의 명장 카밀루스(Camillus)에 의해 체계가 갖추어졌다. 군단의 주력은 3개로 나뉘어진 중장보병 부대로 1개 군단이 4,200명의 보병으로 구성되었다. 기본 단위는 중대급 규모인 약 120명으로 편성한 마니풀라르(manipular) 시스템으로 전투 시 40명이 3개의 열로 정열하였다.

중장보병들은 군사 경력이 짧지만 젊은 축에 속하는 하스타티와 경험을 갖춘 실질적인 주력부대 프린키페스(Principes),

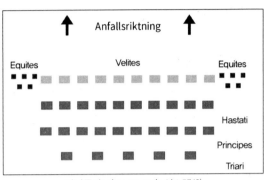

마니풀라르(manipular) 시스템43)

나이가 비교적 많은 고참으로 구성된 예비대 트리아리(Triari)로 나뉘어 편성되었다. 여기에 소수의 기병(에퀴테스, Equites)과 경장보병(벨리테스, Velites))이 포함되었다. 전략 단위로서의 군단은 거의 항상 로마 시민병과 더불어 비슷한 수의 동맹시 보조군(Alae Sociorum) 병력을 대동했다.

동맹시 보조군은 공화정 중기, 로마 시민이 아닌 이탈리아반도 각지의 동맹국 병력으로 구성된 보조군이었다. 날개(Alae)라는 이름처럼 주로 군단병의 양 측면에 나누어 배치되었다. 병력 규모는 로마 시민병보다 많았고, 특히 기병은 로마 시민 기병대의 3배로 당시 로마군 기병의 주력이었다.

전통적인 로마군 대형에서 동맹시 보조군의 기병은 좌익을, 로마 기병은 우익을 맡았는데 이 불균형을 한니발이 찌르기도 했다.

---

43) [Wikimedia Commons], https://commons.wikimedia.org/wiki/File:Romerska_maniplar.png

보병의 경우 로마 시민병과 무장이나 전투방식에서 큰 차이는 없었다고 보는 것이 일반적이다. 동맹시 병력 중 보병의 1/5, 기병의 1/3은 동맹시 정예병(Extraordinarii)으로 따로 편성되어 집정관 직속으로 배정되었다.

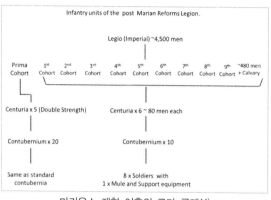

마리우스 개혁 이후의 로마 군제[44]

공화정 후기에서 제정 중기까지의 군단은 기본적으로 마리우스에 의해 짜여진 편제를 기본으로 했다. 공화정 중기의 하스타티, 프린키페스, 트리아리가 프린키페스와 유사한 하나의 중보병 병과로 통일되었다. 편성의 최소 단위는 콘투베르니아(contubernia, 분대급)로 텐트와 맷돌, 노새, 보급관을 공유하는 8명으로 구성되었다. 켄투리아(centuria, 중대급)는 콘투베르니아 10개로 이뤄졌고, 켄투리아 6개로 구성된 총 10개의 코호르스(Cohort, 대대급)가 1개 군단, 즉 레기오(Legio)를 형성했다.

44) [Wikimedia Commons]. https://commons.wikimedia.org/wiki/File:Legion_Task_ORG.png

주력은 여전히 시민으로 구성된 중장보병이었지만, 보조병의 충원을 통해 유기적인 전투력을 발휘할 수 있었다. 한편 경보병 벨리테스와 로마 시민 기병대 에퀴테스, 이탈리아 동맹시 기병대 등은 기원전 1세기부터는 군단 편제에서 사라졌으며, 소규모 별도 군단 기병대가 편성되었다.

로마군의 무기

로마군은 글라디우스(Gladius)라는 검을 사용했는데, 고대 로마 초기부터 후기까지 사용된 로마군의 표준 제식 무장이었다. 여러가지 형태가 있지만, 대체로 한 손으로 사용할 수 있을 정도로 길이가 짧고 무게가 가볍다는 것이 특징이었다. 대략, 평균적인 길이

로마군의 표준 검
글라디우스(Gladius)[45]

는 70cm에 무게는 1kg 미만이었다. 검날은 길이에 비해 넓은 편이었고 형태는 특별한 변화없이 곧게 뻗어 있었다. 밀집대형에서 찌르기를 하기에 최적화되었다.

스쿠툼(Scutum)이라는 방패를 사용했다. 이 거대한 방패를 사용해서 전, 후, 좌우 면을 완전히 봉쇄한 테스투도(Testudo)라는 거북 등 대형을 만들어냈다. 방패의 가장자리와 정면에 위치한 병

---

45) [Wikimedia Commons]. https://commons.wikimedia.org/wiki/File:Uncrossed_gladius.jpg

사들에겐 빈틈으로 창을 내세웠는데, 대형을 이루는 병사 중 일부가 틈 사이로 들어온 창이나 화살을 맞아 대형을 유지할 수 없게 되면 그 병사만 안쪽으로 옮기거나 빼버리고 다른 안쪽에 있던 병사들이 간격을 메워 조정했다.

글라디우스(Gladius), 필룸(Pilum), 스쿠툼(Scutum)[46]

필룸(Pilum)이라는 투창을 사용했다. 길이는 1.5~2.2m로 창날은 50~70cm, 손잡이는 1~1.5m이며 무게는 2~5kg 정도였다. 가늘고 긴 창날은 상대방 방패에 박힌 후 휘어지며 창날과 손잡이를 잇는 추 부분이 매우 무거우므로 이것이 박힌 방패는 너무 무거워지는 데다가 박힌 필룸을 쉽게 뽑아낼 수도 없어서 방패를 버릴 수밖에 없었다.

로리카 세그멘타타
(lorica segmentata)[47]

46) [Wikimedia Commons], Mike Bishop,
    https://commons.wikimedia.org/wiki/File:Forestier_An_auxiliary_at_a_ferry_on_the_Tyne_(6722420351
).jpg
47) [Wikimedia Commons],
    https://commons.wikimedia.org/wiki/File:Roman_legionaire_in_lorica_segmentata.jpg

로마군의 갑옷은 로리카(lorica), 로리카 하카타(lorica hamata), 로리카 세그멘타타(lorica segmentata) 등으로 대표된다. 흉갑에 해당되며 제국이 멸망할 때까지 보완 및 발전되어 사용되었다. 로리카는 라틴어로 흉갑을 의미하며 로마군의 모든 갑옷을 통칭한다.

로리카 하마타는 철이나 청동으로 만든 5mm에서 7mm의 사슬고리를 꿰어 만든 켈트족의 전통 갑옷으로 BCE 2세기경 로마군이 도입하여 1세기까지 로마 군단병의 주요한 갑옷으로 사용되었다. 로리카 세그멘타타는 강철로 두꺼운 판을 이어 만든 판금 갑옷의 일종으로, 라틴어의 "조각" "파편"이란 말에서 기원하였다. 제정 중기에 본격적으로 도입되어 발전되었다.

로마군의 공성무기는 알렉산더 시대와 기본적인 개념과 원리는 유사하다.

포에니[48] 전쟁

제1차 포에니 전쟁(BCE 264년 ~ BCE 241년)

카르타고의 영토였던 시칠리아섬에서 시라쿠사 왕 아카토클레스를 받들던 이탈리아인 용병 마메르티니가 왕이 죽은 후 그리스의 식민지인 메시나 시를 점령했다. 이에 메시나시는 로마에 도움을 청하였고 로마는 야밤에 메시나 해협을 건넜다.

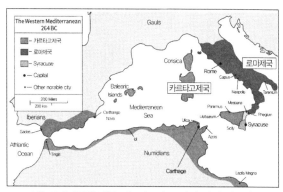

1차 포에니전쟁 당시 카르타고와 로마의 지배 영역[49]

시라쿠사는 로마군이 참전했다는 말을 듣고 카르타고와 연합하여 로마군에게 대항했지만, 로마군에 격파당하면서 시라쿠사는 로마의 지배하에 들어갔다. 이에 카르타고가 강력히 반발했고 대규모 군사를 파병했으나 지상전에서는 로마군이 연승했다.

---

48) '포에니(poeni, 포이니)'라는 말은 라틴어 Poenicus에서 나왔는데, 이는 '페니키아인의'라는 뜻으로 카르타고가 페니키아에 기원을 두고 있기 때문에 로마인들이 그렇게 부른 것이다.
49) [Wikimedia Commons], Jon Platek.
   https://commons.wikimedia.org/wiki/File:First_Punic_War_264_BC.jpg

전쟁은 장기화되었고 지중해 해상 상권을 장악했던 카르타고는 우수한 해군력으로 보급 우위를 유지하면서 로마군을 봉쇄했다. 로마는 해상에서의 주도권을 찾아오기 위해 최초로 해군을 편성했다. 이때 로마군이 제작한 배가 '코르부스'였는데, 상대편 함선에 사다리와 같은 다리를 놓아 병력을 보내 격멸하는 방식이었다.

해상에서의 우위를 점한 로마의 승리로 1차 포에니 전쟁은 끝나고 카르타고는 강화조약을 맺을 수밖에 없었다. 카르타고는 시칠리아섬 권리를 완전히 포기했고 로마에 3,200달란트라는 막대한 배상금을 지불해야 했다.

제2차 포에니 전쟁(BCE 218년 ~ BCE 201년)

카르타고의 하밀카르 바르카는 히스파니아 동쪽에 '새 카르타고' (카르타헤나)를 건설했다. 그의 아들 한니발은 이베리아반도 동쪽 해안에 있는 사군툼을 침공했고 이에 로마는 카르타고에 선전포고한다. 한니발은 많은 군사를 이끌고 갈리아 남부를 돌아 알프스를 넘었고 이 과정에서 상당한 병력과 전투 코끼리를 잃기도 했지만, 북부 이탈리아로 진입했다.

트레비아(Trebia)강 전투

BCE 218년 12월 18일 새벽, 카르타고 기병은 로마군을 급습했다. 카르타고 기병은 유인을 위해 로마군에게 밀리는 모습을 연출했고, 로마군은 성급하게 추격하기 시작했는데 트레비아강을 건

넌 로마군은 중앙에
주력 중무장보병을
배치했다. 그러나
겨울철에 트레비아
강을 건넌 로마군
장병들은 몸이 젖어
저체온증이 발생했
고 제대로 전투력을

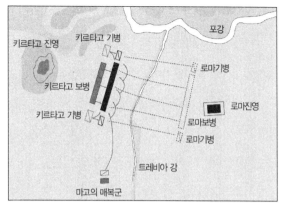

트레비아(Trebia) 강 전투[50]

발휘할 수가 없었다. 로마 기병은 강력한 카르타고 기병에 다시
밀리기 시작했으며 매복해 있던 마고의 기병과 보병이 나타나 로
마군을 포위, 약 2만여 명의 로마군이 포위 속에서 살육당했다.

칸나이(Cannae) 전투

BCE 216년 8월 2일, 칸나이(Cannae) 평원에서 벌어진 전투
였다. 로마군은 약 7만의 병력으로, 주력인 중장보병을 중앙에 배
치하고, 그 앞쪽에 경장보병, 우익에 로마 기병, 좌익에 동맹군 기
병을 배치했다. 로마군의 작전 의도는 중장보병에 의한 중앙돌파
에 있었고, 그 때문에 각 중대(마니플스)의 간격을 좁게 하여 전투
열인 중앙을 두텁게 하였다. 중앙의 지휘는 세르빌리우스가 담당

---

50) [Wikimedia Commons], Sémhur,
https://commons.wikimedia.org/wiki/File:Battle_Trebia-numbers.svg 요도를 기본으로 한국어 표식을
하였음

하고 파울루스는 우익기병, 바로는 좌익기병을 지휘했다.

카르타고군의 포진은 중앙에 중장보병, 그 앞쪽에 경장보병, 양 날개에 기병을 배치한 것은 로마군과 동일했다. 그러나 한니발은 중장보병을 활처럼 휘는 모양으로 배치해 튀어나와 있는 중앙부에 병력을 집중시켜 종심을 깊게 했다. 이런 진형을 짠 한니발의 의도는 중앙에서 적 주력을 붙잡고 있는 사이에 양익을 적 양익과 격돌시켜 그들을 격멸하고 돌파하여 적 전체를 포위하기 위한 전략이었다.

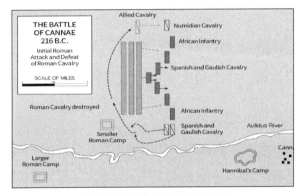

초기 전투상황[51]–로마 기병의 패퇴

맹공격이 예상되는 중앙에는 어느 정도 피해를 예상하고 갈리아 보병과 에스파냐 보병을 배치하고, 그 양익에는 숙련된 카르타고 보병을 배치했다. 거기에 보병 전투열의 우익에는 누미디아 기병을, 좌익에는 에스파냐–갈리아 기병을 배치했다. 카르타고군은

---

51) [Wikimedia Commons], The Department of History, United States Military Academy,
　　https://commons.wikimedia.org/wiki/File:Battle_of_Cannae,_215_BC_-_Initial_Roman_attack.svg

로마군에 비해 기병이 차지하는 비율이 높았고, 그 질과 숫자도 로마군의 기병에 비해 매우 높았다.

전투 개시와 동시에 로마군의 중장보병은 카르타고의 보병 전투 대열을 돌파하며 전진했다. 에스파냐-갈리아 보병이 겨우 버티었기에 활의 휜 부분에 다다르자 로마군 중앙의 전진 속도가 다소 느려지게 되었다. 그사이 카르타고군 좌익의 에스파냐-갈리아 기병이 우세한 전력으로 로마군 우익기병을 압도하여 이들을 패주시켰다. 한편 카르타고군 우익의 누미디아 기병과 로마군 좌익의 동맹군 기병은 호각지세로 전투를 벌이고 있었다.

아군의 전투 대열 중앙이 압도당하는 것을 본 한니발은 양익의 카르타고 보병을 전진시켜 로마군 전투열의 양익을 압박해 들어갔다. 한편 로마군 좌익기병을 패주시킨 하스드루발 지휘하의 에스파냐-갈리아 기병은 바로 방향을 바꿔 누미디아 기병과 교전하는 동맹군 기병을 협공했다. 전력으로 약세였던 동맹군 기병은 곧 패주하기 시작했고 카르타고 기병은 도망치는 로마군을 추격하는 대신 로마군 중앙의 후방으로 방향을 돌려 돌입했다.

로마군 중앙 전투 대열은 거의 카르타고군 중앙을 돌파하고 있었으나, 전투 대열 양익은 카르타고 보병이 우세함을 보여 그쪽 방면의 로마군은 전진하지 못하고 있었다. 이 시점에서 로마군 중앙은 V자 형태로 이루어져 있었다. 이때 양익의 로마군 기병을 패주시킨 카르타고군 기병이 후방에서 공격해왔다. 후방을 공격당한 로마군은 패닉상태에 빠져 밀집하기 시작했고 이 때문에 중앙의 병사들은 몰려드는 병사들에 압박을 못 이기고 압사 당했다.

전방을 에스파냐-갈리아 보병, 측면을 카르타고 보병, 후방을 카르타고, 누미디아 기병에게 완전히 포위당한 로마군은 도망치지도 못하고 괴멸당하기에 이른다. 이 전투에서 로마군은 거의 6만 명에 이르는 사상자(대부분이 전사)가 나왔다. 또한 야영지에 남아 있던 1만여 명은 포로가 되었다.

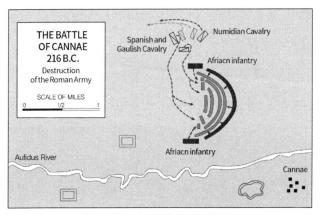

결정적 전투상황52)–로마군 전멸

최고 지휘관이었던 바로는 도망쳤으나, 파울루스는 전사했으며 중앙을 지휘하던 세르빌리우스와 독재관 미누키우스도 전사하고 기타 80여 명의 원로원 의원도 전사했다. 당시 원로원은 최대일 때도 300명을 넘지 않았기 때문에 4명 중에 1명 이상 꼴로 전사

52) 위 기관.
https://commons.wikimedia.org/wiki/File:Battle_cannae_destruction.svg

한 것이었다. 반면 카르타고군의 피해는 6,000명 정도였고, 그 대부분은 중앙의 에스파냐-갈리아 병사들이었다. 이 전투는 로마 측에게 인적 손실로는 엄청난 피해를 입혔고 로마 시민들과 원로원에게 커다란 충격을 주게 되었다.

이 전투 후 로마는 한니발과의 정면 대결은 피하고 지구전으로 전략을 변경하면서 시칠리아와 에스파냐 등 카르타고 주변으로 공격 대상을 변경하여 외부로터의 붕괴를 노렸다. 또한 로마의 우세한 해군력을 바탕으로 카르타고 본국으로부터 한니발에 대한 보급을 끊었다. 한니발은 이후에도 이탈리아반도를 계속 돌아다니며 로마의 동맹국을 공격하여 동맹의 이탈을 시도했으나, 16년에 걸친 로마와의 전쟁을 끝맺지 못하고 아프리카 본국으로 복귀했다.

그리고 BCE 202년, 한니발은 북아프리카 자마(Zama)에서 로마의 스키피오 아프리카누스와 격돌했고 한니발은 궤멸적 패배를 당했다. 카르타고군의 피해는 전사자, 포로 모두 합해 4만 명이었고, 로마군은 1,500~4,000여 명이었다. 자마 전투로 16년을 끌어온 제2차 포에니 전쟁이 종결되었고, 카르타고 의회는 로마가 제시한 징벌적 강화조건을 승인했다.

제3차 포에니 전쟁(BCE 149년 ~ BCE 146년)

2차 포에니 전쟁에서 패배한 카르타고는 시칠리아, 히스파니아의 영토를 빼앗기고 매년 200 달란트를 50년간 물어야 하는 막대한 전쟁 배상금에 고통받고 있었다. 그럼에도 일부 로마의 정치가들은 2차 포에니 전쟁 때 카르타고를 완전히 파괴해야 했다고 생각했다. 특히 대(大) 카토(Marcus Porcius Cato)같은 정치가는 끊임없이 카르타고 타도를 주장했는데 그것은 카르타고가 지중해 지역에서의 해상무역으로 국력을 빠르게 회복할 수 있다고 보았기 때문이다.

한편, BCE 151년부터 시작된 누미디아의 침입은 2년 가까이 계속되었고 그로 인한 카르타고의 경제적 손실은 심대했다. 이에 카르타고는 누미디아와의 국경분쟁에 대항하기 위해 약 6만여 명의 용병을 조직했고 누미디아가 침공하자 역공하여 누미디아 영토로 진입했는데, 이에 로마는 즉각 조약위반으로 간주함과 동시에 강력하게 항의하는 한편 조사단을 파견했다.

협상을 위해 파견된 로마의 스키피오 아프리카누스는 전쟁을 하지 않겠다는 내용의 첫 번째 조건(카르타고의 모든 무기를 로마에 넘길 것)을 걸었다. 전쟁을 원하지 않았던 카르타고는 결국 그 조건을 받아들여 무기를 모두 로마에 넘겨주었는데 그 수만 10만 개가 넘었다고 한다. 그런데 또다시 카르타고에게 최후통첩을 보냈는데, 그 내용은 '수도 카르타고를 파괴하고 주민은 해안에서 80

스타디온(15~20km) 떨어진 곳으로 모두 이주할 것'이었다.

협상의 부당함을 참을 수 없게 된 카르타고는 로마와 결전을 준비했다. 당시 카르타고는 잘 만들어진 방어시설, 항구, 선박을 이용할 수 있었다. 심지어 여자들의 머리카락을 잘라 석궁의 밧줄로 사용했다. 성안의 카르타고군과 시민은 스키피오가 이끄는 4만의 정예병에 오로지 돌, 나뭇가지, 맨손으로 맞섰고 죽인 로마군의 무기를 빼앗아 대항하는 등 카르타고의 운명을 건 마지막 싸움이라 생각하며 필사적으로 저항했다.

BCE 149년부터 시작된 제3차 포에니 전쟁은 단기간에 종결될 것으로 생각한 스키피오의 예상을 완전히 뒤엎으며 BCE 146년에 함락되기까지 무려 3년 동안이나 이어졌다. 스키피오는 카르타고 함락 이후 도시를 무자비하고 철저히 파괴한 다음, 생존한 5만 명은 노비로 만들었다. 훗날 로마가 병사들을 살게 할 도시로 재건하지만, 700년이나 무역 국가로서 번성을 누리던 예전의 영광을 되찾지 못했다. 고대 카르타고의 해상 왕국은 이로써 완전히 멸망했다.

2장
총포와 기동의 시대

기동을 위한 군사적 혁신(1) – 몽골제국

몽골 초원의 칭기즈 칸은 1219~1225년 기간에 남으로는 인더스강 유역, 서로는 카스피해를 넘어 러시아 남부에 이르는 중앙아시아 전역을 지배하에 두었고, 1227년에는 서하[53]를 정복했다.

제2대 오고타이 칸은 1234년 숙원이었던 여진족의 금나라를 멸망시키고, 하(河)를 석권하였으며 그 원정군은 러시아와 동유럽까지 뻗어나갔다. 제4대 몽케 칸은 아바스 왕조를 멸망시켜 그 영역은 동으로는 한반도 동해부터 서로는 러시아 남부까지 이르렀다. 몽케 사후 뒤를 이은 쿠빌라이 칸은 1279년 중국 남송(南宋)을 멸망시켜 최대 판도를 이룩했다. 1231~1259년의 기간에는 고려를 침공했으며, 1274, 1280년에는 일본 정벌에 나섰으나 실패했다.

---

53) 서하는 중국사 오호(五胡) 중 하나로 티베트의 전신인 강족(羌族)의 또 다른 분파

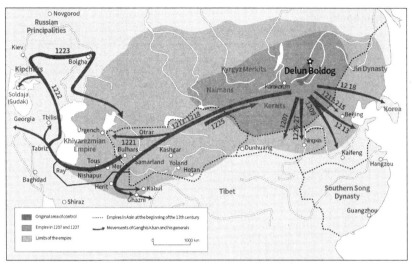

몽골제국의 원정로와 최대 영토(1227)[54]

이 광활한 영토는 몽골족 관습에 따라 여러 자제에게 나누어졌다. 몽골 초원과 금나라가 있던 중국 북부는 황제의 직할령이 되었고, 러시아 남부에서는 장남 주치의 아들 바투가 세운 킵차크 칸 국(훗날 투르크 동화), 서아시아에는 막내 툴루이의 아들 훌라구의 일 칸 국(훗날 이란 동화), 西 투르키스탄에는 차남 차가타이의 차가타이 칸 국, 東 투르키스탄에는 오고타이 칸 국 등이 들어섰고 그 밖의 지역도 칭기즈 칸의 일족과 귀족들에게 배분되었다.

54) [Wikimedia Commons], https://commons.wikimedia.org/wiki/File:Genghis_Khan_empire-switch.svg

몽골제국의 군대

> 몽골군의 가장 큰 강점은 월등한 기동력으로 적을 심리적으로 마비시키고 유리한 전장 환경을 조성하는 것이었다. 몽골군의 편성, 무기 및 장비, 그리고 전술, 보급 등은 이러한 기동력 증대에 맞춰져 있었다.

편성

몽골고원의 부족들은 여러 갈래로 갈라져 이합집산을 계속해 오고 있었기 때문에 이들을 하나의 공동체로 묶을 필요가 있었다. 이런 필요로 만들어진 것이 바로 새로운 편제인 천호제였다. 군제는 10,000명이 기본인 투멘 단위로 운영되었다. 투멘의 지휘관, 즉 천호장은 칭기스 칸의 직접 지휘를 받았다.

아르반(아르밧)	10명 내외
자군(자굿)	100명 내외
밍칸(밍갓)	1,000명 내외
투멘(투멧)	10,000명 내외

최소 단위인 아르반은 강한 결속력이 특징이다. 특별한 경우를 제외하면 병사는 자신이 소속된 아르반을 옮길 수 없었으며, 전투 중 적에게 사로잡힌 병사는 해당 아르반의 동료들이 구출해야 했다. 연대책임이 적용되어 탈주자가 나왔을 때는 해당 아르반의 구

성원들이 모두 참수당하는 등 운명공동체적인 성격도 있었다.

칭기스 칸이 몽골고원을 통일했을 당시 몽골의 병력을 95 밍갓 (1,000명)으로 잡고 있다. 당시 몽골이 동원할 수 있었던 총 병력이 95,000명 정도이고, 대개 60% 정도의 인원만을 유지했다고 보면 대략 57,000명 가량의 병력 수준이었다. 당시 몽골 고원의 인구는 100만 명 내외로 추정된다. 1250년 무렵 몽케 칸 시절에는 원본국의 정규군이 90 투멘, 일 칸국이 22 투멘, 킵차크 칸국의 43 투멘 등 거의 백만(60% 수준 고려 시)에 달하는 병력이었다.

몽골군은 다음과 같은 전문 집단들을 가지고 있었다.

바토르 : 돌격 임무를 맡은 결사대로 최정예 전사들과 죄수들로 구성되었다. 잘못을 범한 병사는 그에 대한 처벌로 바토르에 편성되기도 했다. 이 경우 결사대에서 3~4회 전투를 치르고 살아남아야 자기 부대로 돌아갈 수 있었다.

탐마 : 정보를 수집하고 정복지를 관리하기 위한 소수 정예부대. 탐마에 소속된 대원을 탐마치(타마친)라고 하며, '탄마(tanma)'라고도 불렀다. 초창기 이들은 몽골족 전체 병력 중에서 차출된 일종의 파견부대였다. 목적은 점령지에서 몽골족의 통치를 유지하거나 가능하면 확장하는 것이었고, 초기에는 대체로 스텝지대와 정주(定住)사회의 경계 지대에 주둔했다.

케리크 : 주로 농경민족으로 이루어진 병사들로 방어를 담당하는 보병이다. 몽골의 판도가 넓어지면서 몽골인만으로는 영토를

효과적으로 방어할 수 없게 되자 피정복민들을 군대에 받아들였다. 투르크-몽골계의 유목민족들은 경기병 체제의 몽골군에 빠르게 동화될 수 있었으나 한족이나 페르시아인들처럼 그것이 불가능한 경우도 많았다. 이런 인원들은 대부분 케리크가 되었다.

케시크 : 칸의 호위부대를 말한다. 칸의 막사는 기본적으로 사병들과 약 500m 간격을 두고 세워졌다. 이는 화살의 사정거리의 2배 정도에 해당하는 거리로 아마도 암살을 막기 위한 것으로 여겨진다. 케시크들은 여기에 칸과 함께 주둔했다. 활을 들고 수행하는 코로치와 칼을 들고 수행하는 울두치가 있었으며 일부는 바토르로 구성되었다.

카라우나스 : 페르시아 동부와 아프가니스탄에서 조직적인 약탈을 일삼던 부대로 이들 부대는 '탐마'에 기원을 두고 있으며, 오고타이 칸의 치세에 최초로 파견되어 인도와의 국경지대에 주둔했다. 그들은 몽골의 다양한 부족 출신으로 구성되었고, 사실상 새로 만들어진 인위적인 '부족'이었다.

무기와 장비

몽골군의 주무기는 활이었다. 병사들은 활 2~3개, 화살통 3개, 도끼, 밧줄, 투구와 흉갑으로 무장했다. 몽골군의 주력은 어디까지나 경기병이었고 그들이 사용했던 무기는 각궁이었다. 짐승의 뿔과 힘줄, 나무 등의 재료를 이어붙여 만든 복합궁으로 살상력이 뛰어난 위력적인 무기였다. 각궁의 최대 사거리는 약 300m 정도였지만 실제 사격은 150m 이내에서 실시했다.

화살은 60개 정도를 휴대했으며, 장인이 만든 것도 있으나 병사 개개인이 스스로 만들기도
했다. 길이는 2피트(60.96cm) 정도였다. 화살촉은 쇠, 강철 등 금속제 이외에 짐승의 뼈나 뿔로 만들기도 했는데, 이렇게 만든 화살들은 전부 용도가 달랐다. 예를 들어 폭이 좁고 뾰

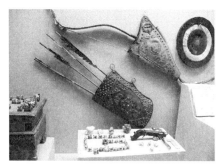

몽골군의 주 무기인 활과 화살, 깍지[55]

족한 화살은 갑주 관통용이었고 폭이 넓은 화살은 갑옷을 입지 않은 적에게 치명상을 입히기 위한 것이었다. 촉을 뭉툭하게 만든 살은 적을 생포할 때 사용되었다.

활을 쏠 때 다른 유목민족과 마찬가지로 손에 깍지를 꼈다. 이는 시위에 손을 베지 않기 위한 것으로 활을 당기는 것을 좀 더 수월하게 해 주었다. 유럽의 활과는 달리 다른 아시아 국가들처럼 화살을 활의 오른쪽에 매겼는데 이러한 사격 방법은 활의 명중률을 높인다고 알려졌다.

금속제 찰갑을 입기도 했으나 대개는 두정갑이나 층상형으로 만든 가죽 갑옷이 선호되었다. 금속 갑옷으로 무장한 유럽 기사단

55) [Wikimedia Commons], Gary Todd,
   https://commons.wikimedia.org/wiki/File:Mongol_Bow_and_Arrow_Quiver_(19798751371).jpg

과 대조적이다. 이는 제작이 쉬웠던 점도 있으나 층상형 갑옷이 화살에 대해 높은 방어력을 가지고 있기 때문이었다. 모든 몽골인이 갑옷을 입은 건 아니어서 후위의 부대원은 펠트로 된 외투만을 걸치기도 했다. 그래도 투구만큼은 금속제를 써서 강철에 동을 입혔다.

몽골군은 물론 몽골인들에게 말(馬)은 삶의 동반자이며 전부라고 해도 과언이 아니다. 식량을 제공해 주고 이동 수단이 되며 전장에서는 든든한 아군이었다. 그래서 말은 사람에 준하는 대접을 받았다. 몽골 병사는 2~3마리부터 6~7마리까지 말을 소유했고 전장에서 번갈아 사용함으로써 항상 최고의 상태인 말들을 탈 수 있었다. 숙영지에는 말을 관리하는 부대가 따로 있었다. 이들은 마초를 잃어버리지 않기 위해 날이 어두워지기 전에 가장 먼저 텐트를 쳤다. 하지만 비상시를 대비 모든 병사는 적어도 2필의 말을 자신의 곁에 두었다.

야영할 때는 숙영지 사이의 거리를 최대한 이격했다. 여러 이유가 있었지만, 말에게 풀을 먹이기 위한 이유가 가장 컸다.

몽골군의 말56)

---

56) [Wikimedia Commons]. https://commons.wikimedia.org/wiki/File:Mongol_horse.jpg

정주민들이 먹이던 콩이나 귀리 등의 곡식은 잘 먹이지 않았고 주로 풀을 먹게 했다. 곡식은 몽골에서 귀하기에 말에게 먹일 수가 없었다. 그래서 말에게 주로 풀을 먹일 수밖에 없다. 몽골인들은 유순하고 지구력이 좋은 거세마나 말젖이 나오는 암말을 골랐다.

몽골군의 공성작전[57]

서방으로의 원정이 본격적으로 시작되면서 요새에 대한 공격이 많아졌고, 이에 대한 전술 및 장비도 발전하기 시작했다. 몽골군의 공성장비는 남송 및 점령지 기술자들에 의해 제작되고 사용되었는데, 이러한 기술자들에 대해서는 특별히 우대했다.

공성은 주로 4가지 방식을 사용했다. 공성무기로 성벽을 직접 공격하는 방법, 갱도를 파고들어 가는 방법, 성벽 아래를 파서 성벽을 붕괴시키는 방법, 사방에서 사다리를 걸어 병사들이 올라가는 방식 등이다. 공성무기로는 노포, 투석기 등과 소이탄 형식의 폭약이 사용되었고, 연막과 악취를 동반한 무기도 사용했다. 흑사병으로 죽은 시체들을 투석기로 적의 성내에 투하해 성내를 초토

57) [Wikimedia Commons].
   https://commons.wikimedia.org/wiki/File:MongolsBesiegingACityInTheMiddleEast13thCentury.jpg

화하는 작전도 사용했는데, 유럽인들이 악마의 자식이라 부른 계기가 되었다.

큰 성을 공격하기에 앞서 근처의 마을과 도시들을 먼저 공략하고 병사 1명당 10명의 포로를 확보했다. 포로들은 풀과 땔감, 흙, 돌을 모아와야 했으며 공성전의 가장 위험한 작업에 투입했다고 한다. 여러 거점을 동시에 공격하는 전법은 적을 공황에 빠뜨리고 지원군을 차단하는 데 효과적이었다. 각자의 담당구역을 방어하는 데 전념하는 사이 몽골군은 재빠르게 작은 거점들을 각개격파 한 후 남아 있는 요새들을 고립했다.

초원 전술

몽골군의 전술은 기동력과 지구력을 바탕으로 척후병을 활용한 정보수집, 주도적인 전장 선택, 산개대형 유지와 소규모부대의 유기적 움직임, 이를 바탕으로 한 포위섬멸전, 각종 기만전술을 조합한 것이 특징이다. 몽골군의 가장 큰 강점은 기동력을 활용하여 수단과 방법을 가리지 않고 자신들에게 가장 유리한 전장 상황을 조성하는 것이다. 이는 "후퇴를 불명예스럽게 생각하지 않았다"는 마르코 폴로의 말과도 일치한다.

'망구다이(mangudai)' 전법은 적과 접전을 벌인 후 패배한 척 달아나다가 매복한 군사들과 함께 적을 일시에 습격하는 방법이다. 망구다이의 역할은 형편없는 전투능력을 보여 주어 적을 방심하게 만드는 것이다. 이들이 도주하는 것을 보고 사기가 오른 적이 추격에 나서면 몽골 기병은 말 위에서 뒤로 돌아 화살을 날렸다.

그래도 추격을 계속하면 어디선가 매복해 있던 몽골군이 바람같이 나타나 사방에서 덮쳐들었다. 유럽 군대가 이 매복 전술에 무수히 당했던 것은, 말 위에서 몸을 뒤로 돌려 활을 쏘는 파르티안 사법이 위력적이었고 망구다이의 연기력도 무척 뛰어났기 때문이다.

파르티안 샷을 하고 있는 몽골 기병58)

첩보활동은 가장 기본적인 전술인 동시에 철저하게 지켜졌다. 척후병은 본대로부터 멀찍이 떨어져 정보를 수집했는데 주로 현지인을 사로잡아 적의 허실을 파악했다. 적병의 수와 위치, 식량의 위치와 양, 목초지에 관한 정보를 얻었다. 이들은 본영에서 이틀 거리까지 앞서 나가 정보를 수집했다.

사상자가 발생하는 정면충돌을 최대한 피했고, 적이 스스로 무너질 때까지 기다렸다. 스웜(swarm)59) 전술의 기본적인 방식으로 출혈이 큰 백병전은 최후의 일격으로 남겨두고 그 이전에는 원거

---

58) [Wikimedia Commons]. Sayf al-Vâhidî.
   https://commons.wikimedia.org/wiki/File:MongolCavalrymen.jpg
59) 스웜 전술은 활, 투창 등 투사병기로 무장한 기병의 히트 앤드 런 전술을 말한다. 기병의 기동력을 이용해 빠르게 접근과 후퇴를 반복하고, 접근 시 투사무기를 이용해서 공격한다.

리에서의 사격으로 적의 기세를 꺾었다. 마르코 폴로는 몽골군이 백병전을 벌이지 않고 적의 주위를 맴돌며 사격했다고 한다. 티모시 메이는 몽골군이 탄막을 형성하는 집중사격으로 적을 제압했다고 보는데, 이 전술은 16세기 유럽의 카라콜과도 상당히 유사한 점이 있다.

선회 전술

몽골군의 1개 중대는 80명의 경기병과 20명의 중기병으로 구성되어 있었다. 각 중대는 한 번의 공세에 20명을 내보내고 한 번 나갈 때마다 여러 발의 화살을 쏜 후에 가장 마지막 대열 뒤로 복귀했다. 여러 마리 말로 바꿔 타며 선회전술 속도를 유지했으며, 기병 한 명이 60발의 화살을 준비해두기 때문에 거의 한 시간 이상의 화살 세례를 지속할 수 있었다.

기만 포위

적의 측면 또는 후위가 노출된 경우, 성을 공격할 때 그리고 적이 약해졌을 때 포위를 실시했다. 몽골군은 정면에서 위장공격을 하고 여러 방향에서 공격, 자신들이 포위되었다고 생각하게 만드는데 이때 일부러 한쪽을 열어 줌으로써 적을 그쪽으로 유인했다. 함정에 빠진 적은 기동력이 빠른 몽골군의 추격을 벗어나지 못했으며, 그 순간 학살이 시작되었다.

파비안 전술

처음에는 적과의 교전을 피하는 전술이다. 몽골군은 보통 작은 단위로 나뉘어 있어서 포위당하는 것을 피하다가 서로 신호를 보내어 한곳으로 결집하는데, 기회를 포착 큰 무리를 이루어 적에게 기습을 실시했다. 특히 야전이나 공성전에서 일부러 몽골군이 주변을 서성이면서 활로 300m 밖에서 저격을 시도하는데, 이때 적들은 굉장한 피로가 누적되어 허점을 드러낼 수밖에 없었다.

보급 및 지원

바투의 원정군은 근거지인 몽골고원에서 6,000km 이상 떨어진 곳까지 육로로 이동했다. 타클라마칸 사막과 중앙아시아의 산맥들을 지나 지구 반 바퀴의 긴 보급선을 유지했다는 것인데, 당시 상황으로는 불가능한 일이었다. 몽골군은 이러한 제한사항을 특유의 보급 및 지원 시스템으로 극복했다. 한 마디로 기동에 제한되는 모든 것은 버리고 전투에 필요한 것만 챙겨나갔다. 행군 중에는 불을 쓰지 않는 음식만으로도 10일을 행군할 수 있었다고 한다.

기본적인 물자를 스스로 자급했으나 원정이 장기화될 경우에는 현지에서 조달하는 비율이 늘어났다. 현지의 자원을 수탈하는 방식은 그야말로 악마 같았다. 피정복민들에게 조공과 식량, 목초지를 요구했고 이를 거부할 경우 노동력으로 부려 먹거나 화살받이용 돌격대에 써먹었다. 전쟁에 들어가는 비용의 상당한 부분을 피

정복민들에게 전가했기 때문에 본대의 전력이 소모되는 것을 최대한 막을 수 있었다.[60]

현지에서 조달하는 방법 외에 보급로를 통해 물자를 운반하기도 했다. 주요 거점에 식민도시를 건설하고 병참기지로 삼는 한편, 장인과 수공업자들을 이주시켜 보급품을 조달하게 했다. 정복한 지역의 수공업자들 기술을 인정하고 그들로 하여금 각종 군수품을 생산하게 했다. 오고타이 시대에 역참이 정비되면서부터는 100리마다 역을 두었다. 물자를 수송할 때는 말과 낙타가 사용되었으며, 이들은 100kg 이상의 짐을 지고 하루에 수십km를 이동하기도 했다.

몽골군의 주식은 '쿠루트'라고 하는 말젖이었다. 모든 병사는 분말 형태로 된 마유를 지참하고 다녔으며 먹을 때는 물에 풀어 마셨다. 마르코 폴로의 기록에는 4~5kg 정도의 분말을 휴대하고 다니다가 아침 무렵에 500g 정도를 가죽자루에 넣고 물을 부은 다음, 저녁때 불려 먹었다. 이렇게 하면 유지가 물에 뜨는데 이것은 걷어내어 버터를 만들고 남아 있는 액체를 마셨다고 한다. 그리고, 보존식으로 '보르츠'가 있었다. 소 1마리의 고기를 말려서 소의 방광에 넣은 물건이다. 먹을 때는 뜨거운 물에 불려서 먹었다고 한다.

가축을 데리고 다니며 먹었다는 기록도 있다. 몽골군은 전쟁할

---

60) 오히려 원정을 계속하면서 병력이 늘어나는 모습을 볼 수 있다. 바투의 원정군은 볼가 불가르와 쿠만 족(킵차크)을 학살한 후 그들에게서 약 5만 ~ 7만 명에 달하는 병력을 징발했다. 러시아와 중국 문헌에는 공통적으로 1명의 몽골 병사당 10명의 현지인 포로를 잡아와 부역에 동원했다는 기록이 있다.

때 양떼와 함께 이동하는데, 그 수가 상당했다고 전해진다. 겨울에는 말젖이 나오지 않는 시기로 마유 이외의 다른 식량의 비중이 상대적으로 커졌기 때문에 기장으로 만든 죽을 먹었다. 매우 묽어서 죽이라기보다는 국에 가까운 상태였다. 피정복민의 군대를 위한 식량으로서도 곡식은 필요해서, 오고타이 시대에 정비된 역참에는 곡물을 갖추어 놓아야 했다.

행군 중에는 종종 수렵이 행해졌다. '네르제'라고 불리우는 전통 사냥방식은 포위섬멸전의 모의전 형식을 띠고 있다고도 할 수 있다. 사냥감을 에워싸 차례로 화살로 쏘아 잡는 방식이다. 이는 유목민족의 전투훈련인 동시에 식량확보 수단 중 하나였다. 몽골군이 목초지에 거점을 마련한 후에는 주변을 샅샅이 뒤져 먹을 것을 찾아 나서는데 사냥 역시 중요한 수단 중 하나였다. 이들이 사냥한 짐승은 중앙아시아의 마멋(marmot)[61]을 비롯하여 들개, 늑대, 영양 등 다양했다. 노획물은 국을 끓여서 모든 병사가 나누어 먹고, 일부는 남겨서 보존식으로 만들었다.

---

61) 쥐목 다람쥐과의 포유류

주요 전투

호라즘 원정

1218년, 몽골군이 금나라와의 전쟁에서 승승장구하고 있을 무렵 중앙아시아에서는 셀주크 튀르크로부터 독립한 호라즘 왕조가 무서운 속도로 세력을 키우고 있었다.62) 당시 칭기즈 칸은 서요를 멸망시킨 이후 호라즘과 교역 관계를 맺기 위해 호라즘 영토에 대규모 상단을 파견하였으나 호라즘 영토의 오트라르 성의 주인인 이날추크가 몽골 상단을 모조리 죽이고 재물을 가로채는 사건이 발생한다.

이에 칭기즈 칸은 분개하였고 곧바로 호라즘 왕조의 무함마드 2세에게 사신을 파견하여 이날추크를 처벌해달라고 요청했으나 무함마드 2세는 요청을 들어주기는커녕 오히려 사신 중 일부는 처형시키고 나머지 일행은 수염을 깎아 몽골로 돌려보낸다. 칭기즈 칸은 이것이 자신을 무시하고 조롱한 행위로 여기고 쿠릴타이를 개최하여 호라즘 원정을 단행한다.

1220년, 칭기즈 칸은 대략 15만 이상의 군대를 직접 이끌고 호라즘 왕조로 진격했다. 몽골군은 4개의 방향으로 공격했는데,

---

62) 당시 호라즘 왕조의 술탄 알라 웃 딘 무함마드, 즉 무함마드 2세는 동방의 알렉산더, 지상의 알라라고 불릴 정도로 정복 활동을 펼치면서 호라즘 왕조의 영토를 넓히는 중이었다.

먼저 칭기즈 칸은 툴루이와 함께 본대를 이끌고 부하라를 공격하고 나머지 부대는 각각 오트라르 등 호라즘의 주요 도시를 공격하여 무너뜨린 다음 호라즘의 수도인 사마르칸트에서 집결하는 작전을 세웠다. 병력의 수는 호라즘이 40만 정도로 우위였지만, 당시는 호라즘이 영토 정복을 끝난 지 얼마 안 되었던 시기여서 각 지역의 반란에 대비, 병력을 분산시켰고, 이것이 호라즘 참패의 주요 원인이 되었다.

계획대로 오고타이와 차가타이가 현 카자흐스탄 지역의 오트라르를 포위했다. 수 개월간의 포위 끝에 오트라르를 떨어뜨린 후, 위의 사건의 기폭제였단 이날추크을 처형시켰다. 이때 칭기즈 칸의 맏아들인 주치는 현 우즈베키스탄 지역에 위치한 호라즘 북부의 거점 도시들을 점령하면서 우르겐치 방향으로 진격했고, 다른 진영의 부대는 현 타지키스탄의 후잔트 부근에 있었던 도시인 파나카트를 점령했다.

한편 툴루이와 같이 본대를 이끄는 칭기즈 칸은 아주 기막힌 수를 쓰는데, 바로 사막을 건너는 것이었다. 무려 460km 이상 되는 키질쿰 사막을 건너 부하라 이북 지역까지 우회에 성공했고, 결국 부하라도 몽골군이 점령했다. 그 이후 수도인 사마르칸트를 포위하고 단 11일 만에 점령했지만, 무함마드 2세는 이미 도주한 상황이었다. 칭기즈 칸은 그를 추격하기 위해 제베와 수부타이에게 병사를 2만 명을 주었고, 이들은 서쪽으로 카스피해 인근 지역

의 여러 도시를 폐허로 만들며 진군했다.[63)]

무함마드 2세의 뒤를 이은 잘랄 웃 딘은 군대를 수습해 몽골 제국에게 반격을 가하기 위해 호라즘의 옛 수도인 우르겐치로 입성했다. 잘랄 웃 딘은 자신의 지지 세력을 모아 나름대로 군대의 규모를 늘리기 시작했고, 이 소식을 들은 칭기즈 칸은 자신의 의제 시키 코토코에게 3만의 군대를 주어 잘랄 웃 딘을 치게 했다.

그러나 잘랄 웃 딘은 파르완에서 시키 코토코가 이끄는 몽골군 3만을 전멸시키면서 몽골군에게 호라즘 원정에서 첫 패배를 안겨주었다. 이를 기점으로 몽골 제국에게 점령당했던 일부 도시에서 몽골 제국군에 대한 저항이 벌어지게 되었다. 이 저항으로 인해 몽골 제국군은 칭기즈 칸의 손자이자 차가타이의 장남인 무투겐이 전사하고 칭기즈 칸의 사위까지 전사하는 피해를 입었다.

이에 칭기즈 칸은 직접 군대를 이끌고 저항하는 여러 호라즘의 도시들을 정벌하고 곧바로 잘랄 웃 딘에 대한 공격을 개시했다. 한편, 잘랄 웃 딘은 파르완 전투 이후 예하 장수들의 반목으로 인해 전력이 약화된 상황이었다. 칭기즈 칸이 직접 나서자 호라즘 군대는 다시 밀리기 시작하면서 결국 인더스강 방면까지 후퇴한 끝에 군대를 재정비하여 몽골 제국군과 전투를 벌였다.

이 전투에서 잘랄 웃 딘은 분전하여 숫적으로 우세한 몽골 제

---

63) 무함마드 2세는 추격의 공포 속에서 매일매일을 살다가, 결국 카스피해의 외딴 섬에서 죽게 된다.

국군을 오히려 밀어붙여 잠시나마 우세를 꾀하지만 칭기즈 칸이 별동대를 호라즘군의 측면에 투입시키면서 전세는 역전되고 호라즘 군대는 전멸당했다. 잘랄 웃 딘은 거센 추격을 피하면서 인도 방면으로 도주하는 데 겨우 성공했다. 1224년, 칭기즈 칸이 몽골 고원으로 귀환하자 이를 틈타 이란 방면에서 군대를 정비하려 했지만 지역의 여러 왕조와 싸워야 했고, 오고타이가 보낸 몽골군까지 등장하면서 1231년 호라즘 왕조는 멸망했다.

몽골-호라즘 전쟁의 결과, 몽골 제국은 호라즘 왕조가 지배하던 중앙아시아 지역을 지배하면서 동서 무역을 완전히 장악했고, 세계 제국으로 발전하게 되는 계기를 마련했다. 제베와 수부타이의 3만 별동대가 몽골 평원으로 돌아오는 길에 조지아 왕국이 초토화되었고 러시아 역시 궤멸되었다. 그리고 이로부터 약 10여 년 뒤 유럽 러시아 지역을 완전히 장악한 몽골은 그 지역을 무려 200여 년간 통치한다.

기존에 갑옷 착용 비율이 그렇게까지 높지 않았던 몽골 제국군이 갑옷으로 무장한 호라즘 왕조 군사들과의 싸움을 계기로 갑옷 착용 비율을 늘리는 계기가 되기도 했다. 오늘날 몽골 제국 갑옷 하면 떠오르는 스테레오 타입이 몽골-호라즘 전쟁을 기점으로 완성된 셈이다.

레그니차(Legnica) 전투

몽골 제국의 제2대 오고타이 칸은 1235년에 열린 쿠릴타이 회의에서 유럽 원정을 결의하였다. 바투가 총사령관으로 임명되었고, 부장은 이미 칼가강 전투 등 유럽군과의 교전 경험이 있었던 수부타이였으며 몽골 기병대, 투르크계 보병 등으로 구성된 대군이었다. 출정한 몽골군은 중앙아시아의 점령 지역을 다시 무력으로 평정하면서 헝가리 왕국으로 서진했다.

1239년 바투의 원정에서 쑥대밭이 된 키예프 공국에서 4만여 명의 쿠만-킵차크 인들이 몽골군을 피해 헝가리로 도망쳤다. 헝가리 왕 벨러 4세는 이들에게 기독교로 개종할 것과 장차 몽골 침입 시 함께 맞서 싸운다는 조건으로 헝가리 내에 정착하도록 했고, 쿠만인(人)들은 이 조건에 응했다. 원정군 총사령관 바투는 이들을 당장 돌려놓으라고 헝가리 왕에게 최후통첩을 보냈으나 거부당했고 곧 헝가리 침공이 준비되었다.

수부타이는 헝가리를 본격적으로 침공하기 전에 측면에서 헝가리에 원병을 보내올 수 있었던 폴란드 왕국을 미리 격파하기로 했다. 그는 1241년 1월 원정에 동행했던 바이다르, 오르다, 카단에게 2개 투멘(12,000~20,000명)을 주어 폴란드를 침공케 했다. 이들은 기동력을 이용해 폴란드 각 소공국의 군대가 연합하지 못하도록 했다. 2월 투르스코 전투(Battle of Tursko)에서 약 1,500명의 병력이 몽골군에 격파당했다. 3월 크라쿠프 근방 흐

니크 전투에서도 아직 규합되지 못한 폴란드군이 몽골군에 크게 패해 대공의 도시 크라쿠프를 무방비 상태로 만들었고, 크라쿠프로 진입한 몽골군은 도시를 완전히 파괴했다.

한편, 폴란드 공국들을 다시 규합하며 연합군을 집결시키고 있던 폴란드 대공 헨리크 2세는 모라비아와 성전기사단 등의 지원까지 얻어 몽골군에 일격을 가하려고 했다. 보헤미아 왕국의 왕 바츨라프 1세도 원병을 모아 한창 폴란드로 달려가고 있었다. 보헤미아 말고도 신성 로마 제국의 많은 제후국이 원병을 파견한다는 약속을 했으나 더 이상 시간을 지체할 수 없었던 헨리크 2세는 빠르게 출정해 몽골군과 맞서려고 했다. 대폴란드~소폴란드 지역을 초토화시키며 진군하던 몽골군은 4월 9일 실롱스크 공국의 레그니차에 모습을 드러내었고, 약 3,000 ~ 8,000명의 연합군은 몽골군에 맞섰다.

실롱스크의 기병대가 몽골군 전방의 망구다이에게 돌격하면서 전투가 시작되었다. 이들은 몽골군의 화살 세례를 받은 후 격퇴되었다. 조바심이 난 헨리크 2세는 전방 부대의 총공격을 지시했고 슐리스와프가 제2진 전체를, 오폴레 공작이 그의 기사대를 이끌고 몽골군에게 재돌격했다. 양익의 징집병들도 천천히 돌격했다.

망구다이들은 역시 이 공격을 받고 퇴각했는데, 이것은 거짓이었고 폴란드의 기병대는 몽골군 깊숙이 끌려들어 가고 말았다. 보병대가 기병대와 분리되자 양익에 배치된 몽골 기병대가 보병들을 측면에서 공격했다. 전황이 불리해지자 헨리크 2세는 자신의 기사대를 이끌고 공격해 들어갔다.

백병전을 벌이던 몽골군은 조금씩 퇴각해 거리를 벌린 뒤, 야크와 양 꼬리털로 만든 깃발을 흔들어 신호를 보내 들판에 불을 피웠다. 엄청난 연기가 발생하자, 몽골군의 움직임은 가려졌고 유럽군은 심한 혼란에 빠졌다. 15세기 연대기 작가 얀 드우고슈(Jan Dɫugosz)는 몽골군의 이 작전에 대해 이렇게 썼다. "타타르인들은 전쟁할 때 점술과 사악한 마술에 의지한다던데, 그들은 정확히 우리에게 그 짓을 했다."

몽골군은 곧 말머리를 돌려 화살을 쏘며 혼란에 빠진 폴란드군에 돌격해 들어갔다. 측면에선 화살이 쏟아지고 중앙에선 몽골의 중장기병들이 돌진해 들어오자 그대로 대학살이 일어났다. 이 와중에 모라비아의 볼레슬라우는 전사했고, 헨리크 2세는 후퇴해 전열을 가다듬고자 했다. 그러나 혼란한 와중에 어느새 유럽군의 잔여 병력은 몽골군의 포위 공격에 거의 궤멸했고, 호위대만 남은 상황이 되었다.

이 모습을 본 몽골군이 헨리크 2세를 알아보고는 곧바로 그를
포위했다. 헨리크 2세가 일격을 가하기 위해 팔을 들자, 겨드랑이
에 몽골군의 창이 박혔고 곧 화살 두 발도 맞았다. 대공이 땅에
떨어지자 몽골군은 그를 참수했다. 연대기에 따르면, 전투가 끝난
뒤 몽골군이 전과를 확인하기 위해 유럽군 전사자의 한쪽 귀를 잘
라낸 것이 커다란 자루 9개에 가득 찼다고 한다.

몽골군이 긴 창에 헨리크 2세의 머리를 달아 보여주는 그림64)

64) [Wikimedia Commons], The J. Paul Getty Museum.
   https://commons.wikimedia.org/wiki/File:Lehnice_(cropped).jpg

창검의 시대에서 총포의 시대로

이 시대는 기본적으로 용병과 약탈의 시대였다. 아직 국민군대, 또는 직업군인의 체제가 갖춰져 있지 못한 상태에서 전쟁을 위해 모여진 병사들은 노력의 결과를 약탈로 보상받을 수밖에 없었다. 또한 마르틴 루터와 칼뱅의 종교개혁으로 구교와 신교 간 대립이 전쟁으로 이어졌던 시기였다. 그러나 각국 또는 개인의 이익에 따라 신교와 구교의 연합은 언제든지 합종연횡하였고, 이러한 까닭에 30년 전쟁을 단순한 종교전쟁으로 보기만은 어려우며, 전쟁을 통해 유럽에는 '국가'라는 개념과 체제가 만들어졌고, 7년 전쟁은 이를 더욱 공고하게 했다.

전쟁사적 관점에서 화약의 발명과 함께 청동 재질의 최초 핸드 캐넌, 화총(火銃)이 만들어진 것은 13세기 말 중국이었다고 전해진다. 그리고 화약과 함께 화포의 개념이 유럽에 전해진 것은 14세기였다. 유럽으로 건너간 핸드 캐넌은 더욱

hand cannon에 점화하고 있는
스위스 병사65)

65) [Wikimedia Commons], Viollet-le-Duc,
https://commons.wikimedia.org/wiki/File:Dictionnaire_raisonn%C3%A9_du_mobilier_fran%C3%A7ais_de_l%E2%80%99%C3%A9poque_carlovingienne_%C3%A0_la_Renaissance,_tome_6_-_357.png

정교화되고 소형화되어 개인이 사용할 수 있는 '손에 쥐고 쏘는 소형 대포'로 발전했다.

15세기에는 이를 응용한 원시적인 전장식 화기인 아쿼바스(arquebus)와 보다 큰 구경과 긴 총신을 가진 머스켓(musket)이 등장하게 되었다. 1453년에 포르투갈 상인들이 일본에 아쿼바스 2정을 선물하였는데, 오다 노부나가는 이를 응용하여 1575년의 나가시노 전투를 대승으로 이끌었다. 이어 도요토미 히데요시가 이를 개량하여 임진왜란에 투입하였고, 조선도 화승총 개발에 관심을 가지게 되었다.

화포의 경우, 백년전쟁을 거치면서 비약적으로 발전하여 콘스탄티노플 공방전에서 그 성능을 유감없이 발휘했다. 또한 후스전쟁(1419~1434) 기간에는 수레에 화포를 싣고 이동하면서 보병을 표적으로 하는 무기로 발전하기 시작했다. 창검과 총포가 공존하는 시기가 도래하자 전장에서는 새로운 전술이 요구되었고, 이를 실전에 적용한 것이 30년 전쟁과 7년 전쟁이었다.

30년 전쟁

1517년 독일의 신학 교수인 마르틴 루터에 의해 시작된 종교 개혁은 그를 지지하는 신교파가 생겨나면서, 가톨릭을 믿는 구교파와 갈등이 발생했다. 신성로마제국 황제인 카를 5세는 1555년 아우크스부르크에서 제국 회의를 소집하여 '제후의 신앙에 따라 제후가 다스리는 지역의 신앙이 결정된다.'고 선언함으로써 신교파의 신앙의 자유가 보장되었다.

그러나 신·구교 간의 갈등은 정치적인 이해관계와 맞물려 더욱 심화되었고 구교를 믿는 보헤미아의 왕이자, 신성 로마 제국의 황제인 페르디난트 2세가 신교의 종교 자유를 보장했던 칙령을 취소한 사건이 발생했다. 그러자 보헤미아 의회는 그를 왕의 자리에서 내리고, 팔츠의 선제후66)인 프리드리히 5세를 왕으로 세웠는데, 이것을 계기로 30년 전쟁이 시작되었다.

신교가 패배하면, 신교를 믿는 덴마크와 네덜란드, 노르웨이, 스웨덴이 신교 편에 서서 구교를 공격하였고, 구교가 패배하면, 구교를 믿는 에스파냐와 오스트리아가 구교 편에 서서 신교를 공격했다. 프랑스는 구교를 믿는 국가였지만, 에스파냐와 오스트리아와 사이가 좋지 않았기 때문에 신교 편으로 참전했다. 신·구교가 진영을 가르긴 했지만, 전쟁이 치러진 주요 전장은 아래 그림에서

---

66) 신성 로마 제국에서 독일 황제를 뽑는 권한을 가진 사람

처럼 보헤미아를 비롯한 지금의 독일 지역이었고 전쟁이 끝났을 때 이 지역의 황폐함과 인명피해는 그야말로 심대했다.

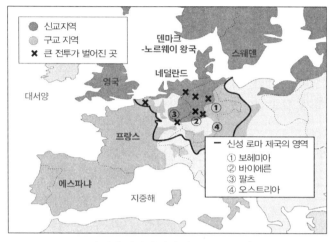

30년 전쟁 당시 유럽의 신·구교 분포[67]

전쟁은 국면마다 많은 전투가 있었지만, 본문에서는 창검과 총포의 공존, 그리고 구스타브 2세 아돌프(Gustav Ⅱ Adolf)의 군사적 혁신의 관점에서 보고자 한다.

67) https://terms.naver.com/entry.naver?docId=3348523&cid=47307&categoryId=47307

창검총포의 복합 편제 및 대형 '테르시오(Tercio)'

테르시오(Tercio)는 1534년부터 1704년에 걸쳐 스페인 왕국이 채용한 군사 편성 혹은 그 부대의 전투대형을 말한다. 단순히 전투대형을 지칭할 때는 스페인 방진 (Spanish square)이라고 부른다. 테르시오의 편성 및 전투대형은 17세기 초엽까지 유럽 각국에서 왕성하게 모방했다.[68]

"Rocroi, the last tercio" 그림 속에 묘사된 테르시오(Tercio)[69]

16세기를 통해 테르시오는 최정예 군단으로서 각지에서 활약했으며, 1525년 파비아 전투에서 프랑스 왕 프랑수아 1세를 포로로 잡는 전과를 올렸다. 테르시오의 힘으로 스페인은 이탈리아 전쟁

68) 위키백과
69) [Wikimedia Commons], Augusto Ferrer-Dalmau,
https://commons.wikimedia.org/wiki/File:Rocroi,_el_%C3%BAltimo_tercio,_por_Augusto_Ferrer-Dalmau
.jpg

에서 승리했고, 프랑스의 이탈리아에 대한 개입을 좌절시켰다. 네덜란드의 반란도 16세기 말까지는 테르시오의 전술적 역량으로 억제에 성공했다.

초기 테르시오를 구성하는 병과는 아래의 4종류가 있다.

파이크 병(Pikeman) - 파이크(장창)를 갖고, 갑옷은 일부 혹은 전혀 장비하지 않은 창병

코르셀렛(Corselet) - 파이크를 갖고, 갑옷과 투구로 완전히 무장한 창병

아르케부스 총병(Arquebusier) - 아쿼버스 총을 갖고 있는 총병

머스켓 총병(Musketeer) - 머스켓 총70)을 갖고 있는 총병

기본 단위는 중대로써 정원수는 250명(혹은 300명)이었다. 대위 1명, 중위 1명, 중사 1명, 기수 1명으로 중대를 지휘하고, 그외 종자 1명, 보급계장교 1명, 고적수(鼓笛手) 1명, 종군사제 1명, 이발사 1명이 참가했다. 장교를 포함한 중대 본부요원의 총 숫자는 11명이었다.

테르시오를 구성하는 중대에는 아래의 2종류가 존재했다(아래 기록은 병사 수 250명을 기준으로 한 경우)

---

70) 아쿼버스에 비해 큰 구경. 긴 총신을 가졌기 때문에 보다 정확하고 위력이 높은 화기. 단순히 손으로 들고 쏘던 아쿼버스와 달리 전용의 받침대로 받쳐두고 사격

A - 본부요원 11명, 파이크병 108명, 코르스렛 111명, 머스켓 총병 20명

B - 본부요원 11명, 아르케부스 총병 224명, 머스켓 총병 15명

테르시오 1개 부대는 A중대 10개, B중대 2개인 12개 중대로 구성되어 있다.[71] 총 숫자는 3,000명 정도이고, 편성은 장교와 사무원 132명, 파이크병 1,080명, 코르스렛 1,111명, 아르케부스 총병 448명, 머스켓 총병 230명이었다. 전체의 지휘는 대령(코로넬)이 맡았고, 그를 보좌하는 장교단(테르시오 전체의 본부요원)은 30명 전후였다.[72]

브라이텐 펠트(Breitenfeld) 전투

1631년 9월 17일, 독일 라이프치히에서 4km 정도 떨어진 브라이텐 펠트에서 폰 틸리 장군이 지휘하는 황제군(구교군)과 스웨덴 국왕인 구스타브 2세 아돌프가 지휘하는 신교군 사이에서 벌어진 전투였다. 30년 전쟁의 최대 분수령 중 하나로 꼽히며, 구스타브의 군사개혁의 성과를 보여 준 전투였다. 특히 이전까지 패배가 없었던 무적의 제국군을 격퇴하였고, 최초로 선형진이 테르시오를 격파하고 그 위력을 알린 전투였다.

전체적인 병력 면에서 신교군이 우세한 상황이었지만 작센 연합군은 틸리 군이 포격을 시작하고 테르시오 대형들이 접근하자

---

71) 병사 300명의 경우 A중대 8개, B중대 2개로써 총 10개 중대
72) 위키백과

30분 만에 별다른 접전없이 그 기세에 눌려 도망가기 시작했다. 이렇게 되자 신교군은 구스타프의 스웨덴군만이 전장에 남게 됨으로써 구교군이 오히려 병력 면에서 우세한 상황으로 역전되었던 것이다.

스웨덴군은 구교군에 대항하기 위해 당시에는 획기적으로 집중사격 방식을 적용했다. 1, 2, 3열이 교대 방식이 아닌 앉아 쏴, 무릎 쏴, 서서 쏴의 방식으로 동시 사격을 했다. 스웨덴의 집중사격 방식은 네델란드의 2열 집중사격을 보다 진화시킨 것으로 이를 가능하게 하기 위해서는 강력한 훈련이 필수적이었다. 또한 효과적인 사격을 위해 편제를 조정하고, 총과 장비의 표준화에 관심을 가졌다. 화승총의 특성상 집중사격을 위해서는 사격 절차의 통일과 장비 표준화가 필요했기 때문이었다.

이러한 방식으로 테르시오의 전열을 무력화시키고 3파운드 포를 집중하면서 테르시오로 짜여진 전체 대형을 와해시켰다. 3파운드 포(당시 화포는 6~12파운드)는 도수 운반이 가능하고 보병을 근

3 pounder cannon[73]

---

73) [Wikimedia Commons]. Martin Speck.
   https://commons.wikimedia.org/wiki/File:A_3_pounder_cannon_-_geograph.org.uk_-_3620637.jpg

접지원하기 위해 제작된 경량 화포였다. 포격전에서 승리하기 위해 발사속도를 획기적으로 개선하였는데, 포탄 상자를 규격화하고 사격인원을 전문화하여 집중 훈련시켰다. 또한 시계 제작 기술을 이용하여 포에 조준기와 각도기를 장착, 집중사격이 가능토록 하였다.[74)]

스웨덴군의 좌익을 여러 차례 공격했던 구교군의 파펜하임(당대 유명한 기병대장) 기병대는 이러한 스웨덴군의 사격방식에 의해 무력화되었다. 카라콜 기병대의 전투방식은 적의 대열까지 와서 권총 사격을 하고 선회하여 복귀하는 것으로 이러한 방식을 수차례 반복하여 대형을 와해시키는 것이었다. 즉 돌파와는 거리가 먼 것이었다. 이러한 구교군의 카라콜 기병대는 스웨덴군의 화력 앞에 효과를 볼 수 없었다.

반면 스웨덴군의 기병대는 1, 2열은 카라콜 기병대, 3, 4열은 경기병대로 편성했으며, 핀란드인들로 구성된 기병 부대인 하카펠리타트(핀란드어: hakkapeliitat)로 돌격 기병을 구성했다. 이들은 훈련이 잘된 경기병대로 기습, 약탈, 수색에 능했으며 잔혹한 공격으로 유명했다. 가벼운 무장과 뛰어난 기동력을 보유했고 강력한 파괴성을 지닌 돌격이 특징으로 철제 투구와 가죽 갑옷 혹은 강철제 흉갑을 착용했다. 주로 사브르(기병용 검)와 권총으로 무장

---

74) 머스켓보다 사격속도가 빨랐다고 함. 머스켓이 6발 사격할 때, 스웨덴군의 3파운드 포는 8발을 사격했다고 하는 기록이 있음.

했으며, 돌격할 때 전속력으로 달려 권총 사격을 가해고 사격 후에는 사브르를 뽑아 적 진영으로 돌진했다.

이러한 신속한 돌격으로 황제군 대포 120문을 노획했다. 전투가 끝나고 구교군은 35,000여 명의 병력 중에서 약 80%가 손실되었다. 틸리와 파펜하임이 부상당했고, 심지어 군자금이 보관되었던 금고까지 노획당했다. 스웨덴군의 진군 속도가 얼마나 빨랐는지 가늠할 수 있는 결과였다.

뤼첸(Lützen) 전투

브라이텐 펠트 전투에서 완벽한 승리를 한 스웨덴의 구스타프는 일약 북유럽의 영웅이 되었으며, 신교의 희망으로 떠올랐다. 그러나 스웨덴군의 병력은 2만여 명뿐이었고, 전투를 해야 하는 지역은 원정지역으로 지속적인 물자 보급에는 한계가 있었다. 구스타프는 신교 동맹을 통해 이러한 문제를 해결하고 보다 강력한 군사력을 유지하고자 했으나, 지금까지 스웨덴을 막후에서 지원해 왔던 프랑스는 구스타프가 새로운 유럽의 강자가 되기를 원치 않았다.

1632년 4월 레흐(Lech)강 전투 발발

레흐강을 사이에 두고 틸리의 구교군은 언덕 위 수비하기 유리한 위치를 선점했고, 스웨덴군은 경량 대포를 신속하게 전면에 배치하여 대응하였다. 그러나 이전과 달리 틸리의 구교군은 스웨덴군의 도하를 허용하였고 수비에 집중했다. 스웨덴군은 경량 대포를 추진하여 대안에 탄막을 형성하고 핀란드군을 선발대로 보내 선박으로 교량을 설치하면서 교두보를 확보했다.

도하에 성공한 스웨덴군은 일제 사격 후 돌격을 실시했고 구교군의 지휘관 틸리가 부상을 입게된다. 이러한 상황을 알게 된 구교군은 후퇴를 시작했고 오히려 이른 후퇴가 구교군의 더 큰 손실을 예방했을 정도였다. 구교군의 참패로 끝난 전투에서 틸리는 부상 후유증으로 사망했다.

틸리가 사망한 후 구교 측에서는 마땅한 지휘관을 찾지 못한 상태에서 발렌슈타인[75]을 재등용할 수밖에 없었다. 전권을 위임받은 발렌슈타인은 약 6만의 병사를 집결시킬 수 있었으나, 조직력과 충성심에서 스웨덴군을 당해낼 수는 없었다.

폐허가 된 전장에서 보급의 애로를 겪었던 구스타프는 한 번의 결전, 대회전을 원했으나 발렌슈타인은 자기의 군대가 정예군으로 조직될 때를 기다렸다. 발렌슈타인은 구스타프의 군대가 보급이 어려워 전투력 유지가 제한될 것으로 판단했다. 이때 구교군의 유명한 기병대장 파펜하임이 발렌슈타인에게 합류했다. 겨울이 다가오고, 구스타프는 물러나서 겨울 숙영을 준비했다.

---

75) 병력과 재력을 가졌으나 늘 진정성을 의심받은 발렌슈타인은 구교 측에서 방출되었으며, 브라이텐 펠트 전투에도 참가하지 못함

그러나 스웨덴군이 숙영지로 완전히 돌아가기 전에 파펜하임의 기병대가 어디론가 기동을 시작했고, 발렌슈타인과 파펜하임이 분리되자 구스타프는 이때를 기회로 판단하고 발렌슈타인이 위치한 지역으로 이동했다. 파펜하임이 발렌슈타인과 합류하기 전인 1632년 11월 16일, 독일 라이프치히 남서쪽 뤼첸 근교에서 양쪽 진영이 대형을 갖추었다. 가운데 개울을 사이에 두고 발렌슈타인은 언덕 위 풍차 있는 곳에 포대와 함께 위치하였고 중앙에 포대를 위치시켜 스웨덴군과 대치했다.

안개가 자욱한 아침, 먼저 구스타프가 우익에서 공격을 시작하면서 중앙의 개울을 건너기 위해 다리를 급조할 것을 지시했다. 스웨덴군의 경포는 개울 앞에까지 진지를 점령, 집중사격으로 발렌슈타인 군의 머스켓 병 대열을 와해시켰다. 스웨덴군 우익이 점차 전진하고, 중앙군도 개울을 건너기 시작하면서 발렌슈타인의 중앙 포대를 격파하기 시작했다.

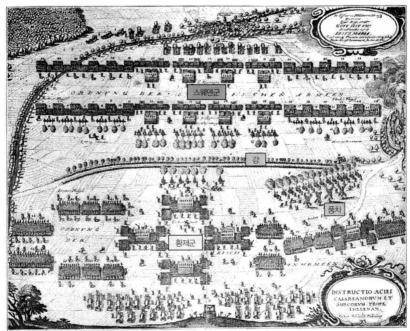

최초 배치(강북이 스웨덴군, 강남이 황제군)[76]

　반면 발렌슈타인이 위치한 풍차 부근의 병력은 견고하게 버티
고 있었다. 파펜하임의 기병대가 복귀할 때까지 시간이 필요했던
발렌슈타인은 마을에 불을 지르고 전장은 연기가 가득하게 되었
다. 이때 스웨덴군의 좌익 베른하르트가 공격을 시작하여 잠시 우
세를 점했으나 발렌슈타인은 이를 곧 저지했다.

　정오가 되자, 파펜하임의 기병대 선두가 전장에 복귀했다. 이에
발렌슈타인은 좌익의 홀크를 도우라 지시했고, 파펜하임은 속도를

---

76) [Wikimedia Commons], 1911 Encyclopædia Britannica volume 14,
　　https://commons.wikimedia.org/wiki/File:EB1911_Infantry_Plate_I_-_Lutzen.jpg

늦추지 않고 전열을 정비하지 않은 채 스웨덴군으로 돌진했다. 선두에 섰던 파펜하임은 집중사격을 받고 사망했으며 돌진했던 기병대는 후퇴했고, 이를 목격한 발렌슈타인군은 대형이 와해되고 말았다.

한편 안개와 화염으로 가득한 전장에서 구스타프는 좌익의 베른하르트를 지원하고 좌우익의 연결을 시도하기 위해 선두에서 개울을 건넜다. 구스타프와 함께한 기병대는 10여 명 정도였는데, 이때 발렌슈타인군의 기병대가 구스타프를 발견했다. 구스타프임을 인지한 발렌슈타인군의 기병대는 구스타프에게 사격을 집중하여, 말에서 떨어뜨린 후 레이피어 검을 뽑아 마구 찔렀다. 구스타프는 사망했고 그들은 왕의 코트와 장비들을 노획해 갔다.

구스타프와 파펜하임이 거의 동일한 장소, 시간에 사망했다. 구스타프의 사망 소식으로 스웨덴군은 사기가 저하되기 시작했다. 더욱이 스웨덴군 중앙 브라헤 여단이 중앙에서 무너지고, 동시에 발렌슈타인의 정예 기병이 스웨덴의 보라헤 여단을 집중 공격으로 괴멸시켰다.

그러나 스웨덴 좌익의 베른하르트는 7번의 구교군 공격을 격퇴하면서 버티고 있었다. 이때 스웨덴의 정예 예비대를 지휘하고 있던 쿠니프하우겐은 예비대를 최대한 절약하다가 결정적인 순간에 반격했다. 전세가 역전된 것이다.

스웨덴군 전체가 개울을 건너기 시작했고, 베른하우트의 스웨덴군 좌익이 최후의 저지를 하고 있는 가운데 스웨덴군 우익의 기병대를 포함 전체가 공격을 시작했다. 스웨덴군은 머스켓 병까지 백병전에 참가하는 등 최후의 일격을 가하면서 발렌슈타인군 전체는 와해되고 무질서한 후퇴가 시작되었다. 풍차 지역에 전개했던 발렌슈타인군의 화포까지 스웨덴군에게 점령당하면서 발렌슈타인도 후퇴, 도망갔다.

오스트리아 왕위 계승 전쟁

마리아 테레지아의 등장

합스부르크가의 카를 6세가 아들 없이 죽자, 그는 살리카법(여자는 왕위 계승을 할 수 없다는 일종의 관습법)을 바꿔 그의 딸인 마리아 테레지아가 왕위를 계승할 수 있도록 했다. 약관 20대 초반에 마리아 테레지아는 오스트리아 합스부르크 통치령의 상속자이자 신성로마제국의 황후가 되었지만, 혼인으로 얽혀진 합스부르크, 신성로마제국의 특성상 유럽의 주변 국가들은 이를 인정하지 않았다. 그럼에도 마리아 테레지아는 폴란드와 헝가리로부터 충성서약을 받아내는 등 외교, 국방에서 탁월한 재능을 보였다.

프로이센의 군사 개혁

18세기에 접어들면서 유럽 동북방의 농업국가였던 프로이센이 부각하기 시작했다. 18세기 초 프로이센은 아래 그림에서 보는 것처럼 동·서 프로이센으로 나뉘어 있었고, 혼인 관계로 브란덴부르크 공국을 포함하고 있었다. 프로이센은 포메라니아(Pomerania)라고 하는 중간 지역을 가져오기 위해 외교적, 군사적 노력을 지속했는데, 결국에는 브란덴부르크, 포메라니아, 동·서 프로이센을 연결하는 프로이센 왕국을 세웠다.

주변 국가들보다 인구가 적고, 후발 주자였던 프로이센은 국가 재정의 80%를 국방에 투입함으로써 간격을 메우려 했다. 안할트 데사우[77]의 공작 레오폴트 1세는 부대의 신속하고 조직적인 이동에 관심을 가졌는데 이는 행군방식의 변경으로 나타났다. 북과 피리로 속도와 방향을 통제하는 등 당시로서는 획기적인 방법을 사용했으며, 이러한 방식은 주변 국가들에 많은 영향을 주었다.

모병관으로 하여금 자국 포함 외국에서 병사를 징집, 월급을 주는 상비군을(군복과 무기를 제공) 만들었다. 그러나 실제 징집할 수 있는 인원은 세금을 납부할 수 없는 상태의 갈 곳 없는 난민, 또는 범죄자 및 도망자가 다수였으며, 프로이센 병력보다 외국 용병이 많았다. 프로이센은 군대의 질을 높이기 위한 수단으로 우수

---

77) 신성로마제국과 독일제국을 구성했던 안할트(Anhalt) 공국의 수도 데사우(Dessau)

한 장교와 부사관이 필요하다고 판단, 사관학교와 같은 전문직업 군인 양성기관을 만들었다.

이러한 꾸준한 노력은 프리드리히(Friedrich II) 대왕(이후 프리드리히) 때까지 지속되었으며, 초기 1~2만 명의 병력을 5~6만 명의 상비군 체제로 만들 수 있었다. 유럽의 새로운 세력으로 등장한 프로이센은 이제 프랑스, 오스트리아 등의 견제를 받는 국가가 되었다. 전쟁과 외교가 함께 진행되었던 당시 상황을 고려해보면 갈등의 요소가 더해진 것이다.

몰비츠(Mollwitz) 전투

이러한 불안한 정세 속에서 프리드리히는 왕위에 오르자마자 오스트리아의 슐레지엔 지방을 침공했다. 명분은 오스트리아 왕위 계승 문제에 있었지만, 프리드리히는 선제적으로 슐레지엔을 차지하고 싶었다. 슐레지엔은 프러시아와 민족적으로 동질성이 많으며 자원이 풍부한 지역이었다. 인구와 자원이 빈약했던 프러시아 입장에서는 강대국으로 가기 위해서는 반드시 점령해야 할 지역이었다.

1740년 11월에 슐레지엔을 침공한 프리드리히는 전략적인 계산이 있었다. 우선 시기적으로는 겨울이라는 요인을 활용해서 오스트리아의 반격을 어렵게 하고, 전격적인 속도를 이용해서 단기간에 전쟁을 종결하는 것이었다. 프리드리히의 계획대로 프러시아군은 요새(성) 위주로 방어했던 오스트리아군을 주요 거점 단위로 포위하고 공성 작전은 하지 않은 채, 빠른 속도로 전 지역을 확보했다.[78] 프리드리히는 슐레지엔의 주요 지역을 확보하고 일부 민족적 동일성으로 지역 주민들의 환영까지 받아 승리를 확신하며 겨울 숙영지에 머무르고 있었다.

그러나 마리아 테레지아는 빼앗긴 슐레지엔을 탈환하고 그녀의 왕권을 공고히 하기 위해 나이페르크(Neipperg)의 지휘하에 2만 병력을 파견했다. 1741년 4월 10일의 몰비츠 전투였다. 소규모 프로이센 군대에게 공격받고 있었으나 아직 함락되지 않은 나이세(Neisse)를 구원하기 위해 나이페르크의 군대는 북쪽으로 빠르게 진군했고 프리드리히 역시 나이세(Neisse)를 확실하게 확보할 목적으로 먼저 도착하기 위해 경쟁했다. 날씨는 양측 모두에게 끔찍할 정도로 가혹했으나 나이페르크는 나이세에 먼저 도착, 숙영지를 점령했다.

오후 1시경, 프로이센군은 양 측면에서 오스트리아군을 향해 진군했다. 그러나 오스트리아 6기병연대는 프로이센군의 우익 기병대에 돌격을 감행하여 이들을 분산시켰다. 이로 인해 프로이센군의 측면 방어는 뚫려버렸고 오스트리아 기병대는 무방비 상태의 프로이센 보병대에 돌격했다.

이 상황을 지켜본 프로이센군 사령관 슈베린은 상황이 어렵다고 판단, 프리드리히에게 전장에서 물러날 것을 조언했다. 슈베린

78) 1636년 병자호란 시 청나라의 공격 모습과 유사. 주요 성들은 회피하여 견제하고 속도 위주로 한양으로 진격. 인조가 강화도로 피신할 수 있는 시간을 박탈

의 조언을 받아들은 프리
드리히는 포로가 될 수도
있는 상황에서 간신히 빠
져나왔다.

오스트리아 기병 사령
관 뢰머(Römer) 역시 프
로이센군이 쏜 유탄을 머
리에 맞아 치명상을 입는

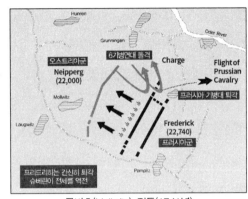

몰비츠(Mollwitz) 전투(1741년)

등 양익의 기병사령관 모두 전장에서 이탈했다. 이 상황을 보고
한 장교가 슈베린에게 프로이센군이 어디로 퇴각해야 하는지 물었
고, 슈베린은 이 물음에 대하여 유명한 대답을 했다. "우리는 적의
본대를 넘어 퇴각한다."

곧이어 상황이 급변하기 시작했다. 오스트리아군이 좌측에 감
행한 두 번째 공격은 격퇴당했고 슈베린은 프로이센 전군에 전진
명령을 내렸다. 프로이센 보병대는 오스트리아군 전열과 전투를
벌였다. 프로이센 병사들은 당시 가장 잘 훈련된 보병대였기에 플
린트록 머스킷(flintlock muskets)으로 분당 4~5발의 사격을 할
수 있었고, 이를 통해 오스트리아군을 압도할 수 있었다.

곧 오스트리아군은 전장에서 무너져 도망하기 시작했고, 프로
이센군은 승리할 수 있었다.79) 이전투의 승리로 슐레지엔 지역은
프러시아의 지배하에 들어가게 되었다.

코투지츠(Chotusitz) 전투

프로이센이 슐레지엔을 점령하자 오스트리아 왕위 계승 전쟁이 확대되기 시작했다. 1742년 1월, 프리드리히는 오스트리아와 맺었던 비밀 협정[80]을 파기하고 전쟁을 결심했다. 오스트리아가 위기에 빠지자 이를 이용하기로 한 것이다. 그는 베를린을 떠나 작센의 수도 드레스덴으로 향했고 그곳에서 작센 선제후를 설득해 작센군을 자신의 지휘하에 배속시키게 했다.

프리드리히는 보헤미아로 진격했다. 이때 현지인들의 격렬한 저항을 받았는데, 이 때문에 모라비아 남부의 농촌 지대로 방향을 전환했고, 작센군은 프리드리히가 강행군을 요구하자 갑자기 본국으로 돌아갔다. 그리고 오스트리아군이 프라하를 되찾기 위해서 진격하고 있다는 소식을 들은 프리드리히는 이를 공격하기로 결심하고 북서쪽으로 진군했다. 5월 15일, 양군은 보헤미아의 코투지츠(Chotusitz) 마을 인근에서 조우했다.

당시 건조한 날씨 때문에 기병대가 흙먼지를 엄청나게 일으켰고, 여기에 코투지츠 마을에서 퍼지는 연기가 더해져서 시야가 매우 불량했다. 오스트리아군이 코투지츠 공격에 열을 올리는 사이, 프리드리히는 그의 보병대를 코투지츠 서쪽의 전장 한가운데에 있는 고원에 일부 보병대를 은밀히 이동시켰다.

---

79) https://ko.wikipedia.org
80) 1741년 10월 9일, 양국은 클라인–슈넬렌도르프에서 밀약을 맺었다. 이에 따라 오스트리아는 프로이센의 슐레지엔 점유를 용인했고 프로이센은 그 대신 오스트리아와 전쟁을 벌이지 않기로 합의했다.

이후 그는 적이 코투지츠 마을에 온 신경을 집중하는 사이 은밀히 고원에 대포를 옮겼고 오스트리아군의 측면을 향해 발포했다. 이러한 공격은 오스트리아군에게 전혀 예상치 못한 사태였고, 뿐만 아니라 기병대가 아군의 측면을 보호해 줄 수 없었기 때문에 카를 공작은 오스트리아 보병대를 후퇴시켰다.

프로이센군의 장교들은 적을 추격하자고 제의했지만, 프리드리히는 아군 기병대가 제대로 정비되지 않았다는 이유로 거부했다. 이렇게 해서 코투지츠 전투는 프로이센군의 승리로 종결되었다. 그리고 1742년 6월 11일에 브레슬라우 조약(Vorfrieden von Breslau)을 체결함으로써 슐레지엔 지역은 프로이센에게 나머지 지역은 전쟁 이전으로 돌아갔다.

데팅겐(Dettingen) 전투

1743년 7월 27일, 바바리아의 데팅겐(Dettingen)에서 영국과 프랑스의 전투가 벌어졌다. 영국군은 하노버(Hanover)의 군주 조지 2세(George II)가 친히 자신의 군대를 이끌었고, 프랑스는 노아유 공작(duc de Noailles)이 지휘했다. 영국군은 프랑스군을 격파했으나 영국이 전쟁의 승리를 선언할 상황은 아니었다.

국본군(Pragmatic Army)[81]은 마인강의 북안을 따라 아샤펜부르크(독일어: Aschaffenburg)의 서쪽으로 진군하여 데팅겐 마을

---

81) 마리아 테레지아(Maria-Theresa)를 신성로마제국의 여제로 인정하는 1713년의 국사조칙(Pragmatic Sanction of 1713)을 지지하는 연합국들이 구성한 군대. 영국-오스트리아-하노버-네덜란드 연합군

에 설치된 프랑스 노아유 군대의 함정에 걸려들었다. 거의 6시간 동안 국본군(영국, 오스트리아, 하노버 연합군)은 이 견고한 함정을 돌파하고자 했다. 십자포화 속에 국본군을 몰아넣기 전에 프랑스 그라몽 공작은 인내심을 잃고 메종 드 루아(Maison du Roi) 기병대에게 동맹군을 공격하게 하였다.

이 공격으로 프랑스는 영국 선봉대를 붕괴시켰으나 오히려 피아가 혼재되어 프랑스 포병대는 더 이상 사격을 할 수 없었다. 프랑스 보병대의 공격 역시 적의 방어를 무력화시킬 수 없어, 국본군(연합군)의 반격이 시작되었다. 오스트리아 연대들은 영국군이 퇴각하여 생긴 공간에 침투하여 프랑스 보병대의 측면에 돌격을 감행했고, 하노버군이 프랑스군에 포격을 가해 지원했다. 프랑스군의 전열은 붕괴되었고 동맹군의 퇴로와 보급로를 회복했다.

1745년의 주요 전투

1745년에는 세 개의 중요한 전투가 벌어졌다.

퐁트누아(Fontenoy) 전투는 5월 11일 프랑스군이 영국-네덜란드-하노버 연합군을 격파한 전투였다.

호엔프리드베르크(Hohenfriedberg) 전투는 6월 4일, 프리드리히가 거둔 괄목할 만한 승리 중 하나였다. 프로이센군이 오스트리아와 작센 연합군에게 결정적인 승리를 거두었다. 호엔프리드베르크 전투는 이후 전투 양상에 중요한 영향을 미치는 몇가지 시사점을 갖고 있다.

프리드리히는 작센군을 먼저 격파한 후 진용을 갖춘 오스트리아군과 싸우게 되었는데, 프러시아군은 작센군과의 교전으로 전투력의 손실이 불가피한 상황이었다. 총검이 대세가 된 상태에서 전투대형은 횡대로 길게 늘어질 수밖에 없었는데, 이는 뒷 열의 동시사격을 보장하기 위함이었다.

그러나 이러한 대형은 당연히 측면이 취약했고 프리드리히는 최초에는 포병 화력을 이용, 정면 공격을 하다가 정면은 견제한 상태에서 사선대형으로 전환, 오스트리아군의 측

용기병이 돌파하는 모습[82]

면을 공격했다. 또한 이와 동시에 용기병이라고 불리웠던 제5드라군(Dragoon) 연대를 중앙 돌파하게 함으로써 오스트리아군의 대형을 절단했고 측면 압박을 통해 전체 대형을 와해시켰다.

이러한 전투력의 적시적인 전환은 프러시아군의 대형 훈련이 얼마나 정교하고 강력했는가를 보여 준다. 기병대가 다리를 통과하기 어렵자 프리드리히는 해당 지휘관에게 결정적 순간에 정면을 돌파

82) [Wikimedia Commons], Adolph von Menzel,
https://commons.wikimedia.org/wiki/File:Charge_of_the_Bayreuth_Dragoons_at_the_Battle_of_Hohenfriedberg.jpg

하라고 작전 목적만 지시했고, 명령을 적시에 이행한 예하 지휘관의 기지 역시 오늘날 임무형 지휘의 효시라고 보기에 충분했다.

케셀스도르프(kesselsdorf) 전투는 12월 14일, 프로이센을 상대로 오스트리아와 작센의 연합군이 벌인 전투였다. 프로이센군을 지휘한 안할트–데사우 공 레오폴트 1세(Leopold I)는 오스트리아와 작센 연합군을 지휘하는 루토프스키(Rutowsky) 원수와 싸워 이겼고 드레스덴을 점령했으며, 프러시아에게 슐레지엔을 할양하는 드레스덴 협정을 맺었다.

1745년 이후의 주요 전투

1745년 이후 주요 전투는 프랑스의 참여와 유럽 국가들의 이해관계가 복잡하게 얽혀있다. 오스트리아는 바이에른–프랑스 동맹군을 연파하고, 이탈리아 전역에서도 제노바까지 점령했다. 카를 7세가 죽고 신성 로마 제국 제위가 다시 공석이 되자 오스트리아는 프로이센과 강화를 맺어 슐레지엔을 할양하는 대신 차기 황제 선거에서 프란츠 1세를 지지할 것을 약속했다.

그리고 마리아 테레지아의 남편을 신성로마제국 황제 프란츠 1세로 옹립했다. 프란츠 1세의 즉위 이후 프로이센은 사실상 전쟁에서 이탈했고, 네덜란드와 독일 일대에서 전개되던 프랑스와 영국–오스트리아 동맹군의 전쟁도 교착상태에 빠지자 결국 양측은 1748년 10월에 아헨에서 평화조약을 체결하고 전쟁을 종식시켰다.

한편 카리브해 일대에서 진행된 '젠킨스의 귀 전쟁'83)에서는 영국의 파나마, 콜롬비아, 쿠바, 플로리다 공격을 스페인이 격퇴했다. 반대로 스페인의 자메이카, 조지아 공격을 영국이 격퇴하는 등 일진일퇴가 진행되다가 1748년 엑스라샤팔 조약84)(Treaty of Aix-la-Chapelle)을 맺을 때 함께 종전조약이 맺어져 끝났다.

전쟁은 북미와 인도에서도 벌어졌다. 북아메리카에서의 전쟁은 '조지 왕 전쟁'85)이라고 불렸다. 윌리엄 페퍼럴이 지휘하는 영국군이 1745년 4월에서 7월까지 전투를 벌여 케이프브레턴섬에 있는 프랑스의 루이스버그 요새를 함락시킨 것이다. 인도에서는 1746년에서 1748년에 걸쳐 제1차 카르나티크 전쟁이 영국과 프랑스 사이에서 벌어졌는데, 이 전쟁의 주요 원인 중 하나는 '오스트리아 왕위 계승 전쟁'이었다.86)

---

83) 젠킨스의 귀 전쟁(War of Jenkins' Ear)은 1739년에 일어난 영국과 스페인의 해상 패권 다툼이며, 스페인 당국에 나포된 이후에 귀가 잘렸다는 영국의 상선 선장 로버트 젠킨스의 이름에서 유래한다.
84) 엑스라샤펠 조약 또는 아헨 조약(Treaty of Aachen)은 1748년 10월 18일 신성로마제국의 아헨에서 체결된 조약이다. 오스트리아 왕위 계승 전쟁을 종결한 평화조약이며 영국, 프랑스, 네덜란드 공화국, 스페인, 사르데냐 왕국, 오스트리아(합스부르크 군주국)가 서명했다.
85) 영국·프랑스의 식민지 전쟁으로서 당시 영국을 통치하고 있던 조지 2세의 이름에 유래된 이름이다.
86) https://ko.wikipedia.org

7년 전쟁

30년 전쟁이 17세기의 전쟁이었다면 7년 전쟁은 1756~1763년까지 18세기의 전쟁이다. 좁게는 오스트리아 왕위 계승 전쟁에서 프로이센에게 패배해 독일 동부의 비옥한 슐레지엔을 빼앗긴 오스트리아 합스부르크가(家)가 그곳을 되찾기 위해 프로이센과 벌인 전쟁이다. 그러나 외교와 전쟁이 병행했던 당시 유럽 상황에서 거의 모든 나라들이 전쟁에 참여했다.

또한 유럽뿐 아니라 그들의 식민지가 있던 아메리카와 인도[87]까지 퍼진 세계대전급의 대규모 전쟁이었다. 주로 오스트리아-프랑스-작센-스웨덴-러시아가 동맹을 맺어 프로이센-하노버-영국의 연합에 맞섰다. 유럽에서 벌어진 전쟁은 포메라니아 전쟁으로도 불리며, 영국과 프랑스가 아메리카 대륙에서 벌인 전투는 프렌치 인디언 전쟁이라 불렸다.

유럽에서는 영국의 지원을 받은 프로이센이 최종적으로 승리를 거두어 슐레지엔의 영유권을 확보했으며, 식민지 전쟁에서는 영국이 주요 승리를 거두어 북아메리카의 뉴프랑스(현재의 퀘벡주와 온타리오주)를 차지하여 북아메리카에서 프랑스 세력을 몰아냈다.

---

87) 인도의 무굴 제국이 프랑스의 지지를 받으며, 영국에 의한 벵골 지방의 침공을 저지하려고 했다.

인도에서는 영국이 프랑스 세력을 몰아내어 대영제국의 기초를 닦았다.

오스트리아 왕위 계승 전쟁 이후 유럽의 상황

유럽의 새로운 강대국으로 부상한 프로이센에 대한 유럽 각국의 견제는 기존의 동맹 구도를 와해시켰다. 오스트리아는 강대국으로 부상한 프로이센을 단독으로는 압도할 수 없어서 새로운 동맹국이 필요했다. 또한 오스트리아와 적대 관계인 강력한 프랑스군을 상대로 또 다른 전선을 형성하는 것은 너무 부담스러운 일이었다. 이 때문에 오스트리아는 절묘한 외교술로 아예 프랑스와 동맹을 맺게 된다.

당시 영국은 하노버 선제후국과 연합을 구성하고 있었는데, 조지 2세는 영국의 왕인 동시에 하노버의 선제후[88]로써, 하노버의 안전을 우선순위로 두고 있었다. 영국은 하노버를 지키기 위해 러시아에 군자금을 지원해서 러시아군대로 프로이센을 견제하는 동시에, 프로이센에도 접근하여 하노버의 안전을 확보하고자 했다. 러시아의 경우에는 폴란드-리투아니아 북부의 발트해 연안으로 진출하고자 했으며, 프로이센과의 대결이 불가피하다고 생각했다.

한편 영국과 프랑스는 7년 전쟁 발발 이전에도 북미와 인도에서 식민지를 두고 이미 무력 충돌을 벌이는 중이었다. 이러한 이

---

88) 선제후는 신성로마제국 황제를 선정하는 역할을 하였던 신성로마제국의 선거인단이다.

해관계가 결국은 유럽을 두 개의 세력으로 나누었다. 원래 '오스트리아-영국 동맹 vs 프로이센-프랑스 동맹'이었던 외교 관계가 순식간에 '오스트리아-프랑스-러시아 vs 프로이센-영국'으로 바뀐 것이다.

전쟁양상의 변화

이 시대 군대의 특징은 용병의 시대에서 국민군대의 모습을 갖추기 시작했다는 것이다. 즉 '국가'라는 개념이 정착되면서 관료제와 상비군 체제가 확립되어 갔다. 그러나 정치적인 면에서 유럽이 동일한 제도와 문화로 발전한 것은 아니었다. 프랑스와 같은 절대왕정 또는 프로이센과 같은 국민 국가의 모습 등으로 구별되는데, 당연히 이러한 체제는 군(軍)에도 영향을 미쳤다.

이 시대는 파이크(창) 병이 없어지고 총검이 중요한 개인병기로 자리잡았다. 기존의 점화방식인 화승 대신 부싯돌을 이용한 플린트락 머스켓(Flintlock Musket)이 등장했다. 발사속도가 빨라지고 불발률도 감소되었으며 휴대도 간편해졌다. 16세기 말~19세기 유럽의 전장에서 주력 무기로 사용되었으며 총열에 대검을 꽂아 백병전에 활용했다. 영국의 브라운 베스(Brown Bess) 역시 75구경 활강 총신 머스킷으로 이 시대를 상징하는 화기였다.

플린트락 머스캣(Spanish light musket)[89]

이러한 총검의 등장으로 30년 전쟁에서 위력을 발휘했던 테르시오(Tercio) 대형은 사라지고 집중 사격과 교차사격에 유리한 횡대 대형이 전장에서 주력으로 자리잡았다. 이동간 또는 전투간 대형의 신속한 전환과 유지는 이 시대 전쟁에서 중요한 전술로 발전해갔다. 이러한 변화에 가장 관심을 가졌던 프러시아는 엄격한 훈련을 통해 지휘관의 의도를 구현할 수 있는 군대를 육성했다.

머스켓병과 척탄병(擲彈兵, Grenadier)[90]

89) [Wiki media Commons], Missouri History Museum,
   https://commons.wikimedia.org/wiki/File:Spanish_Escopeta_Flintlock_Musket.jpg
90) [Wikimedia Commons], Scan by NYPL,
   https://commons.wikimedia.org/wiki/File:Herzog_Joseph_v._Lothrington_Inftr._Rgmt._-_Musketier._Grenadier_(NYPL_b14896507-90068._cropped).jpg

17세기 중반부터 척탄병(擲彈兵, Grenadier)이 하나의 중요한 전술집단으로 활용되었다. 당시의 수류탄은 매우 조잡하여 위력도 부족했을 뿐 아니라 크기도 컸다. 따라서 척탄병은 수류탄을 멀리 던질 수 있는 체격이 좋은 사람을 뽑았다. 척탄병들은 여러 특권을 누릴 수 있었으며, 다른 일반 군사들과 구별되는 복장을 했다. 앞장 그림은 18세기 초 프로이센군의 척탄병으로, 왼손에는 발화용 줄을, 오른손에는 수류탄을 들고 있다. 머리에는 'Grenadiermtze'라는 특이한 모자를 쓰고 있다.

화포의 위력과 기동성이 증가하면서 전장에서 기동과 화력은 융합된 힘으로 나타났다. 화포는 대형을 와해시킬 수 있는 가장 효과적인 방법이었다. 이 시대의 전쟁에서 포병 운용이야말로 승기를 잡거나 전세를 역전시킬 수 있는 창조적인 전술의 근원이 되었다. 따라서 다양한 화포(3~24파운드 포)가 등장했고 보병의 기동을 지원하기 위해서는 화포 자체의 기동력 또한 증가시켜야 했다.

기병의 운용 개념이 변화했다. 정규 기병 외에 프리드리히는 경기병대로 헝가리의 후사르(Hussar)의 가치를 인정했고, 자신의 경기병 연대로 대거 편성하기 시작했다. 1741년 폴란드 탈영병과 헝가리인들로 5개 연대를 편성한 것을 시작으로 1744년, 1745년 프러시아인들로 구성된 후사르 연대도 여럿 편성, 오스트리아 왕위 계승 전쟁과 7년 전쟁에 투입했다.

프리드리히는 이들 후사르 연대들을 척후 임무 및 적 전열의 측후방 타격에 활용했고, 매우 활용도가 높았으며 프리드리히의 승전 중에는 이들 후사르 연대들이 가져온 첩보 및 측후방 타격에 의한 것이 다수 있었다.[91] 이러한 프리드리히의 성공은 유럽 각국의 프리드리히의 전술적 추종자들에게 깊은 영감을 주었고 이로 인해 후사르는 전 유럽으로 널리 확산된다.

기병과 예비대를 결정적 작전에 투입했다. 보병 대 보병으로는 좀처럼 결정적 승부를 낼 수 없었던 당시 전장에서 기병의 투입과 예비대의 운용은 승부를 결정짓는 결정적 수단이었다. 또한 전투에 유리한 지형을 선점하기 위해 기동력을 향상시키고 각종 통제 수단을 발전시켰다. 각종 북, 드럼, 나팔, 심지어 피리 및 플루트 (flute) 등을 이동 간, 또는 전투 간 사용했는데, 통제수단으로 매우 효과적이었다고 한다. 안개, 화약 연기 등 피아를 구분할 수 없는 상황에서 귀로 들을 수 있는 명령이었다.

로보지츠(Lobositz) 전투

프리드리히는 오스트리아를 집중 공격하여 먼저 전열에서 이탈시킨 후, 러시아를 상대한다는 전략을 세웠다. 1756년 8월 프로이센은 기습적으로 오스트리아 편의 독일 제후국인 작센으로 진군했다. 프리드리히의 계획은 작센을 교두보 삼아 보헤미아를 거쳐 오

---

91) 프리드리히의 후사르 연대들에 대한 대접은 매우 좋아서, 헝가리의 전통 복장을 착용하는 것도 허용했으며 프러시아군의 일반적인 체벌 대상에서 후사르 연대는 제외되기도 했다.

스트리아의 수도인 빈을 점령하여 오스트리아의 항복을 받아낸다는 것이었다.

오스트리아 왕위 계승 전쟁 이후 오스트리아는 군제를 개편하고 군비를 강화했다. 특히 포병과 기병, 그리고 비정규부대(그렌저 부대)의 운용 면에서 괄목한 성과를 이뤘다. 그러나 프로이센의 공격은 기습적으로 진행되었고 오스트리아는 강화된 전투력을 사용해보지도 못했다. 프로이센은 손쉽게 작센의 대부분을 손에 넣었고, 작센군은 피르나(Pirna)로 들어가 성안에서 농성을 시작했으며 프로이센군은 이들을 봉쇄했다.

1756년 10월 1일, 보헤미아의 로보지츠(Lobositz)에서 작센군을 구원하기 위해 온 오스트리아군이 프러시아군을 만났다.

프리드리히의 정찰 부대가 슬로비츠(Sullowitz) 근교에 이르렀을 때 오스트리아의 포격을 받아 원래 계획과는 달리 좌측으로 이동했고, 이를 본 오스트리아 기병대가 프로이센 기병대에게 돌격했다. 후속하던 프로이센 기병대가 재차 오스트리아군에게 돌격하는 등 대규모의 기병 전투가 벌어졌고 오스트리아 군의 포격 지원으로 프로시아군 기병대가 퇴각했다.[1](뒷장 요도 참조)

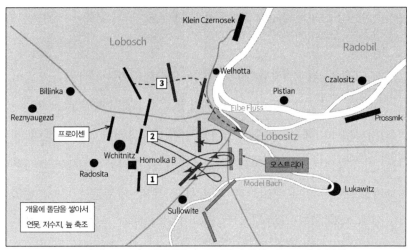

로보지츠(Lobositz) 전투(검정 : 프로이센 / 회색 : 오스트리아 군대)

안개가 걷히자 중앙의 프로이센 보병대는 오스트리아군의 주력 보병부대를 향해 공격을 개시했으나 돌파에 성공하지 못했다.② 이렇듯 프로이센군이 불리한 상황 속에서 프로이센군의 좌익을 맡은 베베른은 보병대를 이끌고 쉼 없는 진군을 통해 로보쉬(Lobosch) 언덕에 있던 오스트리아군의 우익을 격파, 언덕을 탈취했다.③

프로이센군이 여세를 몰아 로보지츠(Lobositz) 마을로 진입, 화재를 내면서 오스트리아군은 대형이 와해되고 퇴각했는데, 이는 더 이상의 인명 손실을 막기 위한 전략적 조치였다. 프로이센군은 2,906명이 전사했고 프란츠 울리히 폰 클라이스트 중장과 폰 쿼트 소장이 전투 후 부상 후유증으로 사망했다. 오스트리아군은 2,873명이 전사했고 418명이 포로로 잡혔으니, 대등한 전투 결과였다. 이 전투에서 프리드리히는 오스트리아의 군사력을 재평가하게 된다.

　오스트리아의 브라운 남작은 전력을 재정비한 후 작센을 구원하려 했지만 피르나의 작센군은 이 전투에서 패배했다는 소식을 듣고 10월 15일에 항복했다. 작센군이 항복했다는 소식을 접한 브라운 남작은 보헤미아로 철수했고, 프리드리히 역시 겨울 숙영지로 물러났다. 이후 프리드리히는 이듬해인 1757년 봄 보헤미아를 전격 침공했다.

프라하 전투(Battle of Štěrboholy)[92]

1757년 초여름 프로이센은 작센과 슐레지엔에 분산되어 있던 4개의 프로이센 군단(corps)을 보헤미아의 수도 프라하에 집결할 예정이었다. 각개격파 당할 위험이 있었으나 프로이센군은 결국 합류에 성공했다. 프리드리히의 군단은 모리츠 공(Prince Moritz) 휘하의 군단과 합류했고, 베베른의 군대는 슈베린과 합류했으며, 양군은 프라하 근교에 집결했다.

5월 6일 오전 5시쯤 프로이센군은 프로세크(Prosek) 고지대에 집결했고, 그 총병력은 115,000명에 달했다. 프리드리히는 케이스(Keith)에게 30,000명의 병력을 주어 마을의 서쪽에서 오스트리아군의 퇴로를 끊게 했다. 그러자 오스트리아군은 북쪽과 동쪽에서 밀려오는 적과 전투를 벌이기 위해 정렬하기 시작했다.

프로이센이 좌측인 스테보홀리(Sterboholy)로 선제공격을 시작했다. 오스트리아의 브라운 장군은 프로이센의 움직임을 주시했고, 그림에서 보는 것처럼 척탄병 40개 중대와 제15기병연대의 방향을 돌려 프로이센 정면으로 대응했다. 진흙과 늪지대 때문에 속도가 느려진 프로이센군을 향해 오스트리아군은 집중사격을 가했고 프로이센의 슈베린 등 지휘관도 사망 또는 유고되는 상황에 처하게 되었다.

---

92) 스터보홀리 전투라고도 함

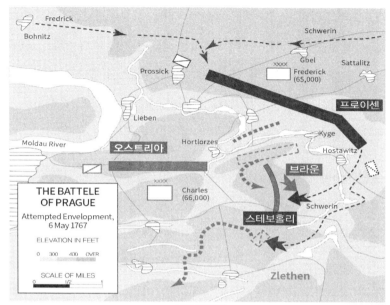

 내부 라벨:
Fredrick
Bohnitz
Schwerin
Prossick
Gbel
Frederick
(65,000)
Sattalitz
xxxx
프로이센
Lieben
Kyge
Moldau River
Hortlorzes
오스트리아
Hostawitz
브라운
THE BATTELE
OF PRAGUE
Attempted Envelopment,
6 May 1767
ELEVATION IN FEET
0 300 400 OVER
SCALE OF MILES
0 1/2 1
xxxx
Charles
(66,000)
Schwerin
스테보홀리
Zlethen

프라하 전투93)

프로이센군이 남동쪽으로 밀리면서 오스트리아군이 추격하자 오스트리아군의 대열이 길어지면서 대형이 양분되었다. 이때 프로이센의 경기병대 후사르가 그림에서 보는 것처럼 분리된 오스트리아군을 즐레텐(Zlethen) 방향으로 돌격을 시작했고 오스트리아 기병들이 당황하자 오스트리아군은 전체적인 균형이 와해되기 시작했다.

오스트리아군은 프라하성으로 퇴각하기 시작했다. 프로이센의 후사르가 추격했으나 오스트리아 기병대가 이를 필사적으로 저지

93) [Wikimedia Commons], The Department of History, United States Military Academy,
https://commons.wikimedia.org/wiki/File:Battle_of_Prague,_6_May_1757_-_Attempted_envelopment.p
ng 요도를 기본으로 한국어 표식을 함

했다. 프리드리히는 프라하성(城)에 대해 공성전보다는 포위를 통한 고사작전을 벌였다. 프리드리히는 40,000명의 병력과 75,000명의 주민들이 곧 성내의 물자를 모두 소비할 것이라고 계산했다. 그러나 프라하를 구원하기 위해 달려온 오스트리아의 지원군을 예상하지 못했고, 결국 콜린 전투가 벌어지게 된다.

콜린(Kolín) 전투

오스트리아의 다운(Down) 원수는 행군이 늦는 바람에 프라하 전투에 참여하지 못했으나 패잔병 16,000명을 부대에 편입시킬 수 있었다. 다운 원수는 이들과 함께 프라하를 구원하기 위해 서서히 진군하기 시작했다. 프로이센군은 이로 인해 프라하를 지킬 부대, 다운 원수와 교전을 벌일 부대로 분산될 수밖에 없었다. 프리드리히는 다운 원수를 견제하기 위해 34,000명의 병력을 이끌고 출진했다.

프로이센군의 주력은 오스트리아군을 향해 너무 일찍 진군을 시작했고, 오스트리아군의 측면을 공격하는 대신 방어 진형을 갖춘 오스

콜린(Kolin) 전투에서 프로이센 보병대94)

---

94) [Wikimedia Commons], Carl Röchling.
   https://commons.wikimedia.org/wiki/File:The_Prussian_Foot_Guards_at_the_Battle_of_Kolin_by_Carl_R
   %C3%B6chling.jpg

트리아군의 정면에 돌격해 버리는 실수를 저질렀다. 오스트리아군 소속의 크로아티아 경무장 보병대는 이때 중요한 역할을 했다. 크로아티아 경무장 보병대는 폰 만슈타인(von Manstein)과 트레슈코프(Tresckow) 장군 휘하의 프로이센 정규 보병대를 끊임없이 교란했고, 결국 프로이센군을 예정보다 일찍 공격하도록 했다.

조직적인 대형이 와해된 프로이센군은 서로 협동하지 못한 채로 돌격을 감행하는 실수를 저질렀고 이들은 각각 적에게 수적으로 압도되어 패퇴하고 말았다. 전투가 벌어진 지 약 5시간이 지난 정오경 프로이센군은 혼란에 빠졌고 다운 원수 휘하의 오스트리아군은 프로이센군을 격퇴하는 데 성공했다.

이때 자이들리츠(Seydlitz) 휘하의 프로이센 중기병(cuirassiers) 대대가 나타났다. 이들은 프로이센군을 구원하기 위해 돌격을 감행했고, 크르제크졸 언덕(Krzeczor Hill)에서 오스트리아군에게 반격에 성공했다. 타우엔치엔(Tauentzien) 장군 휘하의 제1근위대대(The first Guard battalion)가 프로이센군의 퇴각을 엄호하여 프로이센군을 완전히 괴멸당할 위기에서 구해냈다.

콜린 전투는 이때까지 승승장구했던 프리드리히의 첫번째 패배였다. 오스트리아군의 다운 백작은 언덕 위에서 망원경을 통해 프러시아군의 진군 상황을 면밀히 관측한 후 예상되는 공세에 대응했다. 프러시아군의 측면 공격 전술이 성공하려면 신속하고 비밀리에 행해져야 했지만 콜린에서는 모든 행동이 노출되었다. 프로이센군은 그들이 목표로 삼은 위치에 도달할 때까지 거쳐야 할 마을들의 지명도 모르고 있었다.

로스바흐(Roßbach) 전투

콜린 전투에서 패배한 프로이센군은 프라하 포위를 풀고 작센으로 퇴각했고, 10만에 달하는 오스트리아군이 프로이센군을 추격하며 슐레지엔 탈환에 나섰다. 여기에 러시아군이 동프로이센을 향한 공세를 개시했으며, 프랑스군은 독일 서부의 하노버 공국에 대한 전면적인 공세에 나섰다. 하노버 공국은 프리드리히에게 지원병 파견을 요청했지만, 상황이 급박했던 프로이센은 오히려 하노버에 파견했던 일부 병력마저 귀환시켜야 했다.

1757년 8월에는 러시아군(7만 5천 명)이 동프로이센을 전격 침공했다. 이에 동프로이센에 주둔한 프로이센군 25,000명이 그로스-야거스도르프(Gross-Jägersdorf)에서 도하 중이던 러시아군을 습격했으나 수적 열세로 결국 패퇴했다.(그로스-야거스도르프 전투95))

뒤이어 9월 7일에는 26,000명에 달하는 오스트리아군이 13,000명에 불과한 프로이센군을 모이(Moys)에서 격파했다.(모이 전투96)) 이제 프로이센은 프랑스, 오스트리아, 러시아 연합군에게 삼면에서 협공당할 위기에 몰렸다.

---

95) 1757년 8월 30일, 러시아의 스테판 페도로비치 아프라크신(Stepan Fedorovich Apraksin) 원수 휘하의 러시아군이 병력 면에서 볼 때 규모가 작은 한스 폰 레발트(Hans von Lehwaldt)원수 휘하의 프로이센군을 격파했다.
96) 1757년 9월 7일, 1만 3천의 프로이센군이 두 배나 되는 오스트리아군과 교전한 전투였다. 프로이센군은 오스트리아군에 포위당해 결국 패했다. 전투는 현재 폴란드의 지고르젤레크(Zgorzelec)인 북부 루사티아 괴를리츠(Görlitz) 근처에서 벌어졌다.

그런데 이 상황에서 러시아군이 갑자기 본국으로 회군했다. 겨울을 눈 앞에 두었다는 설, 본국의 정치적 상황 때문이라는 설 등 여러 가지 이유가 있었겠지만, 프리드리히는 한시름을 덜 수 있었다. 그러나 프랑스군과 오스트리아군의 공세가 여전히 강성한 상황이었고 프로이센군은 연이은 패전으로 사기가 저하되었기 때문에, 그로서는 어떻게든 전황을 뒤집을 결정적인 전투가 필요했다.

프리드리히는 프랑스-오스트리아 연합군을 향해 진군했다. 1757년 8월 31일, 프리드리히는 25,000명의 병력을 이끌고 드레스덴에서 출발했다. 연합군(프랑스와 신성로마/오스트리아 제국)은 프로이센군이 도착했음에도 불구하고 별다른 반응을 보이지 않았다.

프로이센군과 연합군은 서로 며칠간 공격과 방어를 통해서 상대를 교란하려 했다. 이 기간에 오스트리아 기습 부대는 실제로 베를린을 공격했는데, 프로이센 왕가의 주요 인물들을 위협하는 데 성공했다.

1757년 11월 5일, 프로이센군의 진영은 왼쪽에는 로스바흐①, 오른쪽에는 베드라(Bedra)②가 있는 사이에 전개되어 연합군과 대치하고 있었다. 한편 프랑스-오스트리아 연합군은 11월 4일에 왼쪽에는 뮈첼른③, 오른쪽에는 브란데로다④를 낀 능선에 주둔했다. 연합군의 초소는 프로이센군의 진영을 전부 살필 수 있었으며 수적으로도 거의 2배에 달했기에 누가 봐도 승리를 장담할 수 있는 상황이었다.

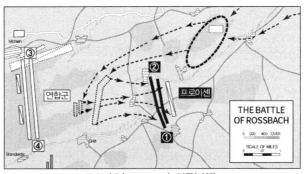

로스바흐(Roβbach) 전투(1)[97]

11월 5일 정오, 프리드리히는 전군에 주둔지를 철거하고 보병대를 남쪽으로 이동시켜 전투대형을 재편성하라는 지시를 내렸다. 이와 함께 자이틀리츠의 기병대를 파견해 오스트리아-프랑스 연합군의 이동을 방해하게 했다. 적의 이동을 목격한 연합군은 프로이센군이 측면과 후방으로 공격당할 것을 우려해 후퇴하려 한다고

---

97) [Wikimedia Commons], The Department of History, United States Military Academy, https://commons.wikimedia.org/wiki/File:Rossbach_map_positioning.jpg 요도를 기본으로 한국어 표시를 함

판단했고, 전군에 추격 명령을 내렸다.

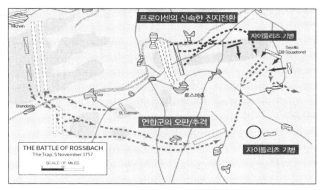

로스바흐(Roβbach) 전투(2)[98]

그러나 프로이센 기병대가 연합군의 이동을 방해했고, 프랑스
군과 오스트리아군의 호흡이 맞지 않았기 때문에, 연합군의 진군
속도는 매우 더뎠고 대열을 갖추지 못했다. 프로이센군은 불과 30
분 만에 주둔지를 철거하고 빠른 속도로 이동해 로스바흐 인근에
전투대형을 갖추었다. 프리드리히는 허겁지겁 쫓아오고 있는 연합
군의 측면을 공격했다.

프로이센군이 이미 로스바흐 인근에서 전투대형을 갖추고 있을
줄은 상상도 못했던 연합군은 오후 3시경 전장에 도착했으나 미처
전투대형을 갖추기도 전에 프로이센군의 대포 세례에 직면했다.
뒤이어 프로이센 보병대가 일제 사격을 개시해 연합군을 혼란에
빠뜨렸다.

---

98) 위 기관, https://commons.wikimedia.org/wiki/File:Battle_rossbach_trap.png 요도를 기본으로 한국어
표식을 함

연합군의 숫자는 프로이센군보다 훨씬 많았지만, 대열을 유지하지 못했고 전투대형도 갖추지 못한 상태였다. 이 상황에서 프로이센군은 연합군의 좌익 측면으로 비스듬하게 진군해 기습 공격을 가했다. 이 갑작스런 공격을 눈치채지 못했던 연합군은 경악했고, 좌익은 순식간에 와해되었다. 얼마 후, 자이틀리츠의 기병대가 연합군의 우익을 급습해 순식간에 궤멸시켰다.

절박한 순간에도 프랑스군은 대형을 유지하려 했고 프로이센군과 육박전을 벌였다. 그러나 프로이센군의 대포가 포격을 퍼부었고, 이로 인해 연합군의 진형은 결국 흐트러지고 말았다. 연합군은 간신히 살아남은 잔여 병력을 이끌고 후방으로 도피했으며 이후 프로이센군은 아직도 저항을 포기하지 않은 적 잔여 부대에 대해 소탕전을 벌였다.

로스바흐 전투에서 오스트리아–프랑스 연합군의 사상자는 5천 명이었으며 포로 역시 5천여 명에 달했다. 반면 프로이센군의 피해는 500여 명에 불과했다. 이 패배로 프랑스군은 전의를 상실했고 프랑스군에게 전 국토가 짓밟힐 위기에 몰렸던 하노버군은 이 전투를 계기로 재기할 수 있었다.

하지만 전투가 끝난 뒤 2주 후인 1757년 11월 28일 오스트리아군이 슐레지엔의 수도 브레슬라우(Breslau)를 함락시켰다는 소식이 들려왔다.(브레슬라우 전투99)) 이에 프리드리히는 로스바흐

---

99) 블레슬라우는 현재의 브로츠와프이며, 폴란드 실레지아에 있는 도시다. 1757년 11월 22일, 프로이센

전투의 피로를 풀 시간도 갖지 못한 채 서둘러 부대를 이끌고 이동했고 12월 5일에 로이텐 전투를 치른다.

로이텐(Leuthen, Lutynia) 전투

특유의 기동력을 이용, 프리드리히는 로이텐(Leuthen, Lutynia)에 먼저 도착했다. 오스트리아군 숫자가 프로이센군의 두 배가 된다는 상황도 파악했다. 오스트리아군 수뇌부에서는 브레슬라우에서 나가 프리드리히와 맞설 것인지에 대한 논쟁이 벌어졌고 결국 로트링겐(Lothringen)의 카를(Karl Alexander)의 의견이 받아들여져 오스트리아군이 움직였다.

1757년 12월 5일은 안개가 껴 있었다. 그러나 이 주변 지역에서 프리드리히는 병사들을 훈련시킨 적이 있었고, 그렇기 때문에 프로이센군과 프리드리히는 주변의 지형지물에 대하여 상세히 알고 있었다. 오스트리아군 전체 대형은 약 4마일에 걸쳐 있었다. 오스트리아군이 이렇게 전열을 길게 늘어뜨려 놓은 것은 프리드리히가 즐겨 쓰는 측면 공격에 당하지 않기 위한 방책이었다.

그러나 결과적으로 이는 큰 실수였다. 프리드리히는 양동작전으로서 휘하의 기병대에게 보르나(Borna) 마을에 돌격을 가하게 했고 오스트리아군의 우익과 맞서게 하였다. 이러한 기병대의 움

군 28,000명과 오스트리아군 84,000명이 벌인 전투이다. 이 전투에서 프로이센은 6,000명을 잃고, 오스트리아는 5,000명을 잃었다. 그날 저녁 프로이센군이 퇴각함으로써 브레슬라우의 수비대는 방어할 수가 없어 오스트리아에 11월 25일 항복했다.

직임은 프로이센군이 오스트리아군의 오른쪽 측면공격을 준비하는
것으로 보이게 하였다.

프로이센군은 기병대의 양동작전으로 자신들의 진짜 목표를 숨
길 수 있었다. 프리드리히는 자신의 정예 보병대와 함께 오스트리
아군의 좌측 종대를 향해 진군해 나가기 시작했다. 보병대는 남쪽
으로 이동하였고 낮은 언덕들의 능선 뒤에 숨어 오스트리아군의
시야에서 벗어났다.

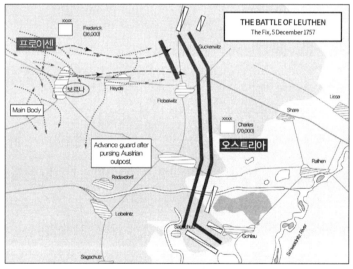

로이텐(Leuthen) 전투(1)[100]–양동 및 고착

오스트리아군의 사령관 로트링겐(Lorraine)은 교회의 첨탑 위

---

100) [Wikimedia Commons], The Department of History, United States Military Academy,
　　　https://commons.wikimedia.org/wiki/File:Battle_of_Leuthen_-_The_fix,_5_December_1757.png　의
　　　요도를 기본으로 한국어 표식을 함

에 있었지만, 아
무것도 보지 못했
다. 결국 프로이
센군이 우익을 공
격할 것이라 판단
하여 예비대를 우
익으로   보냈고,
이로 인해 오스트
리아군의   좌익은

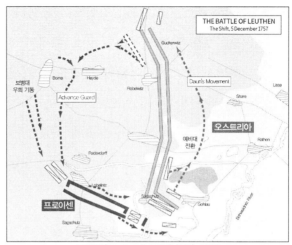

로이텐(Leuthen) 전투(2)[101]—전환

약화되었다. 프로이센군은 종대 대형으로 능선 뒤로 기도하였으므
로 단순히 사라진 것처럼 보였다. 로트링겐은 이러한 프로이센군
의 움직임을 보고 "그 멋진 친구들이 떠나는군. 그냥 그들이 가게
내버려 두게."(The good fellows are leaving, let's let them
go)라고 말했다고 한다.

    그러나 프로이센군은 각 대형 사이의 거리를 정확하게 유지하
면서 절도있게 행군했고, 프로이센군의 선두는 오스트리아군을 무
시하듯이 그들의 좌측면 너머로 진군을 계속했다. 그리고 명령에
따라 각 종대의 소대들은 로베틴츠(Lobetinz)에서 좌측으로 방향
을 전환했고, 프로이센 전군은 전원 전투대형을 갖추고 정확한 사

101) 위 기관. https://commons.wikimedia.org/wiki/File:Battle_leuthen_shift.gif

격 각도에 따라 오스트리아의 좌익을 겨누었다.

프로이센 보병대는 전통적인 2열 횡대의 전투대형을 구성하였고, 진군하면서 오스트리아군의 측면을 붕괴시켰다. 프리드리히로서는 최고로 행운이 따라준 날이기도 했다. 오스트리아 카를 공이 기병대를 좌익에서 우익으로 이동시켰을 뿐만 아니라 오스트리아 좌익에 배치된 보병부대는 프로테스탄트인 뷔르템베르크(Wurttemberg) 부대로서 역시 프로테스탄트인 프로이센에 친근감을 가지고 있었기 때문이다.

오스트리아군 좌익에 위치한 다른 부대

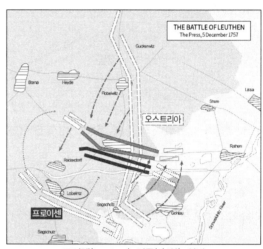

로이텐(Leuthen) 전투(3)[102]-압박

는 프로이센군의 12파운드 포의 막강한 포격과 전진하는 프로이센군의 일제사격을 당하고 쉽사리 무너졌다. 카를 공은 우익에서 좌익으로 군사를 이끌고 와서 성급하게 로이텐(이전에 오스트리아군의 중앙부에 있었던)에서 전열을 짜려 했다. 오스트리아군은 프리드리히의 측면 공격에 대비하여 전열을 너무 길게 늘어뜨려 놓았

---

102) 위 기관.
　　https://commons.wikimedia.org/wiki/File:Battle_of_Leuthen,_5_December_1757_-_The_press.png

기 때문에 우익의 병사들은 자리를 잡는 데 1시간 반이 걸렸다.

프로이센군은 대형을 유지한 채 진군을 잠시도 멈추지 않았고, 포병대의 지원을 받으며 로이텐을 향해 돌격했다. 오스트리아군이 로이텐 시내로 축차 투입되었고, 양측의 포격이 계속되는 와중에도 프로이센군은 마을을 함락했다. 한편 오스트리아 기병대는 프로이센군의 측면이 노출된 것을 보고 이들의 측면을 공격하여 승기를 잡으려 했으나, 프로이센의 자이틀리츠 기병대가 오스트리아 기병대를 저지하기 위해 압도적인 돌격을 감행했다.

기병대 간 격전은 곧 로이텐 후방에 위치한 오스트리아군의 전

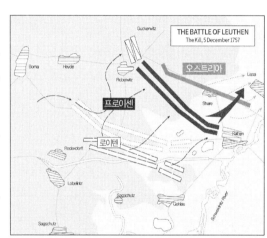

로이텐(Leuthen) 전투(4)[103]–추격 및 소탕

열에까지 번져갔고 엄청난 혼란과 무질서를 야기하였다. 오스트리아군의 전열은 무너졌다. 전투는 3시간이 조금 넘게 지속되었다. 오스트리아군의 완패를 보고 로트링겐의 카를 공은 "나는 이 패배를 믿을 수 없다."(I can't believe it!)라고 말했다고 한다.

103) 위 기관.
　　https://commons.wikimedia.org/wiki/File:Battle_of_Leuthen_-_The_kill,_5_December_1757.png

결국 오스트리아군은 그들의 측면이 프로이센 기병대에게 유린당하자 브레슬라우 방면으로 패주했다. 이후 프로이센군은 리사까지 추격해 승리를 확실히 굳힌 후 12월 6일 잠시 부대를 쉬게 한 후 3일 동안 인근 마을들을 샅샅이 뒤져 패잔병들을 소탕했다. 이 작업이 완료된 후, 프로이센군은 브레슬라우 탈환 작전을 전개했고, 결국 12월 19일 브레슬라우를 탈환했다. 이후 오스트리아 잔여 병력은 전의를 완전히 상실하며 슐레지엔에서 완전히 철수했고, 프로이센군은 슐레지엔의 지배권을 확보했다.

오스트리아군은 10,000여 명의 사상자를 기록했고 12,000여 명이 포로로 잡혔으며 51개의 깃발과 116문의 대포를 상실했다. 반면 프로이센군은 1,141명의 사망자, 5,118명의 부상자를 냈다. 이 전투는 프리드리히의 가장 성공적인 전투로 평가되며, 나폴레옹 보나파르트는 이 로이텐 전투를 가리켜 "이동과 작전 행동, 결단의 걸작품"이라고 평가했다.

그러나 로이텐 전투의 빛나는 성과는 전략적 성공으로까지 이어지지 못했다. 오스트리아는 로스바흐, 로이텐에서 연이은 참패를 맛보았지만 오히려 복수심을 불태웠고 러시아 역시 이듬해에 프로이센을 침공하게 된다.

조른도르프(zorndorf) 전투

1758년 5월, 프리드리히의 프로이센군은 모라비아의 수도 올모우츠(Olmütz)[104]를 향해 진격했다. 그들은 자신들의 앞을 가로

막은 적을 가볍게 격파한 뒤 올로모우츠를 포위했다. 프리드리히는 오스트리아 지원군이 오기를 원했다. 결정적 승리를 통해 오스트리아를 전쟁에서 이탈시키고, 프랑스와 러시아 동맹체제를 와해시키려 했기 때문이다.

그러나 오스트리아의 다운 백작은 프리드리히의 의도대로 따라줄 의사가 전혀 없었다. 이 콜린 전투의 영웅은 프로이센군과 정면 대결을 하기보다는 보급로를 차단하고 소규모 기습전을 벌여 적을 프로이센군의 전력을 소모시키기로 했다. 이 때문에 프로이센군은 물자가 부족해졌으며, 프리드리히는 대규모 보급으로 문제를 해결하고자 했다.

다운 백작은 이 정보를 입수, 6월 30일 돔슈테트(Domstadt)에서 3만 명의 프로이센 보급부대를 공격했다.(돔슈테트 전투[105]) 갑작스런 공격을 받은 프로이센군은 2천 명의 사상자와 1,450명의 포로를 남긴 채 패주했고 오스트리아군은 보급물자 수송을 차단하는 데 성공했다.

1758년 8월, 페르모르(William Fermor) 휘하의 러시아군 43,000명은 베를린(Berlin)으로부터 100km 떨어진 곳까지 진군했고, 다운 원수 휘하의 오스트리아군과 합류하려 했다. 프리드리

---

104) 체코 동쪽에 있는 도시이자 올모우츠 주(州)의 주도. 모라바강(江)과 접한다.
105) 1758년 6월 30일. 오스트리아군은 올모우츠(Olmütz)를 공략하던 프로이센군의 보급물자 수송부대를 공략하여 이를 파괴했다. 이 전투에서 오스트리아군이 승리함으로써 도시는 구원되었고, 프리드리히는 퇴각해야만 했다.

히는 양군이 합류하면 베를린이 함락될 수 있다고 우려했고, 이들의 계획을 저지하기 위해 러시아군의 후방으로 접근했다.

러시아의 페르모르는 쿠스트린(Küstrin, 베를린에서 동쪽으로 약 80km)을 공략하고 있었다. 코사크(Cossack) 부대로부터 프로이센군의 움직임을 보고받은 페르모르는 공성전을 포기하고 쿠스트린에서 약 10km 동남쪽으로 떨어진 조른도르프의 유리한 위치를 선점했다.

8월 24일, 프리드리히는 바르타강과 오데르강을 가로지르는 모든 다리를 파괴해 러시아군이 본국으로 돌아가는 길목을 차단했다. 이후 그는 러시아군을 조른도르프에서 몰아낸 후 이들을 바르타강과 오데르강이 만나는 지점으로 몰아내서 항복을 강요하게 만들기로 계획했다.

새벽 3시 30분, 프로이센군 전체가 진격을 시작했다. 보병대는 노이담의 다리를 건너 미에텔에 진입했다. 기병대 대부분은 보병대 이전에 진영을 떠났고 미에텔을 지나 케르텐브뤼게의 다리에서 본군과 합류했다. 새벽 5시, 프로이센군이 숲 지대를 벗어나 바츠로우의 북서쪽에 진입했다.

8월 25일 아침, 페르모르 장군은 프로이센군이 바츠로우(Batzlow) 방면으로 진군하고 있다는 소식을 접했다. 이에 그는 적이 남쪽에서 공격해올 것을 확신하고 군대를 즉각 배치했다. 이러한 러시아군 대열의 전체 길이는 3km, 깊이 800m의 큰 직사각형의 형태였고 프로이센의 측방 기동에 대비하기 위해 강을 배후와 측면에 두었다.

러시아군이 병력 배치를 완료할 무렵, 프로이센군은 윌커즈도르프(Wilkersdorf)를 향해 행진을 시작했다. 오전 8시쯤, 전장에 도착한 프리드리히는 코사크 기병대가 이미 마을들에 불을 지른 것을 발견했다.

다만 연기가 러시아 진영을 향해 갔기 때문에 그들이 프로이센군의 움직임을 관찰할 수 없다는 것은 큰 이점이었다. 얼마

러시아군과 교전하기 위해 이동하고 있는
프로이센군 보병대(8월 25일)[106]

후 정찰병으로부터 추가 정보를 전달받은 프리드리히는 적의 측면엔 깊은 늪이 많아서 그가 줄곧 사용해 온 측면 공격이 불가능하다는 걸 깨달았다.

오전 9시경, 프로이센 포병대가 적을 향해 포격을 퍼부으면서 전투가 시작되었다. 포격전은 2시간 동안 진행되었고, 러시아군은 두 시간 넘게 적의 포격을 견뎌냈다. 프로이센군은 정면 공격을

106) [Wikimedia Commons], Carl Röchling.
https://commons.wikimedia.org/wiki/File:Prussian_infantry_advancing_to_meet_the_Russian_Army_before_the_Battle_of_Zorndorf_25th_August_1758_in_the_Seven_Years_War_picture_by_Carl_R%C3%B6chling.jpg

할 수밖에 없었다. 공격은 프로이센군의 좌익, 즉 러시아군의 우익에 집중되었고, 러시아군의 중앙과 좌익은 그들이 마주 보고 있는 프로이센 대형이 너무 멀었기 때문에 훨씬 덜 고통받았다.

11시 15분, 양측의 보병대가 서로를 향해 사격을 개시했다. 프로이센의 만테우펠 보병대는 적의 무지막지한 저항에 직면했고 1/3이 죽거나 부상을 당했다. 그럼에도 불구하고 그들은 여전히 진격했지만, 더 많은 러시아인이 역공을 가하자 궤멸 직전까지 몰렸다.

한편, 카니츠 휘하의 프로이센 보병대는 우측으로 방향을 틀어 진군했다. 그러나 러시아군의 맹렬한 반격에 직면한 카니츠 보병대는 결국 큰 손실을 입고 진격이 중단되었다. 후방 진지에서 전황을 지켜보고 있던 프리드리히는 좌익에서 보병대를 차출해 중앙에서 고전 중인 아군을 구하라고 명령했다.

오후 1시경, 프로이센군 우익은 러시아 좌익의 대포 사정권 안으로 들어갔다. 오후 2시, 프로이센의 자이틀리츠 기병대와 기병 예비대가 조른도르프 서쪽에 집결했다. 그리고 프로이센 좌익에서는 만테우펠의 보병대 잔여 병력과 카니츠의 잔여 병력을 가까스로 집결시켰다. 그 후 프로이센 우익 보병대가 천천히 전진했고, 좌익의 보병대 역시 진군을 시작했다. 이리하여 모든 프로이센 보병대는 포병대의 엄호 아래 러시아 진지를 향해 진격했다.

프로이센의 우익은 러시아와 코사크 기병대를 상대로 계속 전진하고 있었지만, 좌익의 상황은 좋지 않았다. 이미 앞선 전투에서 막심한 피해를 입은 그들은 전쟁의 공포에 떨고 있다가 적 기병대가 갑작스럽게 출몰하자 공포에 사로잡혀 달아났고, 장교들은 그들을 윌커즈도르프 남쪽에 이르러서야 가까스로 집결시킬 수 있었다.

자이틀리츠 장군은 아군의 상황이 좋지 않자 이미 피로에 겹친 기병대를 둘러 나눠 적의 양 측면을 공격했고 적 보병대와 접전을 벌였다. 오후 4시경, 프로이센 우익 보병대는 완강히 방어하는 러시아군과 교전을 벌여 적의 전선을 흔들었지만, 러시아군은 끈질기게 저항했다.

결국 오후 6시경, 러시아군이 밀려나기 시작했다. 일부는 호프부르흐로 후퇴했고 다른 일부는 콰트센으로 향했다. 러시아군은 가까스로 병력을 뒤로 물려 갈겐그룬드의 진지로 퇴각했다. 프로이센군은 완전히 지쳐버렸지만, 프리드리히는 여전히 결정적인 승리를 거둘 때까지 전투를 멈출 생각이 없었다. 그는 여전히 싸울 수 있는 소수의 프로이센 보병 대대(8~10개)를 이끌고 갈겐그룬드와 콰트센 부근의 러시아군을 공격하기로 했다. 그러나 프로이센군의 공격은 전체 전선에서 교착상태에 빠졌다.

전투 결과, 러시아와 프로이센은 심대한 피해를 입었다. 러시아 군의 사상자는 18,500명에 달했고 2,800명이 포로로 잡혔다. 프로이센군은 12,800명을 상실해 전체 전력의 1/3 이상을 손실했다. 러시아군은 다음날까지 전장에 머물러 있었지만 페르모르가 먼저 란츠베르크(Landsberg)로 퇴각했다.

러시아가 퇴각했다는 이유로 프로이센은 자신의 승리를, 러시아는 프로이센에 심대한 손실을 입혔다는 이유로 자신의 승리를 각각 주장했다. 실제로 프로이센은 조른도르프 전투에서 숙련병 상당수를 상실해 이후 전쟁을 진행하는 데 상당한 어려움을 겪게 된다.

1758년 전투 이후

1758년 10월 14일, 작센의 호크키르히(Hochkirch)에서 벌어진 프로이센군과 오스트리아군의 전투에서 오스트리아군이 기습으로 승리를 거뒀으며, 프로이센군은 이 전투의 패배 이후 수세에 몰린다.

1759년 8월 12일, 프랑크푸르트에서 동쪽으로 5km 떨어진 쿠네르스도르프(Kunersdorf)에서 프로이센군과 러시아-오스트리아 연합군의 전투는 프로이센군의 대패로 끝났다. 이 전투는 프리드리히가 겪은 가장 큰 패배였으며, 프로이센은 멸망 위기까지 몰렸고 프리드리히는 자살까지 고민했던 것으로 알려졌다.

1760년 6월 23일, 란데스후트 전투는 오스트리아군과 프로이센군의 전투로 오스트리아군이 승리했고 슐레지엔이 오스트리아의 수중에 들어갔다. 오스트리아 라우돈 남작은 여세를 몰아 7월 24일에 글라츠를 함락시켰다

1760년 8월 15일의 리그니츠(Liegnitz) 전투[107]는 슐레지엔에서 프로이센군과 오스트리아군이 맞붙은 전투였다. 프리드리히의 프로이센군이 라우돈 남작의 오스트리아군을 격파하고 슐레지엔을 사수했다. 1760년 11월 3일 토르가우(Torgau) 전투는 프로이센군과 오스트리아군이 맞붙은 전투로써 프로이센군이 오스트리아군을 무찌르긴 했지만 더 많은 피해를 입었고, 이후 프리드리히는 공세를 포기하고 수세적 작전을 펼치게 된다.

언급한 주요 전투 외에도 각국의 이해관계에 따라 유럽 및 식민지 지역에서 지속적인 전투가 발생했다. 본 책에서는 유럽 지역의 특징적인 전투만을 다루었으며, 특히 프로이센군에 집중하여 전투를 분석했다. 창검의 시대에서 총포의 시대로 전환되는 과정에 초점을 맞추고 이러한 변화에 가장 민감하게 반응했던 군대를 조명해보기 위해서이다. 특히 대형의 전환과 기동의 측면에서 각 전투의 특징을 분석했고 이러한 내용은 이후 다루어질 나폴레옹 전쟁과 흐름을 같이 한다.

---

107) 폴란드어로 레그니차(Legnica)는 519년 전 이곳에서 몽골 제국과 폴란드 연합군이 맞붙었다가 폴란드 연합군이 대패, 몽골의 위엄을 서유럽에 알린 곳

기동을 위한 군사적 혁신(2) - 나폴레옹

나폴레옹의 군대

국민 총동원 개념의 전쟁

나폴레옹은 전 유럽을 대상으로 전쟁을 시작했다. 따라서 지속적인 병력 공급과 유지가 필요했고 그래서 생각한 것이 모든 국민을 군인으로 동원할 수 있는 것이었다. 이렇게 해서 1793년 '국민 총동원령'을 내리게 되는데, 그것이 최초의 국민개병제가 되었다. 나폴레옹은 이를 통해 안정적인 병력 수준을 유지할 수 있었고, 약 60~80만 명에 이르는 군대는 유럽의 공포가 되었다.

프랑스 대혁명을 겪은 국민은 징병제에 대해 큰 거부감이 없었다. 오히려 군인이 되는 것이 국민군대의 일원으로 애국심을 표현하는 하나의 방법으로 여겨졌다. 큰 군대를 보유하려면 경제적 뒷받침이 필요했는데, 이러한 이유로 나폴레옹은 국토를 정비하고 경제를 일으키는 각종 정책을 하게 되었다.

제병협동을 위한 단위부대의 출현

나폴레옹 시대 프랑스군의 주요한 특징은 제병협동이 가능하도록 각 기능 단위부대를 묶고, 조직의 유연성을 부여한 데 있다.

전체를 몇 개의 군단(통상 5~7개)으로 나누고, 1개 군단은 평균적으로 2만~3만 명으로 구성했다. 이들 군단은 각종 전투부대와 지원부대를 포함하고 있었다. 군단들은 단독으로 작전 행동이 가능하면서도 각 군단끼리는 하루 정도의 거리 내에서 지원이 가능했다.

군단은 그 전력과 부과된 임무의 강도에 따라 원수 또는 사단장(General de division, 소장)에 의해 지휘받았다. 나폴레옹은 군단의 지휘관들이 자신의 의도 내에서 행동하고, 협동하여 목표를 달성할 수 있다면 지휘관들에게 많은 권한을 위임했다. 만약 지휘관들이 자신의 의도를 구현하지 못한다고 생각하면 주저하지 않고 질책하고 때로는 해임했고, 자신이 직접 지휘하기도 했다.

1800년 장 빅토르 마리 모로(Jean Victor Marie Moreau) 장군이 라인 방면군(軍)을 4개의 군단으로 나눈 것이 군단의 시작이었다. 이것은 일시적으로 나눈 것이었으나, 1804년까지 나폴레옹이 항구적인 조직으로 만들었다. 군단의 주요 전술적 단위는 사단(師團)으로 통상 4천~6천 명의 보병과 기마병으로 구성되어 있다.

1개 사단은 2~3개 여단(旅團)으로, 1개 여단은 2개 연대(連隊)로 구성되었다. 사단은 3~4개 포병대대(大隊)로 이루어진 포병여단의 지원을 받았다. 포병대대에는 4문의 야포(野砲)와 2문의 유탄포(榴弾砲)가 배치되어 1개 포병여단에서는 18~24문의 대포를 보유했다. 이는 오늘날 사단 편제의 기본이 되었다.

제국근위대(Garde Imperiale)는 당시 엘리트 군인부대로써 집정근위대(또는 통령근위대, Garde des Consuls)에서 발전했다. 이것은 그 자체가 군단(Corps d'Armée)으로 보병, 기병 및 포병부대을 가지고 있었다. 나폴레옹은 근위대가 전군에게 모범을 보여 주기 바랬고, 절대적인 충성심을 요구했다. 또 포병은 접근전에 앞서 포격으로 적을 위협하는 데 사용하였다.

근위기병연대는 1804년 창설되어, 추격기병연대(Chasseurs à Cheval)와 기병척탄병연대(Grenadiers à Cheval)란 2개의 연대와 엘리트 집단인 젱다르맹(Gendarmes)과 맘루크(Mamelukes)대대가 있다. 1806년 3번째 연대로써 제국근위용기병연대(Regiment de Dragons de la Garde Imperiale, 후에 제국 용기병, 황제비 용기병)가 추가되었다.

1807년 폴란드 원정이 있은 후 폴란드 창기병연대(Regiment de Chevau -Legers de la Garde Imperiale Polonais)가 추가되었다. 1810년 또 하나의 창기병연대가 프랑스와 네델란드 신병을 편입시켜 창설되었다.

보병(Infantry)은 전투의 선봉이자 주역으로서 그 성과가 승패를 나누었다. 보병대는 크게 2가지로 구분할 수 있다. 하나는 전열보병대(Infanterie de Ligne)이고, 또 하나는 경장보병대(Infanterie Légère)이다. 보병이 대부분인 전열보병연대는 나폴레옹 전쟁 중에 크게 변했지만 기본적인 구성요소는 대대였다.

1개 보병대대는 약 840명으로 이루어져, 이것이 대대의 정원이 되었고, 대부분의 부대도 변하지 않았다. 전열보병대가 대육군 보병의 대부분을 차지하고 있었으나, 경장보병도 중요한 역할을 맡고 있었다. 경장보병연대는 35개 연대를 넘지 못했다.(전열보병 155개 연대) 경장보병연대는 산병전을 포함해 전열보병과 같이 작전행동을 했다.

척탄병(Grenadiers)은 나폴레옹의 보병 중에서 엘리트 중대였고, 고참병들이 대부분이었다. 나폴레옹은 2번의 원정작전에 참가시킨 후에 최정예이며 용감하고 키가 큰 수발총병을 척탄병 중대로 배속시켰다. 특별병(Voltigeurs)은 전열연대의 엘리트 경장보병이었다. 1805년 나폴레옹은 전열대대 중에서 키가

VOLTIGEURS　1. De la Garde, premier Empire; 2. Corse, Restauration; 3. De la ligne, Louis-Philippe　4. De la Garde, second Empire (3e tenue)

특별병(Voltigeurs)[108]

작고 민첩한 사람을 선발하여 특별병 중대를 만들 것을 명령했고 그들의 주요 임무는 적의 기병의 말에 뛰어올라 싸우는 것이었다.

---

108) [Wikimedia Commons], EN NOIR & BLANC,
　　https://commons.wikimedia.org/wiki/File:Voltigeurs_(militaire),_French_military_skirmish_units,_19th-c
　　entury_uniforms,_Book_illustration_(encyclopedia_plate_line_art)_Larousse_du_XX%C3%A8me_si%C3
　　%A8cle_1932.png

기병은 보병 병력의 15~20% 비율로 구성되었다. 기병연대는 800~1,200명 정도의 인원으로 약 3~4개 대대로 편성되었고, 대대는 2개 중대로 나눠져, 이를 지원부대가 지원했다. 각 연대의 제1대대, 제1중대는 항상 최고의 부대로, 최고의 병사와 말이 준비되었다. 역할에 따라 중장기병과 경장기병으로 나뉘었다.

중장기병은 흉갑기병(Cuirassiers), 용기병(Dragoons), 기총기병(Carabiniers-à-Cheval) 등이 있다. 흉갑기병은 옛 기사 철제 흉갑 및 황동 투구를 쓰고, 길고 곧은 사벨과 권총(후에 칼빈총)으로 무장했다. 기사와 마찬가지로 이 부대는 기병의 돌격부대였다.

용기병은 정찰과 전투에 두루 이용되었다. 그들은 전통적인 사벨(트레드 철제의 3개의 칼들) 뿐만 아니라, 권총 및 머스킷 총으로 무장하고, 말을 타지 않을 때는 보병처럼 걸어서 전투를 벌이기도 했다. 기총기병의 역할은 용기병과 비슷했다.

경장기병은 후사르(Hussars), 추격기병대(Chasseurs-à-Cheval Hunters), 창기병(Lancers) 등이 있다. 후사르는 나폴레옹의 눈이며, 귀의 역할을 했으며

흉갑기병109)

109) [Wikimedia Commons], Bellange,
    https://commons.wikimedia.org/wiki/File:Napoleon_Cuirassier_in_1809_by_Bellange.jpg

휘어진 사벨과 권총을 휴대하고, 용맹했다. 추격기병대는 후사르와 무장 및 역할이 비슷했다. 창기병은 창과 사벨과 권총을 휴대하고 있으며, 창이 보병의 총검보다 먼저 닿기 때문에 보병을 정면 공격할 때는 제일 효과가 있었다.

전술 개념의 혁신

나폴레옹이 활약한 18세기 말~19세기 초의 군대는 주로 보병, 포병, 기병의 3개 병과로 구성되어 도보 행군으로 전장을 향해 이동했다. 나폴레옹은 하루 25마일(약 40km) 행군 후 전투를 치른 다음, 짧게 정비하고 다시 행군하는 전투방식으로 혹독하게 군대를 지휘했다.

나폴레옹이 운동 에너지 공식인 $K = \frac{1}{2}MV^2$ 을 중시했다는 사실은 잘 알려져 있다. 이 공식에 따르면 K(전투력)를 높이기 위해서는 M(병사 수)와 V(속도)가 필요했다. 이 중 병사 수는 나폴레옹 개인의 힘으로 통제하기 어려운 요소이기 때문에, 속도를 최대한 높여 전투력을 극대화하는 것이 나폴레옹의 방식이었다.

나폴레옹 이전의 전쟁은 전력을 횡대로 전개해 정면에서 서로 부딪치는 형태였다. 마치 사극이나 영화의 장면처럼 탁 트인 전장에서 병력을 넓게 펼치고 전투를 벌이는 것이다. 나폴레옹은 이러한 기존의 횡대 전술 대신 운동 에너지를 가장 효과적으로 발휘할 수 있는 종대 전술을 사용했다. 또한 부대의 이동 방법에 지나지 않았던 행군을 전투력 증강의 핵심 요소로 중시했다.

나폴레옹이 활용한 구체적인 전술은 다음과 같다.

① 가능한 최대 속도로 행군해 적보다 먼저 요충지를 확보

② 적의 태세가 미처 갖춰지지 않은 틈을 타 종대 돌격을 감행해 적을 분리

③ 최대 속도로 크게 우회해 적의 퇴로를 차단하고 포위

④ 적 병력이 분리되면 본대를 최대 속도로 이동시켜 적 부대를 각개 격파

포병의 혁신

프랑스군은 7년 전쟁에서 자국 포병의 후진성을 목격했고, 혁신이 필요했다. 당시 프랑스 포병대는 드 발레리(de Vallerie) 시스템을 따르고 있었다. 대포들은 강력하게 제조되었고, 화력이 매우 셌지만, 너무 화려하게 장식되어 야전에서 다루기엔 지나치게 무거웠다.

이러한 시스템은 점진적으로 소위 '그리보발 시스템'(Gribeauval System)으로 대체되었다. 새로운 대포들은 도로 안에서나 밖에서나 더 빠른 기동성을 위해서 제작되었다. 그리보발은 또한 화력과 정확성에 집중했다.

그는 탄약, 포신, 마차, 탄약차, 가교 그리고 이동하는 군대에 필요한 다른 모든 운송 수단과 저장고를 재설계했다. 그는 무엇보다도 중요한 두 가지의 가치인 표준화와 기동성을 목표로 그의 개혁을 추진했다. 또한 이전에는 포신에 새겨지곤 하던 화려한 장식

을 없애버렸다.

　표준화의 원칙은 오늘날 모든 군 장비에 있어서 필수적으로 받아들여지지만, 18세기에 있어서 이는 혁명적인 개념이었다. 각 제조 공장은 중앙 집권화된 양식에 따라 작업을 진행했음에도 각자의 특성을 가지고 있었다. 다양한 종류의 장비가 있는 것은 부품을 상호 교체할 수 없다는 것을 의미했고, 특히 원정 시에는 적시적인 수리가 불가했다.

　이를 위해 먼저 구경(calibers)의 숫자를 줄이고 대포를 단순화시켰다. 더 쉽게 포신을 움직일 수 있는 엘리베이팅 나사(elevating screws)를 도입했는데, 눈금자 대신 조정할 수 있는 가늠자를 달고, 단순한 쐐기 대신에 섬세하게 엘리베이팅 나사를 도입함으로서 단순하면서도 정확성은 훨씬 향상되었다. 또한 대포의 무게를 줄이고, 화약의 효율성을 증가시켰다. 포탄들은 편차를 줄이고 정확성을 향상시킬 수 있도록 대포 구멍에 정확히 맞도록 설계했다.

　포수들이 가루 화약 대신에 미리 제조된 화약을 사용하기 시작했고, 탄약은 각 탄알이 같은 양의 화약에 의해 발사될 수 있도록 하는 표준화된 폭약으로 만들어졌다. 이는 포의 조준이 더 섬세해질 수 있고, 탄약을 다루는 데 있어서 엄청난 이점을 가져다준다는 것을 의미했다.

　포병을 포함한 기동장비들을 경량화하고 사람이 움직일 수 있도록 중요한 장비들을 도입했다. 가슴띠(Bricoles)는 끌줄(darg rope)과 지렛대의 세트로 포병들이 어떤 방향으로든 쉽게 그들의 대포를 끌어당길 수 있다.

1열 종대 대신에 2열 종대 형식의 말을 도입했으며, 대포 마차를 재설계했는데, 상호 교체할 수 있는 바퀴를 도입했다. 또한 대포를 뒤로 끌어당길 땐 땅에 걸리지 않도록 원형 기단으로 된 포차(split trail)를 사용했다.

이와 함께 포차의 한쪽 끝과 그 앞차의 다른 쪽 끝에 부착될 수 있는 예삭(prolonge, 曳索)110)이라 불리는 로프의 활용도 결합되었다. 이 예삭은 포화 속에서 급속 전진과 후퇴를 할 때 매우 유용한 물건이었다.

나폴레옹은 그의 포수들에게 탁월함과 유능함을 기대했고, 그것을 얻어내었다. 불로뉴 야영지에서, 포수들은 철저히 훈련받았다. 또한 다수의 동시 목표물에 대한 사격연습이 이루어졌

그리보발 시스템으로 제작된 탄약차111)

고, 가끔 움직이는 목표물로서 영국군의 전함을 사용하기도 했다.

---

110) 30피트 정도의 길이를 가진 강력한 로프로 대포와 앞차를 사격이 필요할 때나 대포에서 앞차를 떼거나 몇 가지 다루기 어려운 장애물을 건너갈 때 연결하는 용도로 사용되었다.
111) [Wikimedia Commons]. PHGCOM.
  https://commons.wikimedia.org/wiki/File:Gribeauval_artillery_train.jpg

프랑스 포병대는 유럽의 모든 포병대보다 우월한 능력을 보유하게 되었다. 포병대는 군대에서 경력을 찾고자 하는 프랑스 내의 젊은 남성들 사이에 유례없는 인기를 누리게 되었다.

병참 체계의 혁신

프랑스군의 기동 혁신을 위해서는 군수 지원이 기동의 속도를 따라가야 했다. 나폴레옹은 "군대는 밥으로 행진하는 살아있는 생물"이라고 했다. 이것은 군대의 병참이 얼마나 중요한 것인지 표현한 것이었다. 프랑스군은 개인당 4일분의 식료를 지급했다. 뒤따르는 수송차에는 8일분이 적재되어 있지만, 이것은 긴급 시에만 소비하는 것들이었다.

보급물자는 작전을 개시하기 전에 건설된 전진기지 및 창고에 비축했다. 이 물자는 군대가 전진하기 시작하면 전방으로 이동시켰다. 대육군의 보급기지에서 군단 및 사단의 보급창고에 물자가 배치되고, 여기서 사단 및 연대의 수송부대에 배치되었다.

나폴레옹은 기동력을 높이기 위해 현지 조달(약탈인 경우도 있었음)을 강조했다. 현지 조달 의존도는 현지 사정에 의해 결정되었다. 우호적인 나라의 영토를 통과할 때는 "이 나라가 공급하는 것을 먹어라"라고 말하지만, 중립국을 통과할 시기에는 보급 문제가 발생했다.

당시 군인들은 식사를 위해 텐트를 치고 음식을 조리하여 배급해야 했다. 이러한 지체 시간이 결국은 기동의 속도를 저하하는 주요 원인이 되었는데, 1795년 프랑스 정부, 좀 더 정확하게는 나폴레옹이 설립한 '프랑스 산업 장려협회'가 이를 해결하기 위해 나섰다. 당시 프랑스는 이탈리아, 네덜란드, 독일 등과 전쟁을 치르고 있었으니, 여름과 가을이면 식량 부족으로 인해 군의 작전 수행 능력이 눈에 띄게 떨어졌다.

이처럼 사기와 직결된 식량 문제를 해결하기 위해 나폴레옹은 상금을 내걸고 경제적 식품 장기 보존법을 공모했다. "프랑스의 군사적 문제 해결에 도움을 줄 수 있는 과학적이거나 공업적인 처리법을 발견하거나, 노력하는 사람들은 프랑스 산업장려협회에서 1만2,000프랑(현 시세로 약 5,700만 원)을 상금으로 지급한다." 조건은 단 한 가지, 방부제 무첨가였다.

이에 샴페인으로 유명한 샹파뉴 지방의 셰프였던 니콜라 아페르(1749~1841)가 병조림의 아이디어를 고안해냈다. 샴페인 유리병에 잘게 썬 양배추, 당근 등을 담고 코르크 마개를 느슨하게 막은 뒤 끓는 물에 30~60분간 가열한 후, 마지막으로 뜨거울 때 코르크 마개를 촛농으로 밀봉했다. 1803

최초 고안된 병조림의 모습[112]

112) [Wikimedia Commons], 아페르의 병조림.
   https://commons.wikimedia.org/wiki/File:%EC%95%84%ED%8E%98%EB%A5%B4%EA%B0%80_%EC%A0%9C%EC%9E%91%ED%95%9C_%EB%B3%91%EC%A1%B0%EB%A6%BC.jpg

년 채소, 과일, 고기, 생선, 유제품 등 필수 식품의 병조림이 프랑스 해군과 함께 시험 항해에 나서기 시작했다.

의료지원체계의 진보

여단, 사단, 군단에는 각각 의료 담당자들이 있었다. 위생병은 부상자를 현지 치료 및 운반했고, 간호병과 의사(외과의)가 있었다. 그러나 이들 의료 담당자들은 대부분 전문의가 아니었다. 또한 전투보다도 부상 및 질병으로 죽는 사람이 더 많았다. 외과 치료의 대부분은 절단이었다. 마취는 강한 알코올을 마시게 하거나, 또는 때에 따라서 환자를 때려 의식을 잃게 하기도 했다. 대체 수술을 받은 환자의 1/3이 살아남지 못했다.

외과의인 도미닉 장 라리(Dominique-Jean Larrey) 남작은 오늘날의 응급구호시스템을 만든 장본인이 되었다. 전장에서 프랑스군 급송 포병대의 이동 속도를 관찰한 라리는 이것을 부상자 운반에 활용하는 방안을 구상하면서 훈련받은 위생병과 운반 요원을 마차에 동반하게 했다. 이것이 현대 응급구호시스템의 효시가 되었고, 이후로도 수십 년간 각국의 군대에서 사용되었다. 라리는 이동력을 높여, 야전병원의 조직을 개선함으로써, 현대 이동외과병원의 원형을 만들었다.

또한 라리는 전투가 벌어지면 다수의 부상병이 한꺼번에 발생하기 때문에 이들 부상병을 신속히 분류·치료하는 방법이 필요하다고 생각했다. 이렇게 부상 및 중상자에 대한 분류 및 치료를 체계화하였고 '트리아주(triage)'라는 프랑스어가 오늘날 국제통용 의학용어로 자리 잡았다. 치료 여부와 관계없이 사망할 자, 즉시 치료가 필요한 자, 치료를 늦출 수 있는 자 등 우선순위를 정하는 것이 군의관의 핵심 과제인 것이다.[113)]

통신기술의 발전

프랑스 혁명 기간에는 장거리 통신수단에 관해서 혁신적인 것을 얻지 못했다. 프랑스군은 대규모로 조직한 전령을 운용했다. 그러나 워털루 전투에서 겨우 1명의 전령만을 보내는 실수를 저질렀고, 전령은 중간에 전사했으며, 그 결과 전투에 패했다.

세마포어 시스템[114)]

나폴레옹군은 관측용 열기구를 정찰과 통신에 이용한 최초의 군대였다. 또한 크로드 샤프(Claude Chappe)에 의해 발명된 텔레그라프 신호장치인 세마포어(semaphore) 시스템은 당시로선 획기적인 통신체계였다.

완목통신[115)]체계로써 완목의 위치에 따라 4가지의 의미가 있었

---

113) 중앙일보(2009.03.23.)
114) [Wikimedia Commons], Lokilech,
      https://commons.wikimedia.org/wiki/File:OptischerTelegraf.jpg
115) 와이어로 연결된 나무판을 기둥에 매달아서 신호기로 사용

고, 그것을 조합하는 것에 따라 196가지의 신호가 가능했다. 숙련된 조작원은 파리에서 릴까지 약 193km에 있는 15개의 탑을 경유해 약 32분 만에 문자 전송이 가능했다.

주요 전투

툴롱(Toulon) 전투

1793년, 프랑스 남부 항구 도시 툴롱에서 왕당파 반란에 대해 공화파가 승리를 거둔 전투였다. 1793년 8월 27~28일 프랑스의 왕당파 반혁명주의자들은 프랑스 남부의 해군기지인 툴롱과 병기창을 영국 해군과 스페인의 연합 함대에 넘겨주었다.[116] 영국 함대는 프랑스 해군이 보유한 함선의 절반에 이르는 70여 척을 나포했다.

이 해군기지의 전략적 중요성을 알고 있었던 프랑스 혁명정부는 혁명의 위신을 걸고 툴롱을 반환할 것을 요구했으나 진전이 없었다. 양측은 군대를 강화했고 프랑스 혁명군은 툴롱항을 포위하고 공격을 시작했다.

공화파의 최초 지휘관인 장 프랑수아 카르토(Jean Baptiste

---

116) 왕당파가 장악하고 있던 미르세이유가 국민공화군에게 진압당하자, 8월 28일 툴롱의 왕당파는 툴롱 앞바다에서 툴롱 봉쇄작전을 수행 중이던 영국 및 스페인 함대를 항구에 맞아들이고 그 연합 병력 1만 3천 명이 상륙했는데, 이 소식에 프랑스 국민공회는 경기를 일으킬 정도의 충격을 받았다고 한다.

François Carteaux)는 원래 화가였던 인물이었다. 그는 대포의 전술적 중요성을 인식하지 못했고, 공격 전술만을 고집했다. 나폴레옹의 제안을 무시하고 영국과 정면 승부를 벌이다가 패배했고 끝내 경질당했다. 그의 빈자리를 이은 인물이 나폴레옹이었다.

나폴레옹을 필두로 젊은 장교들은 툴롱을 내려다보며 만의 입구 반대편에 위치한 에기에트(l'Éguillette) 요새를 공략하는 새로운 전술을 계획했다. 에기에트 요새가 고지대였기 때문에 대포를 설치하면 툴롱항에 있는 영국군을 쉽게 공격할 수 있었기 때문이다.

그렇게 되면 영국 해군은 포격을 피해 툴롱항에서 철수해야 했고, 영국의 육군과 해군은 분리되어 각개격파될 위험이 있었다. 영국군은 결국 툴롱항을 포기하고 모두 퇴각했다. 영국군과의 정면 승부를 피하고 에기에트 요새를 공략해 승리를 얻은 것은 나폴레옹의 탁월한 전술이었다.

나폴레옹은 툴롱항을 탈환하면서 이름을 널리 떨치며 장군으로 진급했다. 또한 24세의 나이에 프랑스 포병을 책임지며 이탈리아 공략에 나서게 된다. 보다 중요한 것은 이 전투를 통해 나폴레옹은 획기적인 전술을 보여 주며 천재적인 군사 전술가의 면모를 보여 줌으로써 프랑스 국민의 지지를 얻었다는 점이다.

트라팔가(Trafalgar) 해전

1803년, 영국은 아미앵 조약(Treaty of Amiens)[117]을 파기하고 프랑스에게 선전포고했고 우월한 해군력을 활용해 프랑스의 해안을 봉쇄했다. 또한 영국은 지상군 전력으로 오스트리아와 러시아, 스웨덴, 시칠리아와 나폴리 왕국을 끌어들였다. 일명 오스트리아 전쟁, 제3차 대프랑스 동맹 전쟁의 시작이었다.

선전포고 소식을 접한 나폴레옹은 자신의 패권을 가로막는 마지막 방해물인 영국을 무력화시키기 위해 18만 명에 달하는 대군을 새로 편성했다. 그리고 영국 상륙을 위해 군대를 영불 해협과 접한 불로뉴 해안에 집결시켰다. 하지만 이들을 해협 건너편인 영국에 상륙시키는 것은 프랑스의 해안을 봉쇄하고 있는 영국 해군을 와해시키지 않고서는 불가능한 것이었다.

나폴레옹은 영국 해군을 전부 섬멸할 필요까지는 없다고 생각했다. 그에게 필요했던 것은 24시간 동안의 영불 해협의 제해권이었다. 나폴레옹은 영불 해협을 방어하는 영국 해군을 섬멸하고 24시간 동안만 영불 해협의 제해권을 확보할 수 있으면 6시간 안에 18만 명의 지상군을 영국에 상륙시킬 수 있다고 판단했다.

그러나 전투가 시작되기도 전에 프랑스는 악재에 빠졌는데, 해전 경험이 풍부하고 신임이 두터웠던 트레빌(Tréville) 제독[118]이 갑자기 사망한 것이었다. 마땅한 사람이 없어 한동안 고민하던 나

---

117) 1802년 3월 25일 프랑스 제1공화국과 영국 사이에 체결된 조약이다. 이 조약을 통해 영국은 공식적으로 프랑스 제1공화국을 승인했다. 이를 통해 1798년부터 진행되어 온 제2차 대프랑스 동맹 전쟁이 종결되었다. 아미앵 조약은 1802년 3월부터 다음 해인 1803년 5월까지 유지되었다.
118) 7년 전쟁과 미국 독립 전쟁에서 군 경력을 쌓았다. 프랑스 혁명이 발발하자 국민제헌의회의 의원으로 활동하다 퇴역하였으나, 1799년 통령정부 하에서 군에 복직하여 브레스트 함대 사령관, 불로뉴 함대 사령관에 임명되었다.

폴레옹은 비록 패하긴 했지만, 그나마 해전 경험이 있었던 빌뇌브(Villeneuve)를 선택했다. 결국 빌뇌브가 툴롱 함대 및 연합 함대의 사령관을 맡아 넬슨의 느슨한 포위망을 뚫고 출발했다.

빌뇌브가 이끄는 프랑스 함대는 무사히 카디스 항(스페인 남서부의 항구 도시)에 도착하여 그라비나 제독의 스페인 함대와 합류했고, 1805년 4월에 서인도 제도(아메리카 대륙 카리브해와 대서양 연안 지역)를 습격하는 데 성공했다. 지중해에 있던 호레이쇼 넬슨은 황급히 서인도 제도로 달려갔다.

대서양을 가로질러 귀환하던 빌뇌브 함대는 칼더 제독의 영국군 함대와 만나 교착에 빠졌다.(피니스테리 곶 해전[119], 1805. 7. 22.) 그리고 자신의 연합 함대의 부족한 실력을 현실적으로 잘 알고 있었던 빌뇌브는 영불해협으로 항진하지 않고 카디스(스페인 남서부의 항구 도시)로 대피했다.

빌뇌브의 함대가 카디스에 정박해 있던 사이 러시아군과 오스트리아군이 라인강 방면으로 진격해왔다. 나폴레옹은 마지못해 불로뉴에 주둔 중이던 영국 상륙군을 라인강 방면으로 돌렸다. 사실상 영국 진공을 포기한 것이다. 나폴레옹은 영국 진공을 위해 단단히 훈련시켰던 이 군대를 대륙에서 동맹군을 와해시키는데 활용했다.

---

119) 스페인 북서쪽 피니스테레곶 근처

그리고 나폴레옹은 빌뇌브에게 이탈리아 공격을 위한 육군 수송을 지시하며 나폴리로 항해할 것을 명령했다. 그러나 이 시점에서는 넬슨의 함대가 유럽으로 돌아와 프랑스-스페인 주력함대를 격멸하기 위해 모든 준비를 마친 뒤였다. 빌뇌브는 함대 수리 및 보급문제로 출항을 보류 중이었으나 여기에 크게 화가 난 나폴레옹이 자신의 후임으로 프랑수아 로실리 제독을 보낸다는 정보를 접하자 출항을 결정했고, 프랑스-스페인 연합 함대와 영국 함대는 교전에 들어갔다.

1805년 10월 20일, 카디스를 출항하여 항해하던 연합 함대(프랑스-스페인)의 시야에 대규모 전열함들로 구성된 함대가 포착되었다. 말할 것도 없이 넬슨이 지휘하는 영국 함대였다. 영국 함대는 전열함[120] 27척과 프리깃[121] 6척으로 구성되어 있었으며, 프랑스는 전열함 18척과 프리깃 8척, 스페인은 전열함 15척으로 함대를 구성했다.

영국 해군이 약 1.6km의 거리를 두고 11자로 자기들한테 돌진하는 것을 본 연합 함대 함장들은 처음에는 의아해했으나, 곧 넬슨의 의도를 알아차렸다. 하지만, 생전 처음 보는 전술이라 어떻게 대응해야 하는지 아무런 정보가 없어 일단 상대의 돛대를 향

---

120) 전열함(戰列艦, ship of the line)은 17세기에서 19세기에 걸쳐 유럽 국가에서 사용된 군함의 한 종류이다. 한 줄로 늘어선 전열(line of battle)을 만들어 포격전을 할 것을 주된 목적으로 제작되었기 때문에 이 이름이 붙었다.

121) 17세기부터 18세기까지 호위, 순찰, 정찰 목적으로 사용되었고, 속도와 기동성을 고려한 모든 전장 범선이 프리깃으로 불렸다

해서 대포를 쏘긴 했지만, 포격 실력이 부족해서 명중탄을 거의 맞히지 못했다. 실제로 전열의 최선두에서 연합 함대를 치고 들어간 콜링우드의 기함 로열 소버린은 푸귀에를 비롯한 4척의 연합함대 전열함에게 종사를 허용했음에도 고작 10분만 포격을 받았다.

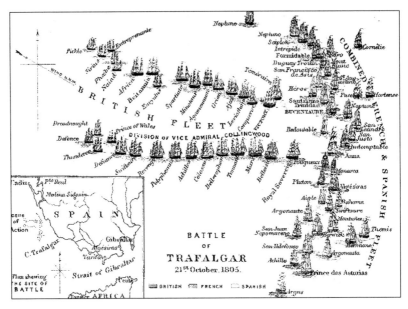

트라팔가 해전 당시 최초 배치[122]

한편 넬슨의 빅토리는 연함 함대의 포격을 뚫고 계획했던 대로 빌뇌브의 기함 뷔생토르에게 정확히 돌격해 포격으로 뷔생토르를 대파시켰다. 이후 영국 함대가 전열 가운데를 완전히 쪼개고 들어오면서 종사를 당하게 된 프랑스-스페인 함대는 거의 일방적으로

122) [Wikimedia Commons].
    https://commons.wikimedia.org/wiki/File:Trafalgar_aufstellung.jpg

얻어맞았다. 이 전술에 연합 함대는 삽시간에 분리되어 전투지휘가 이루어지지 않았고 효율적인 전투를 수행하지 못한 채 개별 선박 단위로 저항하다 격파당했다.

화포로는 함선 자체를 완전히 파괴하기 어려웠다. 일방적인 포격으로 격침 직전까지 가게 할 정도였다고 해도 적함 점령과 포로 나포를 위해선 결국 적함으로 직접 뛰어들어 백병전을 벌여야 했다. 백병전에 들어가자 상갑판에 모여있던 영국 빅토리의 수병들은 갑판에서 쏟아지는 프랑스 수병들의 총알과 수류탄들을 뒤집어쓰고 막대한 피해를 입었다. 넬슨 제독도 마스트 위에서 사격하던 저격수에 피격당해 그 부상으로 해전 종료 직후에 전사했다.

영국 함대의 선박 중 격침된 함선은 단 한척도 없었던 반면123), 프랑스-스페인 함대는 합쳐서 1척이 격침당하고 22척을 나포당하는 궤멸적 피해를 입었다. 하지만 나포한 함선의 태반은 곧이어 들이닥친 태풍에 의해 침몰하는 바람에 영국 해군에 큰 보탬은 못됐다. 당시 최대의 화력을 자랑하는 전열함 산티시마 트리니다드(스페인 전열함)의 손실은 영국도 아까워했다.

아우스터리츠(Austerlitz) 전투

1805년 나폴레옹의 영국 원정이 실패로 돌아가자 유럽은 새로운 상황에 직면했다. 단독으로 프랑스를 이기기 어렵다고 판단한

---

123) 콜링우드 전대에서 선두에 선 군함 몇 척은 큰 손상을 입었다.

오스트리아는 러시아와 손을 잡았다. 나폴레옹은 기민하게 새로운 전략적 목표를 수립했고, 전격적인 기동으로 울름(Ulm) 전역에서 오스트리아군 주력 4만을 궤멸시켰고, 오스트리아 수도 빈에 무혈 입성했다.

오스트리아의 프란츠 2세[124]는 잔여 병력과 함께 도망쳐서 알렉산드르 1세가 직접 이끄는 러시아 제국군과 합류했다. 나폴레옹은 러시아군 주력과 오스트리아군의 잔여 전력을 붕괴시켜야 전쟁에서 승리한다는 사실을 깨달았고, 러시아군 역시 나폴레옹만 박살내면 프랑스 제국이 무너질 것으로 판단했다.

나폴레옹은 임박한 전투를 위해 75,000명의 병사와 157문의 대포를 준비했으나, 다부(Davout) 휘하의 약 7,000명의 병력은 여전히 빈 방향의 남쪽 방향 멀리에 떨어져 있었기 때문에 이들의 적시적인 합류와 작전 참여를 위해서는 정밀한 계획이 요구되었다. 동맹군은 대부분 러시아군(70%)이었고, 약 73,000명의 병사와 총 318문의 대포를 가지고 있었다.

나폴레옹은 적이 먼저 공격해오길 바라고 있었다. 동맹군을 기만하기 위해 프랑스군의 우익을 약하게 하여 미끼를 던졌다. 나폴레옹의 판단과 예측대로라면 동맹군은 프랑스군의 우익을 포위하기 위해 거의 전군을 이끌고 올 것이기 때문에 이들의 본진이 필

---

124) 프란츠 2세(독일어: Franz II, 1768년 2월 12일 ~ 1835년 3월 2일)는 나폴레옹 전쟁 시기의 신성 로마 제국의 마지막 황제이자 오스트리아의 황제, 헝가리와 크로아티아의 국왕, 보헤미아의 국왕으로 재위했다.

연적으로 약화될 것으로 예측했다.

나폴레옹은 약화된 동맹군의 중앙을 향해 일격을 가할 수 있는 부대로 술트(Soult)가 지휘하는 4군단 16,000명의 병력을 준비했다. 일부러 약하게 만든 우익은 빈으로부터 오고 있는 다부(Davout)의 3군단과 남쪽 측면을 지키고 있는 레그랑(Legrand)의 병사들이 합류해서 막도록 했다. 이들의 적시적인 합류가 작전의 성패를 좌우하는 핵심이었던 셈이다.

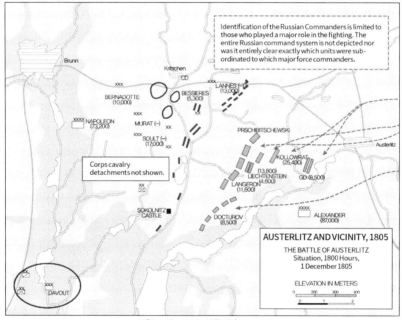

12월 1일 18시 상황[125] - 기만

125) [Wikimedia Commons], The Department of History, United States Military Academy, https://commons.wikimedia.org/wiki/File:Battle_of_Austerlitz,_Situation_at_1800,_1_December_1805.png

12월 2일 오전 8시경, 동맹군의 첫 번째 종대 병력이 텔니츠 마을을 공격했고, 이 지역을 방어하던 프랑스 3보병연대를 여러 번 반복 돌격 끝에 골드바흐강 쪽으로 쫓아냈다. 다부의 3군단은 이틀에 걸쳐 110km를 주파해 빈에서부터 급속행군으로 전장에 도착한 후 1개 여단을 이끌고 텔니츠 마을의 동맹군을 간단히 밀어냈고, 마을 반대편까지 뚫고 들어가다가 오스트리아 경기병에게 반격당하는 바람에 상황은 원점으로 돌아갔다. 동맹군은 다시금 텔니츠 마을을 점령했지만, 프랑스 포병대의 포격이 마을 입구를 뒤덮는 바람에 진격이 멈췄다.

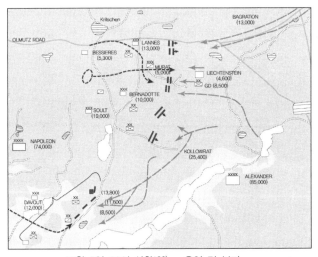

12월 2일 09시 상황[126] - 유인 및 분리

126) 위 기관.
https://commons.wikimedia.org/wiki/File:Battle_of_Austerlitz_-_Situation_at_0900,_2_December_180
5.png 을 부분 확대

텔니츠 마을 위에 위치한 조콜니츠 마을에서는 동맹군 두 번째 종대가 첫 번째 돌격을 감행했다가 프랑스군에게 격멸되었다. 동맹군의 랑제론 장군은 포병대로 조콜니츠 마을에 직접 포격을 가한 뒤 세 번째 종대를 전진시켜 마침내 프랑스군을 도시에서 밀어냈다. 그러나 프랑스군이 반격해 마을을 재점령하는 등 조콜니츠 마을에서는 혼전이 벌어졌고 동맹군 예비대 대부분이 이곳에서 사라졌다.

오전 8시 반에 생틸레르의 사단이 프라첸 고지로 진격했고, 쿠투조프는 나폴레옹의 전술을 눈치채고 동맹군의 분리를 저지하기 위해 프라첸 고지를 향해 전력을 쏟아부었지만, 동맹군은 이 고지에서 네 번째 종대까지 사라졌다. 낙오했다가 돌격에 참여한 동맹군의 일부가 지친 프랑스군을 밀어내는 듯 했지만, 탄약을 소진한 프랑스군의 총검 돌격 앞에 격퇴되었고, 프랑스군은 동맹군의 중앙을 돌파했다.

한편 북쪽에서는 나폴레옹군의 반담(Vandamme)이 술트의 또 다른 사단을 이끌고 프라첸 고지 북쪽에 우뚝 솟은 슈타레 비노흐라디를 향해 돌격했다. 그의 부대는 동맹군 첫 번째 부대를 코앞에서 산탄을 날리는 방식으로 제압하고 5개 대대에 달하던 두 번째 부대도 근거리 포격전 끝에 물리치며 마침내 프라첸 고지의 양쪽을 점령하는 데 성공했다.

상황이 이렇게 되자 러시아군의 남은 예비대라고는 근위대뿐이었는데, 콘스탄틴 대공은 근위대 보병들을 이끌고 프라첸 고지를 점령했다. 이를 확인한 나폴레옹이 곧바로 근위 기마 샤쇠르(엽기병) 연대와 기마 척탄병 연대를 출격시켰고, 러시아군도 카자크 기병대와 근위 기병대를 투입하는 등 혈투를 벌였다. 그러나 동맹군의 예비대는 고갈된 상태였고, 프랑스군의 예비대는 아직 전력을 유지하고 있었다. 프랑스 기병들은 그 지역의 러시아군을 완전히 제압했다.

그렇게 동맹군 중앙이 증발하는 동안, 북쪽에서는 리히텐슈타인(Liechtenstein)의 러시아 중기병대가 켈레르만의 경기병 사단을 향해 돌격했다. 켈레르만은 압도적인 적을 맞아 선전을 벌이다가 중과부적으로 뒤를 봐주던 아군 보병의 배후로 물러났다. 뒤이어 투입된 2개 흉갑 기병사단이 남은 러시아 중기병대를 쫓아내며 북쪽에서도 상황이 종료되었다.

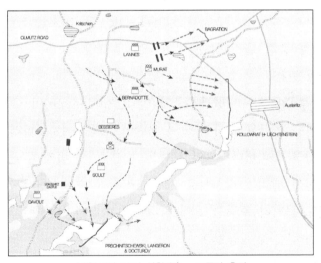

12월 2일 14시 상황127) – 도주와 추격

127) 위 기관.
https://commons.wikimedia.org/wiki/File:Battle_of_Austerlitz_-_Situation_at_1400,_2_December_1805.png 을 부분 확대

한편 상황이 이 지경이 될 때까지 아무런 명령도 받지 못한 러시아군의 바그라티온(Bagration)은 마침내 프라첸 고지 북쪽에서 프랑스군 란(Lannes)의 전선을 우회하여 기동했다. 그러나 프랑스 17경보병연대와 노획당한 오스트리아군 경포가 뿜어내는 가공할 화력 앞에 괴멸당하고 후방으로 패주했다. 란은 즉시 반격했지만 러시아 포병대에게 격퇴당했고, 군단 포병대를 동원해 대 포병전을 감행한 끝에 러시아 포병들을 물리쳤다.

곧바로 기병대와 함께 전장으로 달려든 란은 바그라티온을 쫓아내며 패주하는 러시아군을 추격하려 했지만, 뮈라(Murat)의 명령 때문에 추격하지 못했고, 결과적으로 러시아군 핵심 병력이 생존하게 되는 계기를 제공했다.

동시에 남쪽에서는 조콜니츠 성곽에 겨우 진입했던 러시아군이 서쪽과 북쪽에서 공격을 받은 끝에 전멸했다. 프랑스군 우익 공세에 투입되었다 마지막 돌격을 당한 동맹군 좌익은 퇴로가 막혀 남쪽의 얼어붙은 샤츠칸 호수를 통해 도망쳤는데, 나폴레옹은 이를 바라보다가 포병대에게 "적병이 아니라 호수 표면을 노려라!" 라며 호수를 향해 포격할 것을 지시했다. 그 결과 얼음이 포격으로 깨지면서 도망치던 동맹군 다수가 호수에 빠져 죽었다.

프랑스군은 총투입 병력 72,000명 중 1,305명이 전사하고 6,940명이 부상을 당하는 경미한 피해를 입은 반면, 동맹군은 총투입 병력 85,000명 중 최소 15,000명 이상이 전사 내지 부상을 입었고 약 12,000명이 포로로 잡혔으며, 보유하고 있던 120여 문의 중포를 전부 노획당했다.

나폴레옹은 지형을 완벽하게 파악하고 자신의 의도를 숨기며 적을 자신이 의도하는 대로 유인했다. 또한 보병, 포병, 기병 3개의 병종을 적절하게 운용하여 최고의 협동성을 발휘했고, 휘하 원수들을 적재적소에 투입시켜 완벽한 타이밍의 공격으로 말 그대로 완벽한 승리를 거두었다.

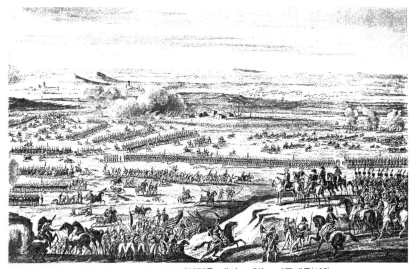

Napoleon at Austerlitz(명령을 내리고 있는 나폴레옹)128)

128) [Wikimedia Commons], JoJan.
    https://commons.wikimedia.org/wiki/File:Napoleon.Austerlitz.jpg

러시아 원정

트라팔가 해전 이후 해군력이 절대적으로 우세한 영국에 대해 경제적 압박을 가하기로 한 나폴레옹은 대륙 봉쇄령[129]을 시행한다. 그러나 대륙 봉쇄 자체가 전 유럽 대륙을 망라하는 것이었고, 철저하게 지켜지지 않으면 확실한 효과를 볼 수 없는 정책이었다.

영국은 대륙 봉쇄령에 맞서 대륙으로 향하는 선박의 이동을 차단하는 해상 봉쇄를 취했다. 영국의 역봉쇄 조치로 인해 생필품 부족 현상이 극심해지자 대륙 내의 반프랑스 감정이 고조되었다. 러시아 역시 자국 경제에 큰 타격을 입었고, 대륙 봉쇄에서 탈퇴해 영국과의 무역 재개를 원했다. 마침내 러시아는 1810년, 봉쇄령을 파기했다.

이처럼 대륙 봉쇄를 둘러싸고 관계가 급속도로 냉각되자 양국은 1811년부터 전쟁 준비에 돌입했다. 나폴레옹은 대륙에서 유일하게 독자적으로 프랑스에 대항할 만한 힘을 가진 러시아를 꺾고 의지를 관철시키기 위해 선제공격을 계획했다. 프랑스는 러시아와의 전쟁을 위해 대군을 독일 동부와 바르샤바 공국으로 전진 배치하는 한편 위성국 및 동맹국[130]들에게도 참전을 요구하여 전체 원정군의 절반가량에 해당하는 병력과 말을 징집하고 군수 물자를 조달하는데 협조하도록 했다.

---

129) 영국과의 통상을 금지하고 영국 선박의 대륙 내 항구 출입을 금한 조치
130) 라인 동맹 가입 국가들, 이탈리아와 나폴리 왕국, 바르샤바 공국 등을 예로 들 수 있을 것이다.

1812년 6월 24일, 나폴레옹은 국경인 네만(Neman)강(江)[131]을 넘어 러시아 원정을 시작했다. 러시아의 국경 지역 제1서부군은 바클레이 데 톨리(Barclay de Tolly)가 지휘하고 있었고 10만의 병력으로 프랑스군에는 열세였다. 데 톨리는 네만강가의 흐로드나와 카우나스에서 원정군의 전위 부대와 조우했으나 빌뉴스를 버리고 드리사로 후퇴하면서 좀 더 남서쪽 국경 지대에 주둔해 있던 바그라티온이 지휘하는 약 3만여 명의 제2서부군에게 합류를 요구했다.

　　상황을 보고받은 알렉산드르 1세는 데 톨리에게 총지휘권을 넘겨주고 모스크바를 경유해 상트페테르부르크로 이동했다. 드리사 요새는 프랑스군의 침공을 받으면 주요 거점으로 쓰기 위해 세운 시설이었지만 원정군의 우세를 감당하기엔 부족하다고 판단했고, 데 톨리는 드리사 역시 포기하고 내륙으로의 후퇴를 계속했다. 7월 중순에는 마크도날(Jacques, MacDonald)의 군대가 리가를 점령했다. 프로이센군 2만 3천 명이 주력인 이 방면의 3만 2천여 원정군은 더 이상 공세로 나가지 않고 12월까지 라트비아에 주둔했다.

　　7월은 한여름의 무더움과 강행군으로 인마의 손실이 유난히 높았다. 특히 말먹이 풀의 부족은 큰 전투 없이도 원정 초반 거의

---

131) 벨라루스와 리투아니아, 러시아로 흘러서 발트해로 들어가는 강이다.

10만에 달하던 원정군 기병을 점차 와해할 정도였다. 위생 환경은 극도로 나빠졌으며 탈영병과 낙오자들도 적지 않게 발생했다. 양군이 소비하는 식량과 물자는 엄청났고 원정군과 러시아군이 지나간 지역은 폐허가 되었다. 전쟁 초반에는 전투보다는 기타 악조건과 군기 저하로 인해 프랑스군 본대는 수가 급속도로 줄어들었다.

러시아의 두 서부군은 8월 초에 드디어 합류하는 데 성공했고 러시아군도 퇴각을 그만두고 전투태세에 들어가 8월 중반 스몰렌스크 전투가 벌어지게 되었다. 데 톨리는 스몰렌스크를 중심으로 방어전을 전개했는데 바그라티온이 이끌고 온 3만여 명은 도시를 방위하도록 하고 나머지 10만여 병력은 날개와 후방의 도로고부시에 배치했다.

프랑스군의 대대적인 포격을 받게 된 스몰렌스크는 대부분이 목제 건물로 의도적 방화까지 겹쳐 거의 잿더미가 되었다. 프랑스군이 계속 도시 중심부로 육박해오자 데 톨리는 결전을 피해 도시를 벗어나 철수할 것을 명령했다. 스몰렌스크 공격을 최전선에서 지휘하던 네 원수는 3만여 병력으로 러시아군을 추격해 다음 날 데 톨리가 직접 지휘하는 4만여 명의 러시아군 후위대와 발루티노 전투를 치렀다. 이는 무승부로 끝났고 러시아군은 퇴각할 기회를 확보하는 데에 성공했다.

보로디노 전투와 모스크바 입성

8월 20일 러시아의 알렉산드르 1세는 총사령관인 데 톨리를 쿠투조프(Kutuzov)로 교체했다. 쿠투조프는 내륙으로 후퇴하여 나폴레옹의 본대를 병참에서 계속 멀어지게 한다는 기본 전략을 변경하진 않고 군대를 동쪽의 그쟈즈크(오늘날의 가가린 시)로 물렸다.

참모장 베니히센이 여기서 대대적인 전투를 벌이는 것에 반대해 쿠투조프의 러시아군 본대는 또다시 동쪽으로 후퇴, 9월 초 모스크바에서 서쪽으로 약 110km 떨어진 보로디노에 도착했다. 프랑스군과 러시아군은 모스크바로 가는 길에서 조우했다.

양군은 각각 13만여 병력에 600여 문의 대포를 보유하고 있어 수적으로는 거의 대등했다. 전투 초반은 나폴레옹의 의도대로 보로디노 마을을 점거한 다음 우익에 포진해 있던 러시아군 주력을 묶었다. 이어서 다부가 이끄는 중앙의 주력은 러시아군 제1방어선을 돌파하는 데에 성공했고 우익은 러시아군 좌익을 무너뜨리고 지휘관 투취코프 장군을 전사시켰다.

그러나 프랑스군 기병대가 러시아군 좌익을 계획대로 우회하지 못하면서 결국 정면 공격만 남게 되었다. 끝없는 포격으로 인해 연기가 전장의 시야를 가린 상황에서 이른 아침부터 오후까지 처절한 전투가 벌어졌다. 결국 전력의 3할 이상을 잃은 데다 나폴레옹의 근위대가 개입하는 것을 염려한 쿠투조프가 퇴각을 지시했다.

나폴레옹도 사투를 벌인 병사들의 상태를 참작해 추격 명령을 내리지 않아 전투는 일단락되었다. 프랑스군도 거의 3만 명의 사상자를 내었고 나폴레옹조차 이 광경을 보고 자신이 경험한 가장 끔찍한 전투였다고 묘사했다.

모스크바로 후퇴한 쿠투조프는 오히려 승리를 가장하고 승전보를 상트페테르부르크로 보냈다. 이를 접한 알렉산드르 1세는 쿠투조프를 원수로 임명했다. 모스크바 주민들이 처음에 피난을 가지 않은 데에는 이 점이 강하게 작용했다. 쿠투조프는 9월 12일 모스크바를 단념하고 군대와 함께 멀리 떨어진 동부의 카잔 방향으로 퇴각했다.

9월 14일, 나폴레옹은 모스크바에 입성했다. 다른 대도시들과는 달리 모스크바에서는 환영하는 군중도, 정식 사절단도 없었다. 입성한 당일 밤, 시내에서 화재가 발생했다. 다음 날 아침까지는 불길을 잡을 수 있었으나, 15일 밤에 또다시 화재가 발생했다.

강한 바람을 타고 불이 걷잡을 수 없는 속도로 확산되어 18일까지 모스크바에 있던 건물들의 70% 이상이 소실되었다. 화재의 원인은 프랑스군의 실화라는 설도 있으나 러시아의 고의적인 방화였다는 설이 더 유력하다.

모스크바 철수

화재를 진압한 후 크렘린궁(석조 건물)에 머무르면서 나폴레옹은 알렉산드르 1세가 협상을 청해오기를 기다렸으나 무소식이었고 이에 스스로 평화 협정을 제안했으나 알렉산드르는 회답하지 않았다. 더욱이 코자크 기병

퇴각하는 프랑스군132)

대가 수송대와 전령을 습격하는 일이 잦아지고 겨울이 다가오자 보급이 불확실한 모스크바에 체류하는 것이 이롭지 않다고 여긴 나폴레옹은 철군을 결정했다.

이 무렵 핀란드에서 남하하던 러시아군이 비트겐슈타인의 군대와 합류했고 비트겐슈타인은 우세해진 전력으로 생 시르의 군대를 공격해 폴라즈크를 탈환했다. 10월 19일 나폴레옹은 모스크바를 떠났고 10월 말에는 남아 있던 후위부대가 퇴각을 개시했다. 탈취한 물건들을 실은 수레가 가득했으나 부상병이나 환자들은 다수가 도시에 남겨져 운명에 맡겨졌다. 이때 모스크바를 떠난 프랑스군 본대는 대략 9만 명 정도였다.

---

132) [Wikimedia Commons], Illarion Mikhailovich Pryanishnikov,
    https://commons.wikimedia.org/wiki/File:French_retreat_in_1812_by_Pryanishnikov.jpg

크라스니(Krasny) 전투

나폴레옹은 근위대와 함께 중계점인 크라스니 마을로 들어갔다. 이미 주변부에서 대기하고 있던 러시아군이 이를 쿠투조프에게 전했다. 모스크바에서 퇴각하기 시작한 원정군을 줄곧 남쪽에서 간격을 유지하며 추격해온 쿠투조프는 크라스니에 있는 나폴레옹의 근위대를 북쪽의 골리친, 서쪽에서 오는 토르마소프, 동쪽의 밀루라도비치의 군대와 협력해 포위할 계획을 세웠다.

크라스니로 향하던 드 보아르네의 군대는 길을 막은 밀루라도비치군의 공격으로 인해 병력의 1/3에 해당하는 2천여 명을 잃고 간신히 목적지에 도착했고, 다음날 근방에 도착한 다부의 군대 역시 고전을 면치 못했다. 포위망이 좁혀지자 나폴레옹은 드 보아르네에게 오르샤로 통하는 서북쪽 길을 열어 두는 역할을 맡기고 자신은 만여 명의 근위대와 함께 남동쪽으로 수 킬로미터까지 접근한 쿠투조프의 본대를 상대로 오히려 공세로 나갔다.

그러자 나폴레옹과의 정면 대결을 꺼린 쿠투조프는 월등한 전력을 보유하고 있었음에도 불구하고 멀리서 포격만 하며 전진하지 않는 쪽을 선택했다. 북쪽에서는 나폴레옹의 청년 근위대가 중심이 되어 골리친 군대의 소수 병력이 지키는 우바로보 마을을 공격해 빼앗고 다부의 군대가 크라스니로 진입하는 것을 엄호했다. 밀로라도비치의 군대가 쿠투조프의 명령을 받고 서쪽으로 이동하자 틈이 생겼고 덕분에 돌파구를 찾지 못하고 크게 소모되어 있었던 다부의 군대는 크라스니에 도달할 수 있었다.

골리친의 군대가 반격으로 나가 우월한 포병과 기병을 내세워 공격을 되풀이해서 6천 명이 정원이었던 청년 근위대는 절반이나 되는 사상자를 내고 마을을 다시 내주었다. 토르마소프의 군대가 서쪽에서 바싹 다가와 퇴로를 차단할 것을 우려한 나폴레옹은 스몰렌스크에서 마지막으로 출발한 네의 후위대를 기다리지 않고 오르샤(Orsha)로의 후퇴를 재개했다.

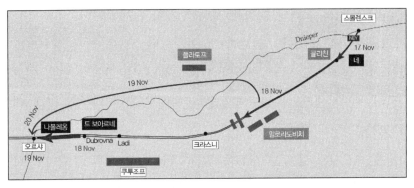

크라스니 전투(나폴레옹과 네의 철수 : 검은 실선)

쿠투조프는 크라스니 마을을 되찾는 것으로 일단 만족했는데 이런 영문을 모르던 네의 8천여 병력과 수만 명의 인파는 지원이 없는 상황에서 주변에 집결한 러시아군을 상대하게 되어 항복을 거부하고 구사일생으로 위기를 탈출했다. 그러나 네와 천여 명을 제외한 나머지는 전사하거나 포로가 되었다.

쿠투조프는 열세인 프랑스군을 완전히 격파할 호기를 놓쳤으나 그럼에도 공적을 인정받아 스몰렌스크 공의 작위를 하사받았다. 이 시점 몰도바 주둔군 3만여 명을 이끌고 북상한 치챠고프는 민스크에 입성했다.

베레지나 전투

나폴레옹은 남은 군대와 함께 오르샤에서 드네프르 강을 건너 빅토르 페랭과 우디노의 남은 3만여 정규군과 재결합해 약 5만 명의 병력을 정비했다. 탄약과 물자가 거의 다 떨어진 상황에서 나폴레옹은 휘하 군대를 독려해 최대한 빨리 서쪽으로 가 바리사우에서 베레지나 강을 건너려고 했다.

나폴레옹은 동브로프스키의 연대를 바리사우에 먼저 보내어 수비하게 했는데 이 정보를 입수한 치챠고프는 군대를 이끌고 민스크를 떠나 동브로프스키를 공격, 5천여 병력의 저항을 분쇄하고 주변의 다리들을 파괴한 다음 강 좌안을 경비했다.

며칠 후 도착한 나폴레옹은 강 좌안에 교두보를 확보할 때까지 어떻게든 치챠고프의 주력을 도강 지점에서 떼어 놓기 위해 양동 작전을 구사했다. 이에 치챠고프는 도강 지점을 오판해 주력을 이끌고 남쪽으로 내려갔는데 덕분에 에블레 장군이 감독하는 나폴레옹군 공병대는 바리사우의 약간 상류에 있는 스투디안카 마을에서 방해를 받지 않고 다리 건설에 들어갈 수 있었다.

근위대를 포함한 나폴레옹군은 하루 이상 거의 방해받지 않고 강 너머로 건너갈 수 있었다. 다음날 상황을 파악한 치챠고프가 강 좌안을 방어하는 우디노와 네의 군대를 총공격했으나 교두보를 빼앗지 못했다. 한편 북쪽에서 접근한 비트겐슈타인의 군대는 아직도 강을 건너지 못한 프랑스 원정군을 공격했지만, 빅토르 페랭이 후위 부대는 5배에 가까운 러시아군의 공격을 견뎌내었다.

이날 밤 빅토르 페랭의 후위대 역시 강을 건넜고 이튿날 아침 비트겐슈타인의 군대가 접근해오자 에블레는 결국 다리를 폭파하라는 지시를 내렸다. 강 우안에는 정규군은 더 이상 없었지만 부상자와 환자, 낙오병들과 비전투원들이 가득했고 다리 폭파 후 이들 대부분은 러시아군의 포로가 되었다. 양군을 막론하고 포로가 된 병사들의 사망률이 매우 높았는데 이는 가혹한 처분 외에도 실제로 많은 포로들을 부양하기가 어렵기도 했기 때문이다.

원정의 끝

11월 말에 남은 정규군을 이끌고 베레지나강을 건너 에움을 벗어나는데 성공한 나폴레옹은 12월 초 생존자들과 함께 빌뉴스에 도착했다. 적지를 거의 벗어났으므로 나폴레옹은 한시라도 빨리 군대를 재건하고 불안정한 수도의 정세를 완화시키기 위해 근위대를 뒤따라오게 하고 일부 측근들만 대동하여 즉시 파리로 떠났다.

총지휘권은 뮈라에게 인계했는데 나폴리 왕이기도 했던 뮈라는 12월 10일 빌뉴스를 포기하고 남은 군대와 함께 얼어붙은 네만강을 되건너 바르샤바 공국으로 후퇴한 후, 드 보아르네에게 총지휘권을 넘겨주고 나폴리로 떠나버렸다. 남아 있는 병사는 원정 직전과 비교하면 얼마 되지 않아 12월 14일 네만강 서쪽에 도착한 뮈라의 보고에 따르면 겨우 5천여 명만이 싸울 수 있는 상태였다.

마크도날이 이끄는 라트비아의 나폴레옹군은 12월 20일 철수를 시작했다. 12월 30일, 자국군과 함께 후위를 맡아야 했던 요르크는 마크도날 군대와의 연락이 끊어지자 리투아니아의 타우라게에서 러시아의 폰 디비치 소장과 비밀리에 정전에 합의하고 동프로이센으로 퇴각했다.

오스트리아군은 1813년 1월 초 전투를 중지하고 같은 달에 러시아와 무기한 정전 협정을 맺은 다음 본국으로 철수했다. 이리하여 러시아를 침공했던 원정군은 총퇴각했다.

전투 이후

러시아군은 거의 붕괴한 원정군을 추격해 바르샤바 공국으로 침입했다. 러시아군은 원정에서 큰 손실을 입고 자력으로 대항할 만한 힘이 없어진 바르샤바 공국을 빠른 속도로 제압해 1813년 2월에는 바르샤바를 함락하고 5월까지 공국 거의 전체를 점령했다. 러시아군이 바르샤바에 입성하자 프로이센은 대프랑스 동맹에 다시 참여해 징병제를 재도입하고 군비를 급속도로 증강하면서 3월 말에는 프랑스에 대항했다.

나폴레옹은 러시아 원정에서 당장 만회할 수 없을 정도로 많은 병력을 잃었다. 라인 동맹 국가들 역시 마찬가지로 많은 병력을 잃었다. 더욱이 오스트리아[133]를 적으로 돌린 나폴레옹은 아주 불

---

133) 중립을 표명해왔던 오스트리아에 대해 나폴레옹은 오스트리아까지 전쟁을 걸어오는 것을 막기 위해 쇤브룬 조약에 의해 양도받았던 일리리아 지방을 반환하는 등 노력을 기울였으나 나폴레옹과 직접 교섭하던 메테르니히는 라인 동맹의 해체와 18세기 말까지 오스트리아의 세력권이었던 이탈리아 북부도 요구했고 이에 따라 교섭은 결렬되고 7월부터 오스트리아 역시 프랑스와 전쟁에 들어갔다.

리한 입장에 서게 되었다. 특히 러시아 원정에서 포병과 기병이 거의 전멸한 것이 나폴레옹군에게 심각한 타격이었다.

워털루(Waterloo) 전투[134]

1813년 라이프치히 전투에서 패배한 나폴레옹은 다음 해 4월에 폐위되어 엘바섬으로 추방되었다. 그러나 빈 회의에서 전후처리 문제로 연합군 사이에 다툼이 일어나는 것을 본 나폴레옹은 1815년 2월 26일 엘바섬을 탈출해 남프랑스의 주앙에 상륙한 뒤 병사를 모으면서 파리로 향했다. 도중에 나폴레옹을 체포하라는 명령을 받은 네 원수와 술트 원수를 만났지만, 오히려 나폴레옹에게 동조하여 군대 7천 명을 이끌고 3월 20일 파리에 입성했다.

1815년 3월, 나폴레옹이 다시 황제가 되자 수많은 유럽 국가들은 그에 대항해 제7차 대프랑스 동맹을 맺었고, 그 후 군대를 동원하기 시작했다. 영국의 웰링턴(Wellington)과 프로이센의 블뤼허(Blücher)는 그의 군대와 함께 프랑스 북동부의 국경지대에 위치하고 있었다. 나폴레옹은 그들을 각개격파하여 다른 연합군과의 협조를 차단하려고 했다.

나폴레옹은 신규로 징병한 병력을 더해 각 방향에 대한 방어를 준비하면서 주력군 12만 8천 명과 대포 366문을 북쪽 방향에 집

---

134) 이 전투는 영국인들에겐 워털루로, 프랑스인들에겐 몽생장(bataille de Mont Saint-Jean)으로, 그리고 프로이센인들에겐 라 벨레 알리앙스(Schlacht bei Belle-Alliance)로 알려져 있다.

중시켰다. 웰링턴군은 벨기에 브뤼셀에서 출발한 영국, 네덜란드, 벨기에, 하노버, 브라운슈바이크의 10만 7천 명에 달하는 다국적 군으로 대포 216문을 보유했다. 동시에 벨기에 리에주에서 출발한 프로이센군은 12만 8천 명과 대포 312문을 보유하여, 총 전력에서는 대프랑스 동맹군이 우세했으나 아직 통합되지 않은 상태였다.

나폴레옹은 프로이센군을 격파하기 위해 네 원수에게 병력 2만 4천 명을 맡겨 웰링턴군과 카트르 브라에서 전투를 벌이게 하고는 자신은 8만 병력을 이끌고 리니에서 프로이센군과 전투를 벌였다. 6월 16일, 리니 전투에서 프로이센군과 전투를 벌인 끝에 승리한 나폴레옹은 병력 8천여 명을 잃고 프로이센군에게 사상자 2만 5천여 명을 안겨주는 대승을 거두었으나 완벽하게 격파한 것은 아니었다.

퇴각한 프로이센군은 블뤼허 원수가 중상을 입어 참모장(參謀長)이었던 그나이제나우 장군이 대신 지휘를 맡게 되었다. 웰링턴은 프로이센군과 합류한 뒤 결전을 벌일 예정이었으나 프로이센군이 후퇴했기 때문에 프랑스군도 일단 후퇴시켰다. 그는 몽을 지키기 위해 병력 2만 9천여 명을 파견하고, 남은 6만 8천 병력을 워털루 쪽으로 후퇴시켰다.

그 선봉과 전투를 벌였던 네 원수도 나폴레옹과 합류했다. 나폴레옹은 프로이센군이 동쪽으로 완전히 퇴각한 것으로 잘못 생각하여 다음 날 아침 그루시(Emmanuel de Grouchy) 원수에게 별동대 3만 4천 명을 주어 프로이센군을 추격하라는 명령을 내렸다. 그러나 프로이센군은 웰링턴과의 합류를 목표로 서쪽으로 진군 중이었다.

호우 속135)에 후퇴한 웰링턴 군은 몽생장(Mont Saint-Jean)에 구축한 방어 진지에 도착했다. 웰링턴은 프랑스군이 서쪽으로 우회할 것을 염려해 1만 5천 명을 우익에 배치해 수비를 굳건히 했다. 그러나 나폴레옹은 웰링턴군 정면에 포진했다.

보병 사단을 전면에 배치하고, 기병 여단을 그 후방 양익에 배치했다. 거기에 좌우 양익에 기병을 배치했다. 중앙 후방에는 근위군을 결전용 예비 병력으로 배치했다. 웰링턴은 보병대를 전면에 전개하고 중앙 후방에 기병사단을 집중 배치했다. 프로이센군이 도착할 때까지 방어를 우선 하겠다는 포진이었다.

프랑스군 7만 2천 명에 맞서 웰링턴군 68,000 명이 워털루에서 맞붙게 되었다. 프랑스군은 연속으로 포격을 가해 웰링턴군 전선을 압박해 보병 사단의 진출로를 여는 한편, 프랑스군 좌익에 위치한 우고몽성(城) 저택에 공격을 집중해 그곳을 교두보로써 노리는 것처럼 위장했다.

실제 그곳은 커다란 전략적 가치는 없었고, 나폴레옹은 이 공

---

135) 전날 밤의 비로 인해 땅이 진흙탕처럼 변해버려 대포의 이동이 늦어지는 것 때문에 나폴레옹은 공격 개시 시간을 아침 9시에서 오전 11시로 늦추었다. 이것이 나중에 프랑스군이 패배한 한 가지 결정적인 원인 되었다.

격을 통해 웰링턴의 중앙 병력을 유인해내기를 기대했지만, 웰링턴은 이에 넘어가지 않고 다만 우익의 붕괴를 막기 위해 약간의 병력을 보내면서 예비대는 그대로 유지했다.

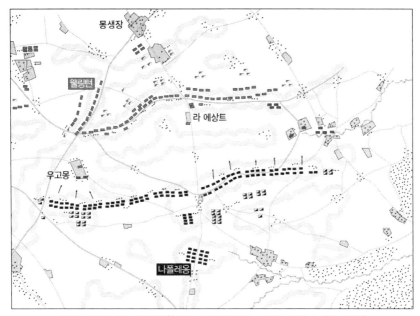

워털루 전투 최초 배치[136](프랑스군과 영국군 사이에 작은 능선이 있음)

나폴레옹은 프로이센군을 추격하기 위해 보냈던 그루시 원수를 불러들이기 위해 전령을 보냈으나, 참모장을 맡은 술트 원수는 겨우 1명의 전령만을 보내는 실수를 저질렀고, 전령은 중간에 전사했다. 나폴레옹은 그와 동시에 몽생장의 산등성이에 맹포격을 지

---

136) [Wikimedia Commons], Roman Popyk,
   https://commons.wikimedia.org/wiki/File:Battle_of_waterloo,_positions.jpg 요도를 기본으로 한국어 표식을 함

시했다.

그러나 산등성이 너머로 후퇴한 웰링턴군에게 효과적인 타격을 주지 못하고 있을 때, 정오를 지나면서 프로이센군의 전위가 전장에서 멀리 보이는 지점까지 도달했다. 각개격파 전략을 달성하려면 양군이 합류하면 안 되기 때문에 나폴레옹은 그곳에 도몽 장군 휘하 4개 사단을 급파했다. 병력의 여유는 이제 없었다.

오후 1시를 넘기며, 포격이 효과를 거두지 못하자 에르몽이 지휘하는 중앙 4개 사단이 전진했다. 대대 단위로 3열 횡대. 정면 병력 200명, 27열의 밀집 횡대에 대해 웰링턴은 우익의 라에상트에 있던 농가를 방어 거점으로 삼아 방어했으나, 격전 끝에 함락당했다.

나폴레옹은 흉갑기병대를 풀어 추격을 시도했다. 웰링턴은 이에 맞서 중기병 2개 여단을 출격시켜 프랑스 흉갑기병을 격파하고는 프랑스 포병 진지를 습격하기 위해 전진했으나 좌측으로 들이닥친 나폴레옹 휘하 폴란드 창기병에게 격퇴되었다.

그 사이 에르몽의 보병 4개 사단은 웰링턴군 제1방위선 하노버, 벨기에 사단을 분쇄했다. 전선에 생긴 균열에 비집고 들어가 제2방어선까지 전진하다 픽튼의 제5사단과 맞붙었다. 픽튼 장군의 전사란 대가를 지불하고 나서야 에르몽은 격퇴당했다.

보병의 정면 돌격에도 열리지 않아, 전황은 교착상태에 빠졌다. 프로이센군이 도착하기 전에 결판을 지어야 하는 나폴레옹은 포격을 재개했고, 웰링턴은 병력의 소모를 막기 위해 전선을 산등성이 너머로 후퇴시켰다. 이것을 본 프랑스군의 네 원수는 적의 퇴각으로 오판, 직속 기병에 근위기병을 합쳐 일제 돌격을 가했다.

보병의 도움을 받지 않고 돌격하는 기병의 대집단에(나폴레옹은 치료 때문에 잠시 자리를 비웠고 이를 제지하지 못했다고 함) 곧 웰링턴도 놀라 26개 대대의 보병을 13개 방진으로 만들어 제1선에 7개, 후방에 6개를 배치해 방어선을 구축했다. 기병 5천의 돌격에 방진도 무너질 수 있었으나, 동물들이 본능적으로 방진의 총검을 두려워하는 습성이 있어 돌격은 실패로 끝났다.

오후 3시경, 네 원수는 다시 한번 기병 돌격을 준비했다. 켈러만 예비 기병사단, 거기에 근위 기병사단도 소집했고, 이번엔 보병을 합쳐 공격을 개시했다. 이 공격은 성공해 웰링턴 군의 전선을 흔들릴 정도로 깨뜨렸다. 다만 이 진로에 참호가 있었기 때문에 추락한 병사가 많아 전과 확대에는 실패했다.

네 원수의 공격에 호응하여 우익 에르몽 사단이 웰링턴 군 좌익에 돌입했다. 이것을 호기로 본 네 원수는 나폴레옹에게 증원을 요청했다. 그 시점에서 예비대로 쓰여야 할 도몽의 군단이 프로이센군을 막으러 떠났기에 나폴레옹의 손에는 불패를 자랑하는 근위대뿐이었고, 그는 네 원수의 요청을 거절했다.

결국 오후 6시 프로이센군이 도착해 무너진 좌익을 보강하자 웰링턴은 보병을 4열 횡대로 산개시켰다. 나폴레옹이 근위사단을 투입할 시기, 영국 보병 사단은 산등성이의 뒷면에 모습을 숨겼고, 나폴레옹의 근위대는 기병의 호위를 받으며 전진했다. 격전 끝에 능선을 확보한 순간, 영국 근위사단이 일제사격을 퍼부었다.

불패의 근위병은 이 공격에 무너졌고, 반격도 격퇴되었다. 웰링턴은 거꾸로 영국 기병대를 내보냈다. 거기에 프로이센군이 우익에서 돌격하자 프랑스군은 패퇴하고 말았다. 그 속에서 그때까지 투입되지 않았던 고참 근위대의 일부가 정연히 방진을 조직하여 나폴레옹의 퇴각을 엄호했다.

그 희생으로 나폴레옹은 전장을 무사히 이탈했고, 프랑스군은 패주했다. 이때 나폴레옹은 자신의 부하들이 죽든 말든 포병사격으로 영국군의 시선을 다른 곳으로 돌리고 퇴각했다.

나폴레옹의 전략은 분리된 적이 합치기 전에 기동하여 각개격파를 노린다는 것이었다. 그러나 프로이센군 섬멸이란 성과를 거두기 위해 추격군으로 3만을 보낸 것이 패전의 한 가지 이유였다. 그 지휘를 맡긴 그루시는 결단력이 부족해 워털루 전투가 시작된 것을 알면서도 프로이센군 추격을 계속했으나, 그들을 붙잡지 못했다.

웰링턴은 당시로서는 보기 힘들게 방어 전략으로 승리했다. 프랑스 기병대의 기동력과 타격력은 총검의 벽으로 만든 보병 방진, 그리고 지형에 무너졌다. 그 결과 나폴레옹은 완전히 실각하여 세인트 헬레나섬으로 유배되었으며, 그의 시대도 막을 내렸다. 네 원수는 이 전투에서 패배한 죄로 체포당했고 그해 말 총살당했다.

뒤늦은 근대화의 시험장

청 · 일전쟁

전쟁의 배경과 원인

일본은 운요호 사건(雲揚號事件, 1875년)을 구실로 1876년 강화도 조약을 체결했고, 조선에 부산, 원산, 인천 3개 항구를 개항시키며 경제침략의 발판을 마련했다. 강화도 조약(조일수호조규) 이후 한반도에 대한 일본의 영향력이 강화되자, 청은 1882년 임오군란을 구실로 군대를 조선에 주둔시키고 조선의 정치와 외교에 적극 간섭하기 시작했다.

1884년, 일본과 개화 세력에 의해 발생한 갑신정변은 3일 만에 청나라에 의해 진압되었다. 영국의 중재로 청나라와 일본은 사태를 수습하기 위해 이듬해 1885년 톈진 조약[137]을 체결했다. 이렇게 조선을 두고 청과 일본이 경쟁하던 1894년, 부패한 관리와 무거운 세금에 시달리던 농민들이 일어났다. '외세를 몰아내고 잘못된 정치를 바로잡자'고 궐기한 동학농민운동이었다.

---

137) 1. 조선으로부터 군대를 철수시킨다.
   2. 조선의 군대를 훈련시키기 위한 훈련교관을 보내지 않는다.
   3. 변란 등의 중요 사건으로 어느 한 쪽이 파병할 경우 상대방에 통보해야 한다.

동학농민운동 시, 조선 정부는 청나라에 지원을 요청했다. 청나라는 엽지초(葉志超) 휘하 2,800여 명의 병력을 보냈고 톈진 조약에 따라 파병 사실을 일본 정부에 알렸다. 이에 일본은 오시마 요시마사 휘하의 병력 8,000여 명을 조선으로 보냈고, 조선의 항의에도 1894년 6월 9일 인천에 상륙했고, 7월 23일 고종 임금이 거처하고 있던 경복궁을 점령했다.

　　일본은 조선에 새로운 친일 내각을 구성했는데, 새 내각은 청나라와의 모든 조약을 파기하고 일본군이 청나라 북양군을 조선에서 몰아내도록 허가했다. 1894년 7월, 조선 내의 청나라 군대는 약 3,000 ~ 3,500명 정도였으며, 아산만을 통해서만 병력을 보충할 수 있었다. 일본의 목표는 우선 아산의 청국군을 봉쇄하고 일본 육군으로 격멸하는 것이었다. 이후의 목표는 청국의 북양함대였다.

청국과 일본의 군사력

당시 청국과 일본 양국은 서양 제국의 선진 기술과 압도적인 무기 위력을 보고 근대화를 서둘러 진행했다. 청국은 이홍장을 중심으로 양무운동을 전개했

무라타(Murata) Type 22 소총을 사격하고 있는 일본군(1894~1895)[138]

고, 일본은 명치유신을 단행했다. 청국은 신속하게 신식무기를 도입했지만, 제도와 지휘체계가 이를 뒷받침하지 못했다. 반면, 일본은 후장식 소총인 무라타로 개인화기를 통일하는 등 서구 열강의 무기와 제도를 그대로 받아들였다.

구분	청군	일본군
육군	팔기군 256,160명 녹영군 583,724명 향용군 96,750명 단련군 12,000명 총 병력 : 약 95만 명 수준 실제 전투참여 병력 : 98,320명	7개 사단 + 근위사단 상비군 63,693명 예비군 91,190명 의용군 106,088명 본토방위 15,000명 총 병력 : 약 28만 명 수준 실제 출정병력 : 174,000명 수준
해군	북양함대 : 진원함 등 27척, 4,050명 남양함대 : 해안함 등 13척, 2,944명 복건함대 : 복정함 등 6척, 920명 광동함대 : 영보함 5척, 720명 총 51척, 8,634명	요코스카 함대 : 후소함 등 8척, 2,022명 구레함대 : 이츠쿠시마함 등 9척, 2,084명 사세보함대 : 마츠시마함 등 10척, 1,870명 총 27척, 5,976명

청군과 일본군의 군사력 비교[139]

138) [Wikimedia Commons], Oomoto,
    https://commons.wikimedia.org/wiki/File:Sino_Japanese_war_1894.jpg

화포의 경우[140] 청군은 독일 크룹사제(製) 75mm 야포(野砲)를 구입해서 사용했고, 일본군은 이태리식 75mm 야포(野砲)를 국산화한 것을 사용했다. 일본군이 최초로 사용한 서양식 신식 대포는 나폴레옹 3세가 쓰던 전장식 포를 막부에서 구입한 것이었다.

메이지 유신 후에 신정부에서 이것을 모방하여 4근(斤) 야포(野砲)와 이것을 더욱 경량화시킨 4근 산포(山砲)를 제작했다. 독일 크룹사제(製) 화포의 국산화에 실패한 일본은 국산화가 가능한 대포의 모델을 찾은 끝에 이태리의 75mm 야포를 수입한 후 모방 생산에 성공했다.

크룹사제(製) 야포보다 구조가 간단하고 제작 단가가 싸게 먹힌 이 포는 메이지 19년인 1886년 7월에 오사카 포병 공창에서 첫 생산에 성공했다. 메이지 21년(1888년)에는 일본군의 전 포병대가 사용하고 있던 4근 야포를 신식으로 대체했다. 이 신식 포는 사정거리가 긴 야포형과 포신장을 줄이고 무게를 경감시킨 산포형의 두 가지로 생산되었다.

야포형은 포신장이 178cm에 중량이 700kg였으며 포구초속 422m로 최대 사정거리가 5,000m였다. 산포 타입은 포신장이 100cm, 중량은 256kg였으며, 포구속도는 255m/초에 최대사거리는 3,000m였다. 당시의 포술은 아직 간접사격술이 적용되기 전이

139) 육국군사연구소. 청일전쟁. 2014.
140) https://blog.naver.com/byunsdd71074un/222655277713 을 참고하여 인용

어서 대포는 직사화기로써 사용되었다. 수압식이나 용수철을 이용한 주퇴기 역시 아직 실용화되기 전이어서 반동이 매우 심했다.

1886년 8월 9일, 러시아 블라디보스토크 방문을 마친 청나라 북양함대(北洋艦隊) 소속 함정 4척이 일본의 나가사키(長崎) 항에 입항했다. 함정들

청. 진원(鎭遠, Zhenyuan)[141]

을 수리하기 위해서였다. 제독 정여창(丁汝昌)이 이끄는 함대에는 청나라가 자랑하는 대형 순양함 '정원'(定遠)과 '진원'(鎭遠)도 포함돼 있었다. 아시아에서 가장 강력한 전함이었던 '정원'과 '진원'을 눈앞에서 직접 확인한 일본은 조급해졌다.

1885년 8월, 일본 정부는 프랑스인 루이 에밀 베르탱(1840~1924)을 해군 고문으로 초빙하여 전함 제작에 집중했다. 그는 일본에 4년간 머물면서 '송도'(松島)·'엄도'(嚴島)·'교립'(橋立) 등의 전함을 설계했다. 일본 해군의 주력함으로 떠 오른 세 척은 모두 4,200t 규모로 중국의 '정원'과 '진원'에 비해 덩치는 작았지만, 화력은 훨씬 강력했다. '정원'과 '진원'의 30.5㎝ 주포보다 큰 32㎝

141) [Wikimedia Commons], Kallgan.
  https://commons.wikimedia.org/wiki/File:Chen-yuan.jpg

주포를 달고, 12cm 속사포 12문씩을 장착했다.

풍도 해전

1894년 7월 21일, 청국은 북양해군의 '제원(濟遠)', '광을(廣乙)', '위원(威遠)' 등 3척의 군함을 위해위(威海衛)에서 출발시켰다. 이는 중국이 고용한 영국 상선 '애인(愛仁)', '비경(飛鯨)', '고승(高昇)'호 등 3척을 호송하여 2,500명의 청군을 충청도 아산으로 보내기 위함이었다. 여기에는 군량과 대포를 수송하는 '조강(操江)'호도 포함되어 있었다.

1894년 7월 25일, 청군이 아산에 병력을 증원하려고 한다는 첩보를 입수한 일본은 아산만을 봉쇄하기로 하고 순양함을 청군의 항로상에 매복시켰다. 청국 군대를 아산에 상륙시키고 회항하던 '제원'(济遠), '광을'(広乙)호는 일본 연합 함대와 조우했다. 일본 순양함 '요시노'가 먼저 포를 쏘기 시작했다.

몇 분 동안 서로 포격을 나눈 후 청나라 군함은 도주를 시작했다. '아키쓰시마'는 '광을'을 추격했고, '광을'은 결국 좌초되었다. '요시노'와 '나니와'는 더 큰 배인 '제원'을 쫓았는데, 도주하는 제원을 계속 추적하고 있던 중 청나라 함대와 합류하기로 예정되어 있던 '조강'(操江)과 영국 상선기를 게양하고 있던 '고승'(高陞)과 마주쳤다.

'나니와'와 새로 나타난 청나라 함대가 교전을 하던 중에도 '제원'은 계속 도주를 했다. 당시 '요시노'의 최고 속도는 23노트로,

15노트 속도를 가진 '제원'보다 훨씬 빨랐다. 도주하는 중에도 상호 지속적인 포격이 있었고, '요시노'가 제원을 2,500m까지 추적했을 때, '제원'의 함장은 얕은 여울로 배를 몰았다.[142] 제1유격대 사령관 쓰보이 소장은 추격 중지 명령을 내렸다.

'나니와'의 함장 도고 헤이하치로 대좌는 '고승'호에 정선을 명령하고, 임검(臨檢)[143]을 행하려 했으나, 청나라 병사들이 따르지 않자 결국 '고승'호를 격침시켰다. 이때 영국인 선원 3명을 구조하고, 약 50명의 청나라 병사를 포로로 잡았다. 이 전투에서 순양함 '광을'과 상선 '고승'은 격침되었고, 포함 '조강'은 '아키츠시마'에 의해 나포되어 1965년 퇴역까지 일본 측에서 사용되었다.

성환 전투와 평양 전투

【성환 전투】 1894년 7월에 섭사성(聶士成)이 거느린 청군은 성환에 주력부대를 두고 가도(街道) 구릉지에서 대비했다. 당시 청군 주력은 평양에 집결하고 있었다. 인천으로 상륙해 서울을 장악한 일본군을 북으로부터 내려와 물리칠 생각이었다. 일본군은 아산의 청군을 치고 빨리 돌아와 평양의 청군에 대비해야 했다.

7월 26일 오전, 성환으로 이동한 청군은 월봉산(해발 83m)에 진지를 구축하고 약 4km 전방의 안성천에 나가 일본군을 맞았다.

---

142) '제원'은 독일제 순양함으로 2,300t에, 흘수 4.67m였고, 요시노는 영국제로 4,216t에, 흘수가 5.18m로 더 깊었다.
143) 국제법에서, 선박을 포획할 때 임검 사관(臨檢士官)이 포획 이유를 확인하기 위하여 선박의 서류를 조사하는 일

주력은 성환에 배치하고, 병사 1,000명과 포병은 우헐리(현재 성환면 우신리)에, 초병 80명을 직산에 두고 진지를 구축한 뒤, 일본군의 남하를 기다렸다.

7월 29일 오전 6시, 일본군이 월봉산 진지를 공격했다. 양쪽에서 포위된 청군은 오전 6시 30분 요새를 버리

성환전투(아산만)[144]

고 도망했다. 오시마(大島) 소장은 천안으로 이어지는 도로를 따라 청군을 추격했고 다케다 중좌는 아산으로 진격했다. 패배한 청군은 공주로 집결해 청주·충주·춘천 등을 거쳐 평양까지 한 달 이상 걸려 이동했다.[145] 전투원은 일본군이 보병 3,000명, 기병 47명, 청군이 보병 3,400명이었고 사상자는 일본군이 98명, 청군이 500명이었다.

【평양 전투】 9월 15일 일본군은 여러 경로로 평양에 모여들었다. 평양성의 청군은 케틀링 기관총과 소총 등 소화기 분야에서 당시 가장 선진적인 무기를 보유하고 있었다. 일본군이 보유한 소총인 무라다식(式) 단발 소총은 독일의 1871모젤총을 모방한 것으

144) 미국 내셔널 갤러리(워싱턴). https://artvee.com/main/page/7/?s=war&tc=pd
145) 중앙일보(2010.10.1.)

로 연발 소총에 비하여는 뒤떨어졌다. 반면, 화포는 일본이 앞선 것으로 분석되었다.

일본군 17,000명이 평양성에 주둔한 청군 14,000명을 공격했다. 일본군은 세 방향에서 평양성을 공격했다. 북부와 남동쪽 지역을 돌파해 가장 높은 지역인 모란봉을 점령했으며, 후면에서 예기치 않은 공격으로 청군을 혼란에 빠뜨렸다.

청군은 병력과 무기 면에서, 그리고 무엇보다 방어에 유리한 지형 등을 고려한다면 일본군과 대등하거나 우세했다. 더

평양전투에서 중국군을 항복시키는 일본군[146]

욱이 일본군은 장거리 이동과 보급 문제 등으로 상황이 좋지 않은 상태였다. 반면, 청군의 최대 약점은 병력이 몽고·만주·이슬람 팔기군, 이홍장의 북양군 등으로 구성되어 있어서 지휘체계가 확립되어 있지 못했다는 점이다.

이홍장은 자신의 군사력이 손실될 것을 우려하여 불리하다 싶으면 바로 퇴각하라는 명령을 내려놓은 상태였다. 그리고 일본군을 맞아 싸우던 청의 장수 좌보귀(左寶貴)가 전사하자 소극적인 태

---

146) 미국 내셔널 갤러리(워싱턴), https://artvee.com/main/page/7/?s=war&tc=pd

도로 일관하던 섭지초(葉志超)는 일본군에 항복 제의를 하면서 도주했다. 일본군도 지속적인 전투를 감당하기에는 상황이 좋지 못해 잠시 퇴각해 전열을 정비하려고 했다.

그러나 청군의 소극적인 태도에 일본군은 승기를 잡고 24시간의 일방적인 교전으로 청군을 을밀대에서 항복시켰으며, 평양성에 입성했다. 일본군의 사상자는 180여 명에 불과했지만, 청군은 2,000여 명이 전사하고 4,000여 명이 부상을 입었으며 나머지 2,000명은 압록강 변으로 퇴각했다. 청군 포로들은 일본군에 의해 참수형을 당하는 등 가혹한 처분이 이어졌다.

전투를 조망해보면, 일본의 승리는 운이 따랐다. 일본이 급하게 들이친 것에 비해 청군은 생각 이상으로 방비를 충실히 해놓았다. 그 결과 전투 초반에는 일본군 지휘관이 부상당하는 등, 큰 피해를 입었고 탄약과 식량도 바닥날 지경에 이르렀다. 그러나 청군은 지휘체계의 혼란으로 우위를 지켜내지 못했다. 무엇보다 이홍장 라인의 섭지초가 북쪽 방면에서의 일본군의 침투를 보고 너무나 쉽게 항복함으로써 급속하게 붕괴되었다.

이 과정에 평양부 주민들은 청과 일본군 양측으로부터 엄청난 피해를 입었다. 이후 평안도 경제가 파탄나고 세입이 전혀 되지 않아 극심한 재정난을 초래했다.

이후의 주요 전투

【**황해 전투**】 9월 17일 황해(압록강 근해)에서 청·일 양국의 해군이 전투를 벌였다. 청은 정여창의 기함 '정원'을 선두로 군함 11척이, 일본은 이토의 기함 '마츠시마'를 선두로 군함 10척이 맞섰다. 양측의 군함 숫자는 비슷했으나 일본 연합함대가 전체적으로 3천 톤 이상의 견실한 순양함들인 반면, 청국은 전함인 '정원'과 '진원'을 제외하면 2천 톤 내외의 작은 순양함들이었다.

하지만 6시간에 걸친 전투 끝에 청나라의 북양함대는 패퇴했다. 청나라 함대는 5척이 침몰했고 3척은 1개월 이상 취역할 수 없을 만큼 파손되었다. 다만, 제일 중요한 '정원'과 '진원'은 '정원'이 파손된 것을 제외하면 무사했다. 반면, 일본 함대는 4척이 손상을 입는데 그쳤다.

청군의 패퇴 원인은 낮은 훈련 수준과 군기 상태에 있었고, 청군의 중소 구경 속사포 부족도 커다란 원인으로 작용하였다. 청군의 지휘관들은 전투의지가 없었으며, 무장에서도 청군은 대구경 주포에서는 앞서 있었지만, 중소 구경 속사포에서는 일방적인 열세였다. 그 결과, 초전부터 일본군의 명중률 높은 속사포 사격에 제대로 난타당했다.

전쟁 발발 3개월 전 영국은 청나라에게 순양함 2척을 사라고 권유했으나, 청나라는 그 돈을 서태후의 생일 축하 비용으로 써야 한다는 이유로 거부했다고 한다. 이 2척을 일본이 구입했고, 그중

1척이 '요시노'였다. 그래서 정여창은 전투 후 이홍장을 직접 찾아가 병력 증원을 요청했으나, 이홍장은 거부하면서 단지 웨이하이(威海)만 수비하라고 지시했다.

【압록강 전투 및 뤼순(旅順) 함락】 청국은 평양 전투 이후 북쪽으로 철수, 압록강에서 방어태세를 갖추었다. 중국 본토로 진입하는 일본군을 저지할 수 있는 최후 방어선이었다. 일본군은 병력을 보충한 후 1894년 10월 10일 빠른 속도로 압록강을 향해 진격했다.

10월 24일 밤, 일본군은 몰래 압록강을 건너 부교를 띄웠다. 다음날 오후에는 단둥 동쪽 호산의 주둔기지를 공격했다. 오후 10시 30분, 청나라 군대는 방어 위치를 버리고 단둥으로 후퇴했다. 일본의 야마가타 장군이 지휘하는 제1군[147]은 단둥을 향해 북쪽으로 진격하여 사망 4명, 부상 14명의 희생만으로 중국 영토에 발판을 마련하게 되었다.

가쓰라 다로의 3사단은 서쪽으로 도주하는 청군을 쫓아 요동반도의 도시들을 점령했다. 오오야마 이와오가 이끄는 일본 육군 2사단은 랴오둥반도 남쪽 해안에 상륙하여 도시들을 점령했고, 뤼순항은 일본군에 포위되었다. 1894년 11월 21일, 일본군은 뤼순항을 점령했다.

---

147) 3, 5사단으로 구성

일본군은 뤼순에 거주했던 수천~2만 명의 시민들을 학살했는데, 이를 '여순 대학살[148]'이라 한다. 1894년 12월 10일, 요동의 건양이 일본군 1사단에 점령되었다.

【웨이하이 요새 함락 및 동중국해 점령】 북양함대는 여순항을 거쳐 웨이하이 요새로 피신했으나, 일본 육군의 공격을 받게 되었다. 웨이하이의 전투는 육군과 해군이 동원되어 1895년 1월 20일부터 2월 12일까지 23일간 진행되었고, 웨이하이 요새는 일본군에 함락되었다. 일본군은 남쪽과 북쪽으로 진격하여, 1895년 3월에는 북경이 바라보이는 곳에 진지를 구축했다.

1895년 3월 26일, 일본군은 타이완 부근의 펑후 제도를 무혈 점령했고, 같은 해 3월 29일 가바야마 스케노리가 타이완을 점령했다. 중국을 북과 서에서 압박하는 데 성공한 일본은 이후 협상에서 유리한 위치를 선점하게 되었다.

---

148) 1894년 11월 21일부터 2~3일간 여순을 공략할 때 시내와 근교에서 야마지 모토하루가 이끄는 일본 제2군 1사단에 의해 청군 패잔병을 소탕하는 과정에서 여순 시민을 학살한 사건을 말한다.

전쟁의 결과와 영향

청국의 요청으로 1895년 4월 17일 청국과 일본 사이에 시모노세키 조약이 체결되었다. 조약의 주요 내용으로 첫 번째가 조선이 완전한 자주독립국임을 확인한 것이었다. 이로써 조선에 대해 우월한 지위에 있었던 청국은 일본에게 그 지위를 양보해야 했다. 배상금 2억 냥(兩)을 일본에 지불해야 했으며, 랴오둥반도, 타이완, 펑후 제도 등을 할양하였고, 통상의 특권을 부여했다.

전쟁이 끝나고 청국은 패배의 쓰라림을 체험했고, 동북아의 세력 구도가 재편되었다. 청국에 대한 열강의 간섭과 침략 경쟁은 더욱 심해졌다. 일본이 만주와 랴오둥반도를 할양받자 시베리아 철도를 부설해서 동아시아의 영향권을 확대하려던 러시아와의 충돌은 불가피해졌다. 그리고 러시아·프랑스·독일의 삼국 간섭으로 랴오둥반도는 반환되었다.

프랑스 주간지 『르 주르날 일뤼스트레』 표지기사
'조선 왕비 암살(L'ASSASSINAT DE LA REINE DE COREE)'[149]

149) [Wikimedia Commons], Le Journal illustré,
   https://commons.wikimedia.org/wiki/File:Le_Journal_illustre_Korean_queen_assassination.png

한편, 러시아가 동아시아로 세력을 확대하려 하자 조선은 이들의 힘을 빌려 일본을 몰아내고자 했다. 이에 일본은 이 일에 앞장선 명성황후를 1895년 10월 8일 시해했다. 일본은 조선을 압박하여 을미개혁을 실행했으나, 민중들의 반발로 무산되었다.

1896년 2월, 고종이 러시아 공사관으로 이동한 아관파천을 감행하여 조선 내에서 일본의 세력은 감소했다. 이듬해 고종은 덕수궁으로 환궁하여 대한제국을 선포했다.

러 · 일전쟁

전쟁의 배경과 원인

청 · 일 전쟁이 끝나고 청국의 세력은 현저하게 약화된 반면, 부동항을 찾아 남과 서로 세력을 확장하던 러시아는 동북아의 새로운 강자인 일본과 맞서게 되었다. 1897년 12월, 삼국간섭에 의해 양도된 뤼순(旅順)항에 러시아 제국의 함대가 모습을 드러냈다. 3개월 후, 청국과 러시아 간의 협정(러청밀약)으로 러시아는 뤼순항과 대련만을 조차(租借)하여 사용할 수 있었다.

소위 '그레이트 게임(Great Game)'으로 세계 도처에서 영국과 분쟁하던 러시아는 시베리아 철도를 잇는 동청철도(東淸鐵道, 하얼빈~다롄)를 부설하기 시작했다. 다롄(大連)과 뤼순역이 소실되자 러시아 제국은 의화단으로부터 철도를 보호한다는 구실로 만주를 점령했다. 러시아는 조선에서도 아관파천(俄館播遷) 이후 정치적 우위를 확보했다.

이 시기에, 일본은 대한제국으로부터 경부철도 부설권을 획득하여 한반도의 교통망을 장악하고, 도쿄의정서를 체결하여 러시아로부터 경제적 우위를 확보했다. 이토 히로부미는 일본이 러시아군을 몰아내기엔 아직 이르다고 생각하고 러시아의 만주에 대한 권한을 인정하는 대신 일본의 한반도에 대한 권한을 인정할 것을 러시아에 제안했다.

일본의 제안에 대해 러시아는 만주에 대한 독점권과 한반도의 북위 39도 이북에 대한 중립지역 설정, 한반도의 군사적 이용 불가를 주장했다. 1902년, 일본은 영국과 영일 동맹(1902년)을 맺었는데, 이는 "러시아가 일본과 전쟁을 벌이는 동안 러시아와 동맹을 맺는 나라가 있으면, 영국이 일본의 편으로 참전할 수 있다"라는 내용이었다. 이로부터, 러시아는 독일이나 프랑스의 도움을 얻기 위해서는 영국의 위협을 감수해야 했다.

일본과 러시아의 협상은 1904년 2월 4일부로 결렬되었다. 일본 군부는 이미 마산, 원산 등지에 일본군을 상륙시키는 등, 전쟁 준비를 진행하고 있었다. 또한 일본은 전쟁 자금 조달에도 주도면밀했다. 로스차일드 가문의 미국 대리인인 제이컵 시프로부터 공식, 비공식 지원을 약속받은 상태였다. 이로 인해 국채시장에서 모두의 예상을 깨고 일본이 승리했을 때, 로스차일드 가문은 상당한 수익금을 챙길 수 있었다.

주요 전투

【뤼순항 기습과 제물포 해전】 1904년 2월 6일, 일본의 연합함대는 사세보에서 제물포와 뤼순항을 공격하기 위해 출발했다. 2월 8일, 도고 헤이하치로가 지휘하는 일본 연합함대는 여러 척의 어뢰정을 이용하여 뤼순항의 러시아 군함을 기습공격했고 전함 2~3척을 파괴했다. 일본 해군의 재차 공격에 러시아 해군은 해안 포대와 파손된 함선에서도 포를 쏴 일본 해군의 연이은 공격을 저지한 뒤, 기뢰를 부설해 방어했다.

같은 날인 2월 8일, 제물포에 정박 중이던 러시아 전함 '코리에츠'가 외해로 나가려 하자 일본 해군이 이를 저지했다. 이때 '코리에츠'와 일본 순양함 '지요다'가 서로 포와 어뢰를 쏴 화재가 발생했다. '코리에츠'는 항구에서 퇴각했고, '지요다'는 우류 제독의 소대와 접선했으며, 주변에 정박한 중립국 함선150)에서 일본 해군에게 항의했으나 오히려 위협을 받고 피신했다.

우류 제독은 순양함 6척, 어뢰정 4척을 이끌고 3,000명의 군사를 제물포에 상륙시켰고, 이들은 제물포로부터 이동하여 서울로 향했다. 그리고 2월 9일, 일본군은 러시아의 순양함 2척을 공격해

---

150) 영국의 HMS 탤봇, 프랑스의 파스칼, 이탈리아의 엘바, 미국의 USS 빅스버그 등

서 승조원들을 학살했으며 대포와 어뢰정을 이용, 두 전함에 큰 피해를 입혔다. 그러자 '바랴크'과 '코리에츠'의 승조원들은 나포당할 것을 우려해 두 전함을 자침시켰다.

이어 일본군은 제물포항에 55,000명의 병력을 상륙시켰고, 서울과 경운궁을 점령하고 용산에 주둔했다. 대한제국의 주요 항구를 점령한 일본군은 한반도를 쉽게 장악할 수 있었다. 그리고 3일 후인 2월 12일, 러시아 공사가 철수함에 따라 대한제국과 러시아는 국교가 단절되었고, 침몰한 러시아의 함정은 뒤에 일본군에게 인양되어 일본군 함정으로 개조되었다.

2월 10일, 일본은 러시아에 선전포고했고, 러시아는 2월 16일 일본에 선전포고했다.

【뤼순항 해전】 2월 14일, 일본 연합 함대의 도고 헤이하치로는 시멘트를 채운 선박 7척을 침몰시켜 뤼순항을 봉쇄하려 했으나, 예상보다 배가 깊이 가라앉아 실패했다. 2월 24일 아침에는 러시아 전함 레트비잔이 일본의 봉쇄망을 뚫고 탈출하려 했으나 실패했다.

3월 8일 러시아 제독 러스테판 오시포비치 마카로프가 뤼순항에 부임해 전함 '아스콜드'를 수리하고 3월 10일 일본군 함대를 공격했으나 봉쇄를 뚫진 못했다. 3월 10일, 일본 구축함 4척이 접근해 유인하였고 러시아 구축함 6척이 추격하다가 매복 공격을 받아 침몰했다.

3월 27일, 도고 제독은 다시 오래된 선박 4척에 콘크리트를 채워 봉쇄를 시도했으나 침몰 지점이 멀어 실패했다. 4월 13일, 러시아 해군은 전함 8척을 동원해 다롄 북쪽으로 돌파를 시도했지만 일본군의 기뢰에 걸려 기함인 '페트로파블로브스크'가 침몰하고 마카로프 제독과 635명이 사망했다. 5월 3일, 도고 제독은 또다시 노후한 전함 8척을 자침시켜 봉쇄를 시도했으나 실패했다.

　5월 15일, 일본군의 전함 '하츠세'와 '야시마'가 러시아군의 기뢰에 걸려 '야시마'함이 폭침하고 450명이 사망했으며, '하츠세'함은 견인되었다. 이후 일본군은 3개월 동안 뤼순항을 봉쇄했다.

　【뤼순 공방전】 뤼순항을 조차(租借)한 러시아는 1898년부터 방어시설 구축에 들어갔고, 1901년에는 본격적으로 대대적인 콘크리트 방어 진지 공사가 이루어졌다. 계획된 완료 시점은 1909년이었으나, 러일전쟁 발발 후 뤼순항이 포위되자 본격적인 방어 진지 구축이 이루어졌다. 이는 러시아 제7사단 사령관이었던 콘트라첸코(Kondratenko) 소장의 창의성과 열정의 결과였다.

　뤼순 요새의 방어 라인은 총 29km에 달했으며, 이 중 9km는 해안선에 위치해 있었다. 총 22개의 해안 포대가 설치되어 요새와 내항에 정박해 있는 러시아 함대, 그리고 뤼순항을 방어했다. 20km에 달하는 육상 방어 라인에는 5개의 영구 포대, 3개의 보루, 5개의 독립 포대가 구축되어 있었다. 각 영구 포대 사이에는 철조망과 함정이 있는 산병호가 구축되었고, 지뢰로 보강되었으며,

M1893 맥심기관총까지 갖추고 있었다.

이렇게 잘 준비된 방어진지를 확보하기 위해 일본군은 전술적 변화 없이 오로지 돌격에 의존했다. 소모적인 공방이 이어지고, 일본은 많은 희생 끝에 뤼순항을 감제할 수 있는 203고지를 함락시켰다. 관측과 사계가 확보된 일본군은 해안포를 개조한 280mm 포와 500kg의 철갑탄, 곡사포 등으로 뤼순항의 러시아 태평양함대를 궤멸시켰다.

맥심 기관총152)

그러나 일본의 노기 마레스케 중장의 제3군은 최초 10만의 병력으로 시작해 보충된 병력까지 합쳐 총 13만에 이르는 대군을 투입해 155일간의 전투를 치룬 끝에 전사 15,400명을

뤼순 전투 시 일본군이 사용한 280mm 포151)

포함해 총 60,212명이라는 엄청난 수의 사상자를 냈다. 반면, 러

151) [Wikimedia Commons]. Internet Archive Book Images.
   https://commons.wikimedia.org/wiki/File:Scientific_American_Volume_92_Number_11_(March_1905)
   _(1905)_(14597523488)_(cropped).jpg
152) [Wikimedia Commons].
   https://commons.wikimedia.org/wiki/File:Edward_VII_Firing_a_Maxim_Gun.jpg

시아군은 총 35,000여 명의 병력으로 시작해 12,000여 명의 사상자를 냈지만, 이 중 전사자는 3,000여 명에 불과했다.

뤼순항을 함락한 후 재정비를 끝마친 일본군 제3군은 북상하여 만주의 일본군과 합류했고, 봉천 전투에서 핵심적인 역할을 하게 된다.

【봉천 전투】 육지에서 일본군은 1904년 8월~9월 요동 전투를 통해 러시아를 봉천까지 물러나게 했다. 1904년 10월 사허 전투에서는 뤼순항에 포위되어 있는 러시아군을 구원하기 위해 공세에 나섰던 러시아군의 진출을 저지했다. 그러나 아직 러시아군은 강대했고, 제2태평양함대와 봉천의 러시아군이 있었다. 일본은 강화는 없다고 의지를 표방한 러시아를 강화로 끌어내기 위해서 결정적인 회전이 필요하다고 생각했다.

러시아군은 상황이 나빴다. 먼저 시베리아 철도가 단선인데다 여기저기 미개통 구간이 많아 유럽에서의 병력 충원 속도가 상당히 느렸다. 이 기간에 러시아군은 예비병력을 극동지역으로 축차 투입할 수밖에 없었다. 보내진 병력도 무능한 지휘관들의 지휘로 낭비했다. 요동, 사허, 흑구대 전투 모두 러시아군이 일본군에 비해 숫적으로 훨씬 우세했지만 연패를 거듭했다.

러시아군에는 또 다른 문제가 있었다. 거듭된 패전과 1월 22일 발생한 피의 일요일 사건, 그리고 그 뒤를 이은 1차 러시아 혁명으로 인한 병사들의 사기 저하가 바로 그것이었다. 러시아 극동

육해군 총사령관 크로파트킨 대장은 일본군이 러시아군 전선을 우회해 공격해올 것에 대한 대비가 필요하다고 판단, 적절한 공세에 이은 방어 작전을 구상했다.

일본의 경우, 총력전 상황에서 전력은 이미 고갈된 상태였다. 당시 일본은 국내에서 냄비나 솥 등을 공출해 탄환 및 포탄을 만드는 상황이었다. 전쟁을 위해 마련한 3억의 외채를 포함해서 애초에 계획했던 전비(19억 엔)의 대부분을 소비한 상태였다. 일

봉천전투의 모습을 담은 그림[153]

본은 장기전을 벌일 역량이 없었던 것이다. 따라서 일본은 국력을 총동원하여 봉천에 집중시키고, 날씨가 풀리면 최단기간에 러시아 극동군을 완벽하게 섬멸함으로써 조기 강화를 압박하려 했다.

일본군의 최초 작전계획은 우익(제1군 + 압록강군)이 러시아군 좌익을 견제해 시선을 끈 사이, 제3군이 단독으로 우회기동하여 봉천 후방 70km 지점인 철령을 점거한다는 것이었다. 작전이 개

153) [Wikimedia Commons], Fritz Neumann,
    https://commons.wikimedia.org/wiki/File:%D0%91%D0%B8%D1%82%D0%B2%D0%B0_%D0%BF%D1
    %80%D0%B8_%D0%9C%D1%83%D0%BA%D0%B4%D0%B5%D0%BD%D0%B5.jpg

시되면서 실제로는 제2군, 제3군에 의한 편익포위가 되었으며, 제3군이 원거리 우회기동, 제2군이 선회축의 임무를 수행했다.

봉천 전투는 결과적으로 병력 상 열세인 일본군이 우세였던 러시아군을 상대로 대담한 우회기동을 통해 편익포위를 실현, 러시아군의 배후를 위협해 대승리를 거둔 형태이나 마지막 순간에 포위망을 닫지 못해 러시아군이 빠져나가는 것을 막지 못한 전투가 되었다. 이는 일본군 총사령부의 계획 미비와 지휘의 부족, 병사와 야포, 탄약의 전체적인 부족 때문이라 할 수 있다.

전투에 참여했던 무기를 살펴보면, 양군이 장비한 주력 소총은 일본군이 구경 6.5mm 30년식 보병총, 러시아군은 7.62mm 모신나강(Mosin-Nagant) 소총이었다. 단순 위력 면에서는 러시아의 모신나강이 우세했지만 명중률에서 일본의 30년식 소총이 모신나강에 비해 우세했으며, 특히 2~300m 부근의 명중률에서는 확실한 차이가 있었다. 러·일전쟁 시 투입된 러시아군 부대 중 모신나강을 장비한 부대는 소수였으며, 여전히 다수는 베르단(Berdan) 소총154)을 이용하고 있었다.

---

154) 최초 개발자인 미국의 하이럼 버든(Hiram Berdan)의 이름에서 따왔다. 미국에서 개발한 총이지만 러시아에서 주로 사용했다. 1891년 모신나강 소총이 채택될 때까지 러시아군의 주력 소총이었고, 러시아의 낙후된 공업력 때문에 모신나강 보급이 더뎌 러일전쟁 시기까지도 최전방에서 쓰였다.

일본군 구경 6.5mm 30년식 보병총[155]   러시아군 7.62mm 모신나강 소총[156]

이러한 차이로 인해 일본군은 기동전 및 조우전에서 좀 더 유리하게 싸울 수 있었다. 또한 일본군은 256문의 공랭식 호치키스 기관총을 소유했는데 이는 56문의 기관총을 장비한 러시아군보다 5배나 많은 수량이였으며, 러시아군의 기관총은 수랭식 면피 벨트를 사용했기 때문에 송탄 불량이 일어나기 쉬웠다. 또한 일본군은 야포의 수량에서는 러시아군의 절반밖에는 안되었지만 중포 및 산포에서는 러시아군보다 더 많은 장비를 가지고 있었다.

【쓰시마 해전】 러시아의 태평양함대가 일본 연합함대에 타격을 입고 뤼순에 고립되어 있다는 사실은 러시아에게 큰 충격을 주었다. 이러한 상황을 타개하기 위해 러시아는 봉쇄를 해제하고 극동에서의 제해권 장악을 위해 획기적인 대책을 내놓았다. 그것은 바로 본국으로부터 함대를 증원하는 것이었다.

러시아는 당시 태평양함대 외에 흑해(海)와 발트해(海)에 함대를 두고 있었다. 흑해 함대는 오스만제국에 대처해야 했고, 다르

155) [Wikimedia Commons], Armémuseum (The Swedish Army Museum),
https://commons.wikimedia.org/wiki/File:30_rifle.png
156) 위 기관.
https://commons.wikimedia.org/wiki/File:Mosin-Nagant_M1891.png

다넬스-보스포루스 해협의 군함 통과를 다른 열강이 용납하지 않아서 투입이 불가능했다. 결국 러시아는 최후의 카드인 발트함대를 꺼내 들게 되었다.

러시아는 로제스트벤스키 제독이 이끄는 발트함대를 제2태평양함대로 개칭하고 니콜라이 네보가토프 제독이 이끄는 제3태평양함대를 추가로 편성했다.157) 러시아 함대들은 이동 거리를 단축하기 위해 수에즈 운하를 통과해야 했으나 규모가 작은 함대만 운하 통과가 가능했고, 이에 더해 영국의 방해158)가 있었다. 결국 러시아는 함대를 둘로 나누었고 제2태평양함대 주력은 아프리카 대륙 남쪽 끝 희망봉을 돌아 이동할 수밖에 없었다.

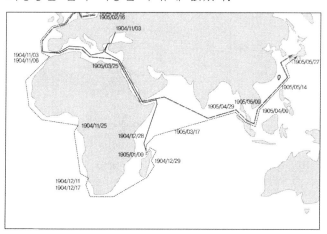

러시아 함대의 이동로(청색이 제2태평양함대 주력, 적색이 수에즈 운하 통과 함대)159)

---

157) 기존의 태평양함대를 제1태평양함대로 개칭

158) 영국은 이미 일본과 영일동맹이 맺어진 상태였다. 이에 더해서 1904년 10월 21일, 북해에서 일어난 도거 뱅크 사건에서 러시아 해군은 영국 어선을 일본 어뢰정으로 오인하고 공격했다.

159) [Wikimedia Commons], Tosaka,
https://commons.wikimedia.org/wiki/File:Battle_of_Japan_Sea_(Route_of_Baltic_Fleet)_NT.PNG

1905년 5월 26일 오전, 일본은 발트함대의 석탄 운반선 6척이
상해에 5월 25일 저녁에 입항했다는 정보를 입수했다. 운반선이
함대에서 떨어져 나왔다는 것은 블라디보스톡으로 가기 위한 항로
중 항속거리가 긴 태평양 루트로는 가지 않는다는 것을 확인해 준
셈이었다. 이것으로 도고는 쓰시마 해협에서 발트함대를 기다리기
로 했다.

일본 연합함대는 5
월 27일 10시경 발트
함대를 확인했다. 원
거리 사격 이후, 연합
함대의 일부가 발트함
대를 교란, 발트함대
는 대열이 2열 종대
에서 3열 종대로 바

러시아 함대의 항로와 쓰시마 해전 위치[160]

꿰었고, 순양함 함대는 후열로 밀리게 되었다. 연합함대의 모든
함대가 집결하고, 13시 55분 도고는 전투 개시를 명령했다. 함대
간 거리가 8,000m가 되자, 일본 연합 함대는 'T자 전법'으로 발트
함대를 격멸하기 시작했다.

160) [Wikimedia Commons], historicair,
https://commons.wikimedia.org/wiki/File:Tsushima_battle_map-ko.svg

전투 결과, 발트함대는 총 37척(전투 직전에 빠진 석탄 보급선 제외) 가운데 전함 6척, 순양함 3척을 포함 19척이 격침되었고, 주력 전함 2척을 포함한 7척이 항복, 나포되었다. 전사자는 5,380 여 명, 포로는 약 6천여 명에 달했다. 반면 일본은 어뢰정 3척을 잃고 117명이 전사하는 경미한 피해를 입었다.

전쟁의 결과와 영향

쓰시마 해전이 일본의 승리로 종결되었지만 일본의 국력은 바닥을 드러내고 있었고, 러시아 또한 국내 사정으로 전쟁을 더 이상 수행할 수 있는 여건이 되지 않았다. 결국 전쟁을 종식하기 위해 당시 미국 대통령인 시어도어 루스벨트가 중재에 나섰다. 1905년 9월 5일, 미국 뉴햄프셔주에 있는 군항(軍港) 도시 포츠머스(Portsmouth)에서 러·일 간에 강화 조약이 맺어진 것이다.

포츠머스(Portsmouth) 조약 모습[161]

---

161) [Wikimedia Commons], P. F. Collier & Son,
    https://commons.wikimedia.org/wiki/File:Treaty_of_Portsmouth.jpg

조약의 내용은 다음과 같이 요약할 수 있다.

1. 러시아는 대한제국에 대한 일본의 지도, 보호, 감독권을 승인한다.
2. 러시아는 뤼순과 다롄의 조차권 및 장춘 이남의 철도 부설권을 할양한다.
3. 일본이 배상금을 요구하지 않는 조건으로 러시아는 북위 50도 이남의 남사할린 섬을 할양한다.
4. 러시아는 동해, 오호츠크해, 베링해의 러시아령 연안 어업권을 일본에 양도한다.

이 조약에 의하면, 미국은 일본의 대한제국 지배를 묵인했고, 러시아는 대한제국에 대한 영향력을 상실했다. 그리고 대한제국은 을사늑약을 거쳐 일본의 식민지로 전락했다. 이 조약을 성공적으로 이끈 공로로 시어도어 루스벨트 대통령은 노벨평화상을 수상했다.

새로운 전쟁 양상의 예고

러·일 전쟁의 특징 중 하나는 기관총과 철조망이 전술적으로 사용되었다는 점이다. 케틀링 기관총으로부터 맥심 기관총으로 개량되어 분당 발사속도가 현저하게 빨라진 기관총은 보병 전투의 주력이 되었다. 장애물,

진지와 장애물을 이용,
방어하고 있는 러시아군[162]

특히 철조망과의 통합 작전으로 그 효과는 배가 되었는데 러시아는 이를 효과적으로 운용함으로써 장기간 뤼순항을 방어할 수 있었다.

참호전의 양상이 나타나기 시작했다. 뤼순 공방전이 엄폐된 기관총의 집중사격 효과가 더 심했으므로 이를 참호전의 시작으로 보기도 하지만, 봉천 전투 역시 수십만의 군대가 야지에서 참호를 구축한 상태에서 전투를 했다. 이러한 모습은 제1차세계대전에서 나타난 참호전의 상황과 매우 유사한 모습을 보여주었다.

162) [Wikimedia Commons], Булла, Виктор Карлович,
    https://commons.wikimedia.org/wiki/File:1905polurota.jpg

영국은 쓰시마 해전의 승리
요인을 전투함의 빠른 속도와
거포의 화력과 사거리에 있다고
보았고, 이것에 주안점을 둔 새로
운 함정을 요구했다. 영국 해군은
1905년부터 HMS Dreadnought
를 건조하여 1906년에 취역시켰
으며 이는 Dreadnought급(級)

HMS 드레드노트 (1906년)[163]

이라는 새로운 형태의 전함들을 탄생시켜 기존의 전함들을 도태시키
고 건함 경쟁을 새로운 국면으로 끌고 가게 되는 계기가 되었다.

163) [Wikimedia Commons], U.S. Naval Historical Center,
    https://commons.wikimedia.org/wiki/File:HMS_Dreadnought_1906_H61017.jpg

기관총과 철조망, 그리고 참호 – 제1차세계대전

전쟁의 배경

나폴레옹 전쟁 이후 제1차세계대전까지 유럽에서는 큰 전쟁이 거의 없었다. 이러한 안정된 정세로 인해 유럽에서는 산업혁명이 본격적으로 시작되고 과학기술의 혁신이 가능했으며, 생산력은 급성장했다. 이렇게 확대된 산업 능력을 유지하는데는 더 많은 자원과 시장이 필요했는데, 이로 인해 유럽 각국은 식민지 쟁탈전에 열을 올리게 되었다.

영국은 해군력의 우위를 기반으로 세계 각지에 식민지를 보유했고 프랑스도 여기에 가세했다. 범게르만주의로 탄생한 독일제국 역시 강대국의 국력에 걸맞은 식민지가 필요했다. 영국과 독일의 건함 경쟁은 양국의 적대관계를 심화시켰다. 다민족 국가인 오스트리아-헝가리 제국은 소수 민족의 불만을 사고 있었다. 오스트리아는 범게르만주의의 영향을 받는 국가로서 러시아 제국의 범슬라브주의에 맞서 발칸반도를 둘러싸고 불안한 공존을 하고 있었다.

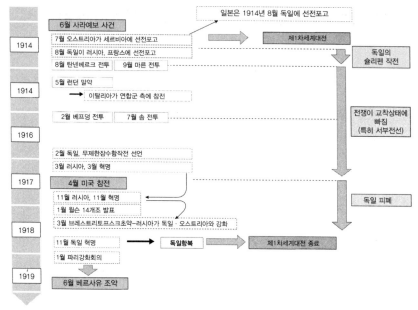

일본은 1914년 8월 독일에 선전포고

1914
6월 사라예보 사건
7월 오스트리아가 세르비아에 선전포고
8월 독일이 러시아, 프랑스에 선전포고
8월 탄넨베르크 전투   9월 마른 전투

제1차세계대전

독일의 슐리펜 작전

1914
5월 런던 밀약
이탈리아가 연합군 측에 참전

1916
2월 베르됭 전투   7월 솜 전투

전쟁이 교착상태에 빠짐 (특히 서부전선)

1917
2월 독일, 무제한잠수함작전 선언
3월 러시아, 3월 혁명
4월 미국 참전
11월 러시아, 11월 혁명
1월 윌슨 14개조 발표

1918
3월 브레스트리토프스크초약-러시아가 독일·오스트리아와 강화
11월 독일 혁명   →   독일항복
1월 파리강화회의

독일 피폐

제1차세계대전 종료

1919
6월 베르사유 조약

제1차세계대전 기간 주요 사건 및 전투164)

유럽 세력균형의 변화

19C 유럽은 강대국 중심으로 세력균형에 의해 평화를 유지했다. 이러한 힘이 균형은 자국의 이해관계에 따라 이합집산이 빈번했고 복잡한 정치, 군사적 동맹 네트워크를 형성하여 왔다. 1873년 10월에는 독일 총리 오토 폰 비스마르크는 프랑스를 고립시킴으로써 독일제국의 안정과 번영을 도모했다. 그는 이를 위해 독일, 오스트리아-헝가리, 러시아 사이 삼제 동맹(Dreikaiserbund)을 체결했다.

---

164) 미야자키 마사카츠, 「하룻밤에 읽는 세계사」 (이영주 역)(서울: 알에치코리아, 2021) p.345를 참고하여 편집

250 전쟁과 무기의 진화

그러나 발칸반도 문제에 대한 이견으로 독일과 오스트리아–헝가리는 1879년 동맹을 탈퇴, 독오 동맹을 만들었다. 1882년, 독오 동맹에 이탈리아 왕국이 가입하면서 삼국동맹이 되었다.

한편, 발칸반도에 대한 러시아의 영향력이 점차 증가하면서 비스마르크는 프랑스와 러시아 두 개의 전선이 동시에 형성되는 것을 우려했다.

삼국동맹과 삼국협상165)

비스마르크는 이러한 우려를 불식시키기 위해 러시아와의 동맹을 유지하기 위해 노력했다. 그러나, 빌헬름 2세가 독일의 황제에 오르면서 비스마르크는 퇴위를 강요당했고 비스마르크가 세운 동맹 시스템은 점차 와해되었다.

빌헬름 2세는 1890년 러시아와의 재보장 조약166) 갱신을 거부했다. 1894년에는 러불 동맹이 체결되었고, 1904년에는 영국과 프랑스가 영불 협상(Entente Cordiale)을 맺었다. 1907년에는 소위 '그레이트 게임'이 종료되면서 영국과 러시아가 영러 협상을 체결했다.

165) [Wikimedia Commons], Nydas,
   https://commons.wikimedia.org/wiki/File:Triple_Alliance.png
166) 1887년 6월 18일, 독일제국과 러시아 제국 간 체결된 비밀 조약이다. 독일 제국은 프랑스의 보복에 대비하기 위해 러시아 제국의 중립이 필요했고 러시아 제국도 아시아에서 영국과의 경쟁을 계속하고 있었으므로 독일제국의 지지가 필요했다.

이 조약들은 공식적으로 영국-프랑스-러시아 동맹으로 이루어지진 않았지만, 프랑스나 러시아가 분쟁을 겪을 경우 영국이 참가한다는 조항으로 인해 삼국협상이 되었고, 삼국동맹과 대척점이 되었다.

식민지 획득, 군비 경쟁

보불전쟁[167]을 통해 신흥 강국으로 떠오른 독일은 자국의 통일전쟁을 거치면서 뒤늦게 식민지 쟁탈전에 뛰어들었다. 그러나 영국, 프랑스 등이 선점한 식민지를 획득할 수 있는 방법은 그들의 식민지를 뺏는 방법 외에는 없었다. 식민지 획득과 관련, 영국은 3C 정책(Cairo-Capetown-Calcutta)으로, 독일은 3B 정책(Berlin-Byzantine-Baghdad)으로 맞섰고 이는 제1차세계대전의 주요 원인으로 지적되고 있다.

독일의 빌헬름 2세는 영국 해군에 맞서 해군 증강 계획을 추진했다. 처칠은 함대는 영독 관계에서 알자스-로렌 지방이 의미하는 것과 같다고 경고했고, 런던 주재 독일대사였던 파울 볼프 메테르니히 백작도 해군을 증강하면 1915년 이전에 영국과 전쟁이 일어날 것이라고 주장했다. 그러나 빌헬름 2세는 영국의 경고를 무시했고, 계속해서 해군 증강을 반대한 메테르니히를 1912년에 해임

---

167) 보불전쟁(普佛戰爭)(1870년 7월 19일 ~ 1871년 5월 10일)은 통일 독일을 이룩하려는 프로이센과 이를 저지하려는 프랑스 제2제국간에 벌어진 전쟁이다. 이 전쟁으로 프랑스에서는 제2제국이 무너지고 제3공화국이 세워졌으며, 프로이센은 오스트리아를 제외한 독일 연방 내 모든 회원국을 통합해 독일 제국을 세웠다.

해 버렸다.

유럽의 주요 국가들은 강력한 전함 건조를 위해 경쟁했다. 1905년, 영국은 HMS[168] 드레드노트[169]를 건조했는데, 이로써 영국은 독일과의 경쟁에서 중요한 위치를 선점할 수 있었으나 독일은 곧 이를 따라잡았다. 영국과 독일 사이의 군비 경쟁은 유럽 전역으로 확장되었으며, 1908년부터 1913년까지 유럽 국가의 군비 지출은 50% 상승했다.

범 게르만주의와 범 슬라브주의

1904년, 발칸반도의 세르비아 왕국은 대세르비아주의를 공표했다. 이는 발칸반도의 세르비아인들을 규합하여 통일국가를 건설하기 위함이었다. 그러나 1908년, 오스트리아-헝가리 제국이 세르비아와 인접한 보스니아 헤르체고비나를 점령했고 이로 인해 보스니아 위기가 초래되었다. 당시 보스니아에는 약 200만 명의 세르비아인이 거주하고 있었으며, 세르비아는 아드리아해(海)로의 진출을 꿈꾸고 있었다.

이 점령으로 세르비아 왕국 및 범슬라브주의의 맹주인 러시아는 매우 충격을 받았다. 당연히 이로 인한 러시아의 행보는 이미 '유럽

---

168) His(or Her) Majesty's Ship/Submarine. 모든 영국 해군 선박에 전통적으로 붙는 접두어
169) 드레드노트란 이름의 유래는 Dread(공포, 두려움) + nought(없음, 없다)의 두 단어를 합친 것으로 "두려울 것이 없는 (자)"란 뜻이다. 10문의 12인치 대포를 장착한 17,900t의 이 배는 화력 및 속도에서 과거 어느 전함보다 앞선 것으로서 2차대전 때까지 주력함의 모델(동력장치로 증기 터빈이 도입되고 석탄 대신에 석유를 이용) 개전 직전 드레드노트급 전함 51척 중 영국 22척, 독일 15척

의 화약고'로 알려진 발칸반도의 균형을 붕괴시켰다. 러시아는 범게르만주의에 대항하는 세력을 형성하기 위해 노력했으며, 이에 선봉으로 나선 국가가 같은 슬라브인 국가이자 팽창주의 전략을 추구했던 세르비아 왕국과 불가리아 왕국이었다.

1912년부터 1913년까지 발칸 동맹과 오스만 제국 사이의 전쟁인 제1차 발칸 전쟁170)이 발발했다. 이 전쟁 결과 체결된 런던 조약에서 알바니아는 독립했으며, 불가리아, 세르비아, 몬테네그로, 그리스는 영토를 확대하면서 오스만 제국의 영토가 감소했다. 1913년 발발한 제2차 발칸 전쟁171)에서는 불가리아가 패배하여 세르비아와 그리스에게 마케도니아 대부분을, 루마니아에게 남도브루자(Dobrogea)172)를 빼앗기게 되었다.

---

170) 1912년 10월부터 1913년 5월까지 발발한 전쟁으로 발칸 동맹 국가인 세르비아 왕국, 불가리아 왕국, 그리스 왕국, 몬테네그로 왕국이 오스만 제국에 맞선 전쟁이었다. 발칸동맹이 승리했다.
171) 1913년 6월 29일~7월 29일에 제1차 발칸 전쟁으로 획득한 마케도니아 지방에 대한 영토 배분을 두고 불가리아 왕국과 다른 발칸 동맹국 사이에 벌어진 전쟁이었다.
172) 다뉴브강과 흑해 사이의 지역이며 루마니아 남동부와 불가리아 북동부에 걸쳐 있다. 루마니아 쪽을 북도브루자 불가리아 쪽을 남도브루자라 부른다.

전쟁의 시작

사라예보 사건[173]

1914년 6월 28일, 오스트리아-헝가리 제국의 황제인 프란츠 요제프 1세(Franz Joseph)의 조카이자 왕위 계승자인 프란츠 페르디난트(Franz Ferdinand) 대공은 아내 조피(Sophie Maria Josephine) 와 함께 사라예보를 방문했다. 세르비아인들에게 점령국 황태자 부부의 방문은 애초부터 반가운 일이 아니었다.

게다가 그날은 성 비투스 축일(Vidovdan)이자, 세르비아 왕국이 오스만제국에 패한 코소보 전투가 벌어진 치욕의 날이라 세르비아인들의 반감은 더욱 커진 상태였다. 이에 세르비아계 민족주의자들이 결성한 비밀결사인 '검은 손'은 이들에 대한 암살을 계획하고 실행에 옮겼다.

열차를 타고 보스니아에 도착한 대공 부부는 오전 10시를 조금 지난 시각에 일행과 함께 4대의 차를 타고 이동했다. 처음에는 메드메흐바시치(Mehmedbašić)가 총으로 대공 부부를 저격하기로 되어 있었으나 실패했다. 그러자 차브리노비치(Čabrinović)가 차량 행렬에 수류탄을 던졌다. 하지만 대공 부부가 지나간 다음에 폭탄이 터졌고 후속하던 일행이 부상을 입었다.

대공의 행렬은 속도를 높여 시 청사로 갔다. 시청에 도착한 대

---

173) 사라예보 사건 [Assassination of Sarajevo] (두산백과 두피디아, 두산백과)

공 부부는 일정을 바꿔 부상을 입은 사람들을 위문하러 병원으로
갔고, 이동 중에 가브릴로 프린치프(Gavrilo Princip)의 총격을
받아 살해되었다. 임신 중이던 조피는 복부에 총을 맞았고, 페르
디난트 대공은 머리에
총을 맞았다. 대공 부부
를 살해한 프린치프는
독을 마시고 총으로 자
살을 시도했으나 실패하
고 체포되었다.

황태자 부부의 암살 몇 분 전 사진(사라예보 시청)174)

대공 부부를 살해한 가브릴로 프린치프는 세르비아계의 학생으
로 비밀결사인 '검은 손'의 일원으로 알려졌다. 그리고 사건 관련자
들에 대한 조사에서 암살에 사용한 폭약과 권총 등이 세르비아 정
부에게서 지급되었다는 자백이 나왔다.

오스트리아-헝가리 제국은 세르비아 정부가 이 사건에 관련되
었다며 7월 23일에 세르비아에 최후의 통첩을 보냈다. 그것은 오
스트리아-헝가리 제국에 반대하는 모든 단체를 해산하고, 관련된
관리들을 해임하며, 암살과 관련된 모든 자를 처벌하고, 오스트리
아-헝가리 제국의 관리가 세르비아에서 이를 조사할 수 있게 허용
할 것 등의 내용을 담고 있었다.

174) [Wikimedia Commons], Bettmann/Corbis.
     https://commons.wikimedia.org/wiki/File:Archduke_Franz_with_his_wife.jpg

통보한 48시간 이내에 세르비아가 이에 대한 답변을 내놓지 않자 오스트리아-헝가리 제국은 7월 28일에 세르비아에 전쟁을 선포했다. 러시아가 세르비아를 지원하기 위해 7월 29일 총동원령을 내리자, 1879년 오스트리아와 군사동맹을 맺은 독일이 러시아에 총동원령 해제를 요구하는 최후통첩을 보냈다. 그리고 8월 1일 독일이 러시아에 선전포고를 하면서 제1차 세계대전의 발발이 본격화하였다.

한편, 대공 부부의 암살에 가담한 네델리코 차브리노비치, 다닐로 일리치(Danilo Ilić), 미하일로 요바노비치(Mihaijlo Jovanović) 등은 모두 징역 16년에서 교수형에 이르는 형을 받았다. 대공 부부를 직접 저격해 살해한 가브릴로 프린치프는 20세가 넘지 않은 미성년이어서 교수형을 면하고 징역 20년의 형을 받았으나, 1918년 감옥에서 폐결핵으로 사망했다.

슐리펜 계획(Schlieffen-Plan)

1892년 러시아와 프랑스가 러불동맹176)을 체결함으로써 독일은 유사시 양면전쟁의 위험에 노출되었다. 슐리펜 계획은 독일이 프랑스 및 러시아와의 양면전쟁을 피하기 위해 작성한 작전 계획이다. 프랑스를 신속하게 점령한 뒤 내선작전의 이점을 활용, 동부전선의 러시아를 상대한다는 것이다.

당시 독일 참모본부는 러시아군이 총동원하는데 필요한 시간을 6주 이상으로 예상했고, 독일은 동부전선을 최소한의 병력으로 견제하고, 오스트리아-헝가리 제국을 끌어들여 러시아를 막기로 한다.

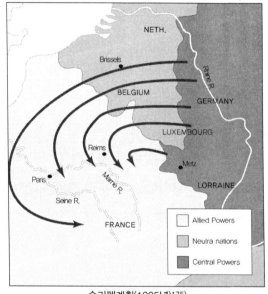

슐리펜계획(1905년)175)

신속한 프랑스 점령을 위해 슐리펜은 프랑스의 중부 전선을 회

---

175) [Wikimedia Commons], Maggiecooper3,
https://commons.wikimedia.org/wiki/File:Simplified_scheme_of_the_Schlieffen_Plan.jpg
176) 프랑스 제3공화국과 러시아 제국 사이에 1892년부터 1917년까지 성립된 군사동맹이다. 1882년 독일 제국, 오스트리아-헝가리 제국, 이탈리아 왕국이 결성한 삼국동맹에 대항하기 위한 차원에서 형성되었으며 한 동맹국이 공격을 받으면 다른 나라가 군사적 지원을 하는 내용으로 정해졌다. 이 동맹은 영불 협상, 영러 협상과 함께 삼국협상을 형성하는 계기가 된다.

피하고 우익에 전력을 집중하여 우회기동을 통해 파리를 북부에서 포위한 다음 프랑스군을 섬멸한다는 계획을 세웠다. 프랑스도 보불전쟁으로 상실한 실지인 엘자스-로트링겐의 확보를 위해 우익으로 주력을 투입한다는 제17계획을 세운 상태였기 때문에 프랑스군의 허점을 찌른 계획이었다.

1905년의 슐리펜 계획은 다음과 같았다.

1. 오스트리아 지원 하에 러시아군 저지(프랑스를 제압하는 동안 전력의 10% 가량을 동부로 돌려 최대한 러시아의 공세를 지연)

2. 프랑스 공격 시 우측에 주력을 두어 프랑스군을 포위, 우익에 5개군(35개 군단), 좌익에 2개군(5개 군단)을 배치(7:1 비율)

3. 단기 결전을 위해 베르덩, 에피날, 벨포르 요새를 회피, 파리 서쪽으로 프랑스 좌익을 포위 공격

4. 메츠 남방에서는 방어, 혹은 전략적 후퇴로 프랑스군을 유인

1906년 1월 1일, 헬무트 요하네스 루트비히 폰 몰트케(Helmuth Johannes Ludwig von Moltke)[177]가 독일군 참모총장으로 취임했다. 그는 기존의 슐리펜 계획에 변화를 주었는데, 우익과 좌익의 병력 비율을 7:1에서 6:2로 변경했고, 1, 2군을 각각 18개에서 13개 군단으로 축소했다. '망치와 모루' 작전 개념에서 '망치'의

---

177) 대 몰트케(Helmuth von Moltke)와 구분하기 위해 풀네임을 적었음

충격력을 감소시킨 것이다.

또한 몰트케는 네덜란드를 피하기 위해 우익(북쪽)의 진군 경로를 변경했고, 네덜란드를 수출입의 유용한 경로로 유지했다. 벨기에를 통해서만 진격한다는 것은 독일군이 네덜란드의 마스트리히트(Maastricht) 주변 철도 노선을 사용하지 않고, 폭 19km(12마일)의 좁은 공간으로 제1군과 제2군의 60만 명이 기동해야 한다는 것을 의미했다.

독일의 벨기에 침공

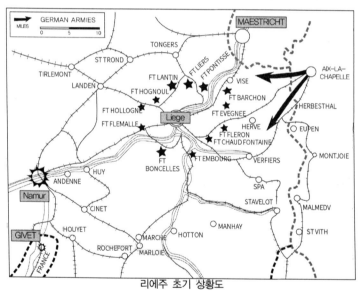

리에주 초기 상황도
(화살표는 독일 1군과 2군의 진격 방향이며, 별표는 벨기에군의 요새)178)

---

178) [Wikimedia Commons]. Miller, Francis Trevelyan.
　　　https://commons.wikimedia.org/wiki/File:Liege_forts._1914.jpg 도시 표식 추가

1914년 8월 1일, 독일군은 국경을 넘어 독일과 벨기에 간의 철도와 전신의 교차점인 트르와-비에르즈를 점령했다. 빌헬름 2세는 전방 부대에 전문을 보내 국경을 넘지 말 것을 명령했지만 이미 전방 부대들은 룩셈부르크로 진격해 오후에는 이미 룩셈부르크 전역이 독일 제4군의 영향권 안에 들어가게 되었다.

독일은 벨기에에 대해 독일군이 벨기에 영토를 통과할 수 있게 해 달라고 요구하나 8월 3일 벨기에는 이를 단호히 거부하고 전쟁 상태에 돌입했다. 벨기에의 알베르 1세는 즉시 룩셈부르크와 독일 국경 사이로 연결되는 모든 다리와 철로를 파괴하라고 명령하며 평균 폭이 180m에 이르는 뮤즈강의 다리도 모두 파괴하라고 명령한 후 결사 항전할 것을 다짐했다. 벨기에는 20만이 채 안 되는 병력으로 34개의 독일군 사단과 맞서게 되었고 독일 1군과 2군은 작전대로 벨기에 영토로 진입했다.

벨기에는 리에주(Liege)에서 12일 동안 독일의 공격을 막아냈는데, 그동안 연합군은 독일의 움직임을 파악할 수 있었으며 어느 정도의 대비를 마칠 수 있었다. 리에주 전투를 통해 연합국은 적어도 귀중한 2~3일의 시간을 벌 수 있었으며 이는 빈약한 장비와 수적 열세에도 용감히 전투를 벌인 벨기에군의 분전 덕분이었다.

주요 전투

탄넨베르크(Tannenberg) 전투

독일이 슐리펜 계획에 따라 주 병력을 서부 전선에 집중시키고 있을 때, 러시아는 주공이 러시아를 향하지 않음을 알고는 A계획[179]을 실행했다. 러시아는 독일의 예상과는 달리 2주 만에 동원을 끝내고 동프로이센 국경에 집결했다. 하지만 군수 물자는 심각한 부족을 보이고 있었다. 러시아군은 전쟁 발발 후 13일 동안 총 98개의 보병 사단과 37개의 기병사단을 동원했다.

동프로이센의 독일군은 막시밀리안 폰 프리트비츠(Maximilian von Prittwitz) 장군의 제8군과 지역 예비군, 그리고 쾨니히스베르크를 비롯한 지역 요새의 주둔군이었다. 반면, 동프로이센을 침공할 러시아 제1군과 제2군은 총 9개의 군단과 7개의 기병사단을 포함하고 있었다. 따라서 부대 규모로만 보면 러시아군이 절대적인 우위에 있었다.

러시아군 최고 사령부는 압도적인 병력으로 독일 제8군을 쉽게 격파한 뒤 빠른 속도로 서프로이센과 슐레지엔 지역으로 진격할 수 있을 것이라 확신했다. 하지만 지리적으로 동프로이센과 러시아 국경 사이에 위치한 마주리안 호수(폴란드어 : Pojezierze

---

179) A계획은 독일의 주공이 러시아를 향하지 않았을 경우. G계획은 독일의 주공이 러시아를 향했을 경우의 계획임

Mazurskie) 지대는 50마일(약 80km) 이상의 간격을 형성하고 있어서 협조된 작전이 제한되었다.

이러한 상황에서 러시아군은 전술적으로 중요한 과오를 범했다. 북쪽 공격을 담당한 제1군은 전략적으로 아무 가치가 없는 발트해 연안에, 제2군은 바르샤바와 연결로를 방어하기 위해 각각 병력을 배치함으로써 전투력이 분리되었다. 또한 제1군이 8월 15일 국경을 넘은 것에 비해 2군은 8월 20일이 되어서야 국경을 넘기 시작했다.

이 5일간 독일의 프리트비츠 장군은 러시아 제1군과 제2군이 상호 지원이 불가하다는 것을 확인했다. 따라서 대부분의 독일 8군을 마주리안 호수 지대 북쪽의 굼비넨 근처에 전개시켜 러시아 제1군과 맞서기로 한다. 8월 17일 러시아의 제1군은 슈탈루푀넨(현 네스테로프)에서 공세를 감행하나 독일군은 이를 성공적으로 격파하게 되는데, 프리트비츠 장군은 러시아군의 대반격으로 독일 제1군단이 전멸할 것을 우려해 제1군단의 병력을 굼비넨으로 철수시킨다.

독일 총참모본부는 예상을 벗어난 러시아군의 조기 등판과 독일 8군의 고전에 크게 당황했다. 몰트케는 프리트비츠의 능력으로는 현지 사수가 불가능하다고 보고 은퇴한 힌덴부르크(Paul von Hindenburg)에게 신임 제8군 사령관이 되어 줄 것을 부탁하는 한편, 그를 돕기 위해 서부전선에서 지휘력을 인정받은 루덴도르프(Erich Ludendorff)를 제8군 참모장으로 임명했다.

힌덴부르크가 전선 사령부에 부임했을 때는 작전참모인 막스 호프만 중령의 작전계획에 따라 이미 각 부대들이 이동하고 있었다. 힌덴부르크의 승인을 받지 않고 실행에 옮겨진 상태였다. 이때 힌덴부르크는 자신의 승인도 안 받은 일개 중령의 작전계획을 사후 승인하여 그대로 진행하라고 했다. 이것이 독일군의 승리를 가져온 요인이 되었다.

막스 호프만 중령은 러시아 제1군과 제2군의 간격이 수십 킬로미터에 달해 상호 지원이 불가능한 상황임에 주목했다. 또한 이들 사이에 위치한 마주리안 호수 지대는 유사시 병력 전환을 더욱 어렵게 할 것으로 판단했으며, 러시아군의 무선감청 역시 이러한 상황을 확신하게 했다. 호프만 중령은 러시아군의 2군을 대상으로 말발굽 모양의 포위작전을 계획했다.

힌덴부르크와 루덴도르프는 호프만의 계획을 승인했다. 제1기병사단이 러시아 제1군을 견제하는 사이 제1, 3 예비군단이 남하해 제20군단과 합류하여 러시아 제2군을 남쪽에서 포위하고, 동시에 제1, 17군단이 북쪽을 틀어막는 거대 포위망을 은밀히 형성한 것이다.

8월 28일, 러시아 제2군이 포위망으로 들어왔고, 독일군은 포위 공격을 시작했다. 제2군의 삼소노프는 제1군에 지원을 요청했으나 제1군의 렌넨캄프는 응하지 않았다. 이 교과서적인 포위섬멸전에서 참패한 러시아군은 병력손실 12만 5천 명, 야포 손실 500문, 포로 9만 명에 달하는 피해를 입었다.[180]

러시아 제2군을 휩쓴 독일 제8군은 기수를 렌넨캄프의 러시아 제1군 쪽으로 돌렸다. 독일 제8군은 숨 돌릴 새 없이 굼비넨에 머무르고 있던 러시아 제1군을 마주리안 호수로 밀어붙여 또다시 대포위를 완성했다. 여기서도 러시아는 12만의 병력과 500문의 대포를 잃었고 6만은 포로가 되면서 처참히 붕괴되었다.

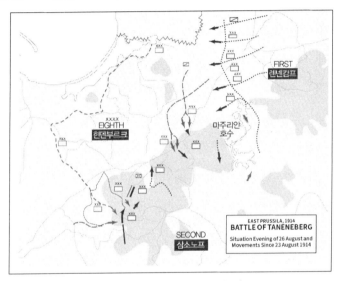

탄넨베르크 전투 상황(8.23.~26)[181]

몰트케 참모총장은 이러한 상황을 모른 채, 동부전선이 위급하다고 판단하여 서부 전선에 투입되었던 일부 병력을 급히 동부전선으로 이동시켰다. 그러나 이 부대가 동부전선에 도착하기도 전,

---

180) 2군 총사령과 삼소노프는 휘하 참모들과 함께 말도 타지 못한 채 도보로 전장을 탈출하다가 상황을 비관하여 자살했다.
181) [Wikimedia Commons], Department of Military Art and Engineering, at the U.S. Military Academy, https://commons.wikimedia.org/wiki/File:BattleOfTannenberg2.jpg 요도를 기본으로 한국어 표식

전투는 독일군의 대승리로 끝났다.

문제는, 이들이 차출됨으로 인해 서부 전선 독ㅋ일군에 큰 구멍이 생겼고, 이 구멍에 우연히 진입하게 된 프랑스군에 독일은 당황했다. 프랑스군은 반격을 감행하여 파리를 위협하던 독일군을 저지하는 데 성공했는데, 이것이 마른 전투다.

제1차 마른(Marne) 전투

제1차 마른 전투는 1914년 9월 6일부터 10일까지 파리 근처 마른강(江) 유역에서 프랑스군이 독일군을 저지한 전투였다.

프랑스 국경을 넘은 독일군은 파리를 향해 진격을 계속했다. 반면, 연합군 좌익에서 연합작전을 펼치고 있던 영국군 4개 군단은 프랑스군과 보조를 맞추면서 퇴각을 계속했다. 영·프 연합군은 지연전을 통해 추격하는 독일군에게 집중적인 포격을 가했고 독일군은 피해가 속출했다. 독일군은 파리를 향한 강행군으로 지쳐있었고, 보급선이 길어지면서 원활한 지원이 점점 어려워진 상태였다.

파리로 진격 중인 독일군의 우익은 제1군이었고, 좌익에 제2군이 있었다. 독일 제1군은 제2군과 함께 파리의 동쪽을 흐르는 마른강을 건넜는데, 9월 7일 프랑스군 사령관 조프르는 돌연 철수를 중지하고 공세로 전환했고, 프랑스군의 지휘를 받고 있던 영국군도 이에 합세했다. 이에 영국군과 프랑스군이 계속 후퇴하리라 믿고 있던 독일군은 당황하기 시작했다.

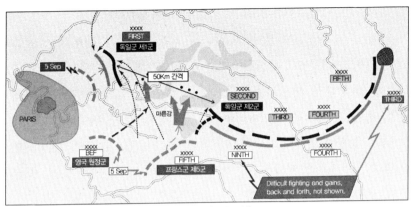

마른(Marne) 전투[182]

독일군 제1군은 초기에 승리를 거뒀던 프랑스 제5군에 결정적인 타격을 가하기 위해 예정됐던 파리 포위 기동을 포기하고 파리 북동부로 공격 방향을 변경했다. 이러한 결정은 제1군 사령관인 알렉산더 폰 클루크 장군의 독단적 결정이었다. 더욱이 독일군 2개 사단 병력이 탄넨베르크 전투를 지원하기 위해 동쪽으로 이동하기 시작했는데, 영·불 군의 총반격을 받은 독일군 제1군과 제2군은 그 간격이 50Km까지 벌어지고 말았다.

이 때문에 패전했지만 붕괴되지 않은 프랑스 제5군과 신편 프랑스 제6군, 영국 원정군은 독일 제1군의 측면을 공격할 수 있었다. 독일군은 곧 혼란을 수습하고 격렬하게 전투를 벌였으나, 3면에서 공격받는 상황이라 어느 한 쪽에 반격을 가하기가 어려운 상황이었다. 그나마 독일군이 연합군을 돌파할 여지가 가장 많았던 전면(프랑스 제6군)은 파리에서 택시 부대가 끌고 오는 신병까지

182) [Wiki media Commons].
https://commons.wikimedia.org/wiki/File:Battle_of_the_Marne_-_Map.jpg 요도를 편집

받으면서 온 힘을 다해 독일군의 진격을 저지했다.

이때 룩셈부르크에 있던 독일군의 참모본부에서 정보참모 헨츄 중령이 마른 전선에 파견되어 왔다. 그는 제1군과 제2군 사이의 간격을 심각하게 보았고, 9월 8일 뷜로우의 제2군사령부에 대해 만일 제1군과 제2군 사이에 적군이 돌입한다면 곧 철수할 것을 권고했다. 상황을 불리하게 판단한 제1군과 제2군은 퇴각을 했고, 연이어 3, 4, 5군의 퇴각 역시 불가피했다. 이리하여 9월 11일 서부 전선의 독일군 7개 군 중 우익의 5개 군은 엔 강까지 철수했다.

"마른의 기적"이라 불린 이 전투의 근본적인 원인은 독일군의 우익 병력이 충분하지 못했기 때문이었다. 슐리펜 계획에 수정을 가한 몰트케의 수정이 가져온 결과이기도 하다. 프랑스군도 결정적인 승리를 거둔 것은 아니었다. 엔 강까지 후퇴한 독일군은 그로부터 5년간 프랑스 땅에서 물러가지 않았고 참호전이 지속되었다.

베르 (Verdun) 전투

1916년 2월 21일, 독일군 제5군은 프랑스군 베르됭 요새를 공격하는 한편, 베르됭을 내려볼 수 있는 관측 요충지 뫼즈(Meuse) 고지를 확보하기 위해 뫼즈강(江) 우안의 프랑스 제5군을 공격했다. 독일의 전략은 고지를 선점한 뒤 프랑스군이 고지 위의 독일군을 공격하도록 함으로써 프랑스군에게 최대의 피해를 강요하는 것이었다.[183]

---

183) 당시 독일군 참모총장 에리히 폰 팔켄하인은 '프랑스가 마지막 병사까지 투입하지 않을 수 없는' 공격지점을 선택함으로써 프랑스군을 피흘려 죽게 해야 한다고 주장했다. 독일군은 그 지점으로 베르 요새와 그 주변 뫼즈 고원의 요새들을 선정했다.

독일은 제5군 14만 명의 병력을 투입하여 전투를 개시했다. 동시에 1,400문 이상의 대포로 시간당 10만 발의 포탄을 12시간 이상 쏟아부었다. 4일간의 기습적인 독일군 포격으로 프랑스군은 10만 명의 전사자가 발생했고, 2월 24일에 프랑스군 제2방어선이 무너지면서 2월 25일에는 베르됭 최후 전방 보루였던 두오몽 요새가 함락되었다.

이에 프랑스군은 필리프 페탱(Philippe Pétain) 장군의 지휘 아래, 2월 26일부터 2월 29일까지 전력을 다해 독일군의 공격을 저지시켰다. 독일군은 3월 28일부터 재공격을 했으나 프랑스군의 방어는 더욱 완강해졌고 소강상태 후에 전투는 계속되어 3월과 4월 뫼즈강 동서쪽 언덕과 능선에서는 포격과 공격, 방어, 점령, 탈환이 반복되었다.

5월이 되자 전투는 3번째 국면을 맞아 독일군이 뫼즈 고원을 재공격하여 함락시키자 프랑스군은 방어선이 뚫릴 위기에 처했다. 하지만 이때 영국군과 프랑스군 연합군이 대규모 군대를 동원해 솜강(江)에 주둔한 독일군을 공격했고 동부전선에서도 러시아군이 공격하자 독일군은 솜강 방어를 위해 병력을 분산할 수밖에 없었다.

전력이 약화된 독일군은 수세로 전환되었고 8월이 되면서 프랑스군이 공세로 전환했다. 프랑스군은 잃었던 요새와 영토를 탈환했고 10월에 결정적인 공격으로 독일군을 패퇴시켰다. 그러나 이 전투로 독일은 33만 7,000명을, 프랑스는 37만 1,000명 이상이라는 어마어마한 사상자를 냈고 베르됭 전투의 실패로 독일의 빌헬름 2세는 팔켄하인을 해임하고 파울 폰 힌덴부르크를 참모총장에 임명했다.

솜(Somme) 전투

솜 전투와 관련된 작전은 1915년 말부터 프랑스군 최고사령관 조제프 조프르가 입안했고, 영국 원정군 총사령관으로 임명된 더글러스 헤이그가 동의했다. 작전의 목적은 지역 확보보다는 독일군 예비병력을 유입시켜 독일군 전체 전력을 약화시키기 위한 것이었다.

참호 속의 프랑스 병사184)

영국군과 프랑스군은 공격 부대를 편성하고 우세한 병력과 장비를 집중해 공격에 나서려고 했으나 독일의 베르됭 전투로 말미암아 많은 프랑스군이 이 지역으로 전환되어 최초 의도와는 다른 성격의 전투가 되었다. 공격 개시는 베르됭에 대한 독일의 압박을 줄이기 위해 7월 1일로 앞당겨졌다.

1916년 6월 26일부터 5일 동안, 영국군은 독일군 진지에 대해 대규모 포병으로 공격준비사격을 실시했다. 이는 포격으로 독일군

---

184) [Wikimedia Commons], French photographer.
　　https://commons.wikimedia.org/wiki/File:French_87th_Regiment_Cote_34_Verdun_1916.jpg

병력을 괴멸시킨 뒤 보병을 투입하여 적의 참호로 돌격시키기 위한 작전이었다. 특히 주안점은 기관총과 철조망의 제거였다. 이 포격에는 영국군의 1,500문의 대포가 동원되었고 거의 비슷한 숫자의 프랑스군 대포도 합세하였다.

대규모 포격 뒤에 보병의 돌격이 시작되었고 포병의 지원사격이 계속되었다. 그러나 연합국의 대규모 포격은 독일군의 철조망과 견고하게 지어진 벙커들을 파괴하는 데 실패했다. 그 원인은 영국군이 사용한 포탄에 불발탄이 많이 발생했고, 이 지역의 지면이 너무 물렁해서 포탄이 그대로 땅속에 박혀버렸기 때문이었다.

이러한 대규모 포격의 실패로 인해 영국군은 첫 주 동안 아주 짧은 구간만을 전진했다. 독일군의 철조망과 기관총 진지들의 상당수가 건재했기 때문이었다. 반면, 프랑스군은 남부 라인에서 기습적인 포격과 돌격으로 성공적인 전진을 할 수 있었다. 독일군들은 베르됭에서의 엄청난 피해로 인해 프랑스군이 대규모 공격을 이 지역에서 감행하리라곤 생각하지 못했던 것이다.

영국군은 첫날에만 58,000여 명에 달하는 희생자를 내지만 계속 총사령관은 계속 진격을 명령했다. 많은 희생 끝에 7월 11일, 영국군은 독일의 첫 번째 방어진지를 점령하는 데 성공하지만 이날 독일군은 베르됭 전투 지역에서 15개 사단을 이 지역으로 보내 방어진지를 다시 강화했다. 그리고 이 공세는 여름을 지나 11월까지 지속되고, 전선은 다시 교착상태에 빠졌다.

솜 전투에서 전차가 처음 등장했다. '탱크'로 별칭이 붙은 전차는 처음에 50대가 투입되었고, 기계적 결함과 고장으로 인해 24대만이 제 기능을 발휘할 수 있었다. 9월 15일

솜 전투에 최초로 등장한 영국 전차 Mark I[185]

처음으로 탱크가 전선에 투입되었고, 전차의 등장은 독일군에게 엄청난 충격을 주었다.

9월 25일, 영국군은 공세를 재개하지만 성과는 크지 못했다. 프랑스군도 이 공세에 가담하면서 영국군에게 공세를 계속할 것을 주문하는데, 이는 공세의 중단으로 솜의 독일군이 베르됭으로 다시 배치되는 것을 막기 위해서였다. 11월 13일 영국군은 마지막 공세를 취해 독일군의 Beaumont Hamel 요새를 점령하는 데 성공했다. 그리고 솜 전투는 11월 18일 폭설로 인해 중지되었다.

이 공세를 통해 프랑스와 영국군은 15km를 전진했다. 이 지역을 확보하기 위해 42만 명의 영국군과 20만 명의 프랑스군이 다치거나 전사하고 독일군도 50만 명에 이르는 사상자를 기록했다.

---

185) [Wikimedia Commons], Ernest Brooks,
    https://commons.wikimedia.org/wiki/File:British_Mark_I_male_tank_Somme_25_September_1916.jpg

제2차 이푸르(Ieper) 전투

이푸르(Ieper) 전투는 벨기에의 이푸르(Ieper)에서 벌어진 연합군과 독일의 전투였다. 총 5번의 전투(또는 3번)가 있었는데, 본 책자에서는 독가스가 사용된 제2차 이푸르(Ieper) 전투를 대상으로 기술했다.

제2차 이프르 전투는 1915년 4월 22일~5월 25일까지 진행되었다. 독일군은 이프르 참호선을 빠르게 측면 돌격하기 위해 독가스 사용을 결정했다.[186] 전투는 총 네 차례 이루어졌는데 독일군의 독가스 공격이 아직 미숙했고 연합군도 독가스에 맞서 필사적으로 싸웠기 때문에 독일군은 여러 차례 돌파구를 공략해야 했다.

독일군은 공격을 시작할 때 독가스를 살포해 참호에 있는 연합군을 빠르게 소탕하고 이어서 참호를 돌파하기로 했다. 첫 번째 전투에서 독일군은 성공적으로 연합군 진지의 일부를 돌파했다. 하지만 독가스 구름 뒤에서 진격한 독일군 병사들 역시 독가스 피해를 입어 고통받았다. 독일군 군부는 병사들에게 지급한 방독면이 효과가 없음을 확인하고 방독면 연구에 들어섰고 연합군도 독일군 독가스 공격에 대항해 방독면을 만들어야 했다.

---

186) 독가스 사용은 제1차세계대전 전 협약으로 금지되었다. 1907년 헤이그 협약으로 실상용 화학무기 사용이 금지되어 있었고 독일제국도 이 조약에 서명했다. 그래서 독일제국이 실상용 화학무기를 사용하면 협정을 위반하는 것이었다. 하지만 독일제국은 헤이그 협정 내용이 포탄을 이용한 실상용 화학무기 사용금지인 점을 들어 포탄이 아닌 다른 방식으로 독가스 공격을 준비했다. 실린더에 독가스를 담고 누수시켜 독가스를 방출하는 공격을 감행한 것이다.

초기 공세는 성공적이었으나
연합군의 반격으로 독일군은 돌
출부의 절반만 점령하는데 성공
했다. 하지만 제2차 이프르 전
투는 독가스의 위력을 전세계에
알렸다. 제2차 이프르 전투 전
에도 최루탄이라는 화학무기를
사용했지만 최루탄은 인명 살상
용 무기가 아니었고 어디까지나
전투를 보조하는 무기였다.

이프르 전투에서 방독면을 착용하고 있는 호주
병사[187]

제2차 이프르 전투에서 독일
군은 목표를 달성하지 못했다. 하지만 독가스는 한번 살포하면 수
많은 인명을 순식간에 살상해버리는 무기로 전선 돌파에 매우 유용
한 무기로 인식되었다. 유럽 국가들은 신무기 독가스에 집중했고
연합군도 독가스를 개발해 서부 전선에 독일군과 연합군이 서로 독
가스를 살포하는 사태로 이어졌다.

187) [Wikimedia Commons], Photo by Captain Frank Hurley,
     https://commons.wikimedia.org/wiki/File:Australian_infantry_small_box_respirators_Ypres_1917.jpg

전쟁의 종결과 영향

1917년 4월 2일, 중립을 지키고 있던 미국이 연합국으로 참전했고, 제1차세계대전의 판도가 바뀌게 된다. 1917년 10월에는 러시아에서 볼셰비키 혁명(러시아혁명)이 발생했다. 러시아의 급진좌파 레닌은 독일과 단독 휴전협정을 체결하며 종전을 선언했다.

동부전선이 마무리되면서 독일은 모든 병력을 서부 전선으로 집중할 수 있었지만, 서부 전선에는 미군이 도착해 있었다. 1918년 3월 21일, 독일은 독가스를 포함한 모든 수단을 동원하여 총공격을 감행했다. 잠시 승기를 잡는 듯했으나 약 4만여 명의 사상자가 발생하면서 공격은 돈좌되었다.

7월부터 연합군은 본격적인 반격 작전에 돌입했다. 1918년 9월 독일 편이던 불가리아가 항복을 선언했고, 10월에는 오스만제국, 11월에는 오스트리아가 각각 항복을 선언했다. 방어선이 뚫린 독일은 1918년 11월 초 결국 정전 협정을 요청했다.

독일은 오랜 전쟁으로 식량과 전쟁 물자가 바닥이 난 상태에서, 독일 해군의 항명 사태와 시민혁명(1918년 11월)까지 발생했다. 전쟁에 지친 독일의 군인과 국민들은 황제 빌헬름 2세의 퇴위를 요구하며 독일은 붕괴되었고 새 정부는 종전협정에 서명했다. 1918년 11월 11일 오전 11시에 제1차세계대전이 끝났다.

전쟁이 끝나고 사람들
은 다시는 이러한 참화가
되풀이되지 않도록, 국제
협조에 입각한 평화 수립
을 목표로 1919년에 '베
르사이유 체제'를 수립했
다. 국제 연맹이 탄생하
고, 군비 축소가 모색되었

베르사이유 조약을 체결하는 장면[188]

으며, 부전(不戰) 조약이 체결되었다. 그리고 민주주의 체제가 비
약적인 발전을 이룩했다.

4개의 전제 제정이 무너지고, 그로 인해 1919년의 평화 조약
에 따라 재구성된 유럽의 지도가 크게 달라졌다. 황제 짜르의 러
시아 제정이 공산주의 국가가 되었고, 오토만 제국은 현재의 터키
가 되었으며, 오스트리아-헝가리의 낡은 대제국은 해체되어, 오스
트리아, 헝가리, 체코슬로바키아, 독립적인 유고슬라비아 등 4개의
소국으로 나뉘었다.

또한, 독일제국 역시 좁고 긴 통로, 즉 폴란드의 항구 도시 '단
찌히 회랑(couloir de Dantzig)'으로 인해 독일의 동프러시아 지
방은 본토에서 분리되었다. 이를 가리켜 히틀러는 나중에 "독일을

---

188) [Wikimedia Commons], Helen Johns Kirtland and Lucian Swift Kirtland,
     https://commons.wikimedia.org/wiki/File:Treaty_of_Versailles_Signing,_Hall_of_Mirrors.jpg

향해 들이댄 폴란드 놈들의 단검"이라고 울화통을 터트렸다.

전쟁의 모든 책임을 다 짊어지게 된 독일은 비무장화에, 가진 식민지를 모두 빼앗기고 엄청난 배상금을 물게 되었다. 1918년 11월의 독일 혁명에 의해 독일 최초로 바이마르 공화국이 이룩되었으나 1933년 1월에 나치스의 정권 장악에 의해 단명했다.

전쟁의 결과, 약 1천만 명의 사상자와 6백만 명의 부상자가 발생했다. 가장 피해가 극심했던 프랑스는 140만 명이 죽거나 실종되었는데, 이는 전체 남성 활동 인구의 10%에 해당한다. 이러한 엄청난 인명 손실에다 출생률 저하, 인구 노령화 현상으로 프랑스 인구의 정체 현상은 오래 지속되었다.

아프리카에서는 프랑스와 영국군이 독일의 식민지를 탈취했다. 식민지에서 파견된 원주민 군인들은 대개 총알받이로 위험한 최전방에 배치되었고, 전후에는 그들 운명의 개선을 요구했다. 이처럼 식민지에서 유럽의 영향력은 감소한 반면, 전쟁의 최대 수혜자인 미국의 힘은 거대해졌다.

전후에 인플레에 의한 저소득자들의 빈곤화로 인해 소득 격차 현상이 가속화되었다. 남자들의 한 세대가 없어진 유럽에서는 여성의 사회 진출이 급속화 되었다. 또한 전시에 공을 세운 여성들의 지위가 향상되었고, 여성의 권리 확장과 남녀 동등권을 주장하는 페미니즘이 발달했다.

3장
군사과학기술의 발달과 신개념의 등장

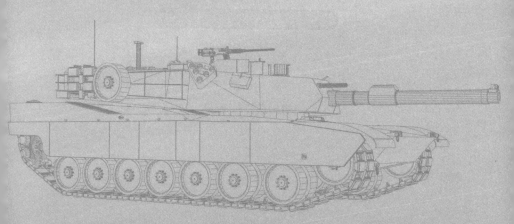

기동을 위한 군사적 혁신(3)
– 제2차세계대전(유럽 전역)

전쟁의 배경

제1차세계대전 종전 이후 20년만인 1939년부터 1945년까지의 세계대전으로, 유럽과 태평양 지역에서 거의 모든 강대국들이 참가한 전쟁이었다. 본문에서는 유럽 전역을 우선 살펴보았다.

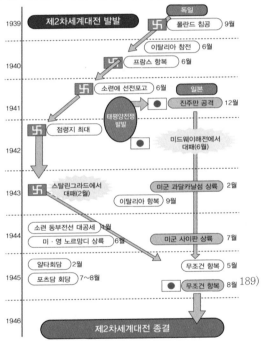

189) 미야자키 마사카츠, 「하룻밤에 읽는 세계사」 (이영주 역)(서울: 알에이치코리아, 2021) p.375를 참고하여 편집

제2차세계대전의 원인과 배경에는 세계 경제 대공황, 독일에 대한 베르사이유 조약의 가혹함, 팽창주의(제국주의)와 민족주의의 대두 등으로 요약할 수 있다.

세계 경제 대공황

제1차세계대전을 거치며 세계 경제의 중심은 영국에서 미국으로 옮겨졌다. 미국은 전쟁으로 폐허가 된 유럽에 투자하여 엄청난 부를 쌓게 되었다. 미국 경제는 호경기가 계속되면서 주가는 계속 올랐지만, 시간이 지나면서 전 세계적으로 구매력이 떨어지고 건설업이 불황으로 돌아서면서 1929년 10월 24일(검은 목요일) 모든 사람이 몰려나와 주식을 팔면서 대공황이 시작되었다.

공황은 전 세계로 퍼져나갔고, 대공황이 덮치자 미국은 유럽으로부터의 수입을 줄였고 더 이상 투자를 할 수 없었다. 그러자 유럽 국가들도 달러가 없어 미국 상품을 살 수 없게 되었다. 무역 규모는 갈수록 줄어들었고 세계 경제는 더 깊은 불황으로 빠져들었다.

1932년이 되면 영국은 파운드 블록(영연방 국가들만의 거래)을 형성하여 블록 내에서만 자유무역을 허가하고 다른 나라에는 높은 관세를 부과하여 자신들만 대공황에서 탈출하려 하였는데 달러, 마르크, 프랑 등 다른 화폐를 쓰는 제국주의 열강들도 블록을 형성함으로써 무역전쟁은 더욱 치열하게 된다.

당연히 국제관계는 험악해졌고 열강들은 다가올 전쟁을 대비하기 위해 군사력 경쟁에 들어갔다. 노동자들은 끝이 보이지 않는 가난과 실업의 절망 속에서 러시아 혁명의 영향을 받아 사회주의 혁명운동에 휩쓸리기 시작했고 제국주의 정부들은 사회주의혁명 내지는 민족해방 투쟁을 무자비하게 탄압했다.

베르사이유 조약으로 전쟁 배상금에 허덕이던 독일 국민의 불만을 틈타 히틀러는 위대한 독일제국의 부활이라는 환상을 부추기며 선거를 통하여 권력을 잡았다. 히틀러는 제일 먼저 유대인을 내쫓고 공산주의자를 체포하였으며 노동조합 간부, 자유주의 지식인, 신부와 목사까지 모조리 잡아들여 반대의 목소리를 없앴다.

히틀러는 아우토반 건설 등 일자리를 늘리는 정책으로 실업자를 감소시키는 효과를 보기 시작했지만 사회주의 경제와 복지 정책은 자원 획득과 시장의 한계로 난관에 봉착했다. 제국주의 국가들은 식민지 자원을 쥐어짜며 버틸 수 있었지만 변변한 식민지가 없었던 독일은 더 이상 견디지 못했고, 이에 생활권(Lebensraum) 논리로 대중을 설득하면서 침략 전쟁을 벌이게 된다.

베르사이유 조약의 가혹함

독일에게 부과된 엄청난 배상금과 영토 상실은 당연히 독일인들의 분노를 일으켰다. 베르사유 조약과 제1차세계대전 휴전협정에 서명한 독일 대표단은 11월의 배반자들이라 불리웠으며 매국노라는 비난을 들었다. 바이마르 공화국은 최대한 배상금을 갚으려 했지만 경제는 날로 악화되어 1922년 말 디폴트 선언을 하기에 이르렀다.

이에 벨기에와 프랑스는 군대를 동원해 독일의 최대 공업지대 루르 지방을 강제 점령했고, 프랑스와 벨기에의 이런 행동은 독일인들을 더욱 자극했다. 독일 내부 공산당 세력과 극우 세력이 자라기 시작하자 독일 내 공산당 세력이 커지는 것을 경계한 미국이 대규모 재건 계획을 시행했고, 독일의 배상금을 경감시켜주기도 했다. 하지만 가장 독일에 적대적이었던 프랑스의 반대로 매번 절충안들이 적시를 놓치거나 배상금 조정폭이 대폭 줄어들곤 했다.

결국 독일은 외화 유출이 지속되고, 독일 중앙은행이 화폐 찍어내기로 대응하면서 급격한 인플레이션은 피할 수 없었다. 독일인들의 불만과 사회 불안을 이용하여 1933년에 집권한 히틀러는 베르사이유 조약은 무효이니 독일은 배상금을 낼 필요가 없으며 재무장을 하겠다는 주장으로 독일인들의 마음을 사로잡게 되었다. 결국 1935년 3월 16일 독일이 징병제 도입과 공군 확장을 골자로 한 재군비 선언과 함께 베르사이유 조약을 공식으로 파기하고 영국이 이를 공인함으로써 사문화되었다.

1936년 3월 7일 히틀러는 국방군을 비무장지대였던 라인란트에 진주하며 베르사이유 조약을 완전히 끝장내버렸다. 이때 영국은 프랑스의 무력 대응과 제재에 반대했으며, 폴란드는 1934년 3월 2일부 발효된 독일-폴란드 불가침조약과 라인란트는 본래 독일 땅이었다며 소극적 태도를 보였다. 가장 큰 관계자였던 프랑스마저 강경 대응을 포기했다.

결국 관대해야 할 때는 가혹하고, 강경해야 할 때는 유약하기 짝이 없는 20년에 걸친 어리석은 외교로 다시 전쟁의 길로 들어서게 되는 것이다.

제국주의와 팽창주의, 민족주의 대두

제1차세계대전의 종전 이래 식민지와 관련된 인위적인 영토 분할 및 통합은 국가 간 분쟁과 갈등을 가져왔다. 이러한 상황에서 팽창주의는 국가의 영토(또는 경제적 영향권)를 군사적 침략을 통해 확장하고자 하는 이념이다. 유럽 세력(영국, 프랑스, 소비에트 연방 등)은 제국주의 시대로부터 많은 식민지를 확보한 반면, 후발 국가인 독일과 이탈리아는 그와 같은 식민지가 없었다.

파시즘은 중앙 정부가 강력한 독재로 엄격한 사회적, 경제적 억압을 하는 것이며 종종 과격한 민족주의로도 표현되며 제2차세계대전 이전 유럽의 많은 나라에서 지지를 받았다. 일반적으로 정부는 국가의 이익을 위해 산업과 국민을 통제해야 한다는 체제이다. 이탈리아와 독일 파시즘은 당시 유행

무솔리니와 히틀러190)

190) [Wikimedia Commons].
    https://commons.wikimedia.org/wiki/File:Mussolini_and_Hitler_1940_(retouched).jpg

하던 공산주의와 사회주의 봉기에 반대했고 슬라브 제국의 민족주의를 우려했다.

여러 방면에서, 파시즘 사회는 군대를 모델로 하였다. 파시즘 국가는 고도의 군국주의이며 개인적 영웅의 필요성은 파시스트 체제의 중요한 부분이었다. 히틀러와 무솔리니가 등장한 이유였다. 파시스트는 전쟁을 개선을 위한 긍정적인 것으로 보고 새로운 유럽 전쟁을 만들려고 했다.

민족주의란 사람들의 영토, 문화가 민족으로 묶여 있다는 믿음이다. 이미 독일에서는 대중 지지를 위해 지도자들이 민족주의를 이용했고 그 결과 급진적 민족주의가 성행했다. 이탈리아에서는 이탈리아인들에게 로마 제국을 복원하겠다는 믿음을 가졌다. 이러한 상황에서 윌슨의 민족자결주의에 의해 다민족 국가 오스트리아-헝가리 제국의 영토가 분리되었고 신생 국가들의 탄생과 이합집산을 가져왔다.

결국 제1차세계대전 이후의 정치적, 이념적 상황들은 처참했던 전쟁의 기억과 치유보다는 증오와 보복의 적대감만 증대시키는 방향으로 나아갔다. 앞에서 언급한 경제적 이유를 더해 이러한 적개심은 결국 전쟁으로 향하는 정신적 에너지가 되었다.

전술과 무기의 진화

전격전(Blitzkrieg)

전쟁 초기에 폴란드와 프랑스 전역에서 수행되었던 독일의 전격전은 새로운 교리가 아닌, 전통적인 프로이센군의 기동전 및 포위섬멸 개념을 발전시킨 것이었다. 그리고 제1차세계대전 중에 후티어(Oskar von Hutier) 장군이 이탈리아 전선에서 고안한 후티어 전술을 기원으로 한 것이다. 다만, 기동의 주체를 보병과 기병에서 전차, 장갑차, 항공기를 추가하고 바꾼 것이다.

제1차세계대전 말 도입된 전차는 철조망과 참호를 극복할 수 있는 새로운 무기체계였다. 리델 하트(Liddell Hart)는 전차를 집단으로 운용함으로써 제1차세계대전 당시 종심방어를 관통해 돌파구를 만들었던 예를 통해, 견고한 적의 방어선을 '충격'을 통해 관통하고 그 돌파구를 확대할 수 있다고 주장했다. 여기에 전차와 기계화보병, 지상근접지원 항공기를 결부시켜 전격전 이론을 창안했다고 알려진 사람이 하인츠 구데리안(Heinz Guderian)이다.

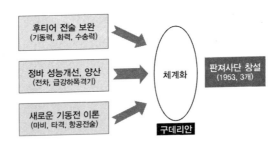

집단적인 기갑부대의 운영 등과 같은 전술이론은 구데리안이 최초로 고안한 것은 아니었지만 사상적 동지들이라 할 수 있는 만슈타인, 클라이스트, 에르빈 롬멜, 호트, 만토이펠 같은 뛰어난 야전 지휘관들이 있었기에 독일군의 전술로 자리 잡을 수 있었다. 여기에 더해 구데리안을 기갑부대의 아버지로 평하는 이유는 전차의 개발에 있어 그가 지대한 영향을 끼쳤기 때문이며, 그 내용은 아래와 같다.

첫째, 차후 확장성에 대한 고려다. 주포의 개량들이 이루어져 전차의 성능을 업그레이드 할 경우 차후 개조가 용이하도록 넉넉하게 공간을 확보하여 전차를 개발했다.

둘째, 전차의 3대 요소가 화력, 방어력, 기동력인데 그 중 방어력과 기동력은 서로 반비례 하는 요소다. 따라서 이런 모순 관계를 극복하고자 전체의 무게에 관한 기준을 제시하였는 바, 교량을 통과할 수 있는 무게까지 전차를 개발하기로 결정했다.

셋째, 전차 승무원에 관한 최적의 인원을 산출하였는데, 전차장, 장전수, 포수, 조종수, 통신수의 5명이 가장 이상적인 조합이라고 결론내렸다.

넷째, 모든 전차에 무전기와 내부 통신용 마이크를 장비하는 것이었다. 당시 전차는 지휘관 차량 외는 무전기가 없었고 전차부대는 깃발을 이용한 수신호로 통제했다.

다섯째, 터렛(turret)에 360도의 시계 확보가 가능한 전차장 전용 창을 설치하여 전차장이 안전하고도 쉽게 전후방을 파악하도록 했다.

전차의 혁신

전쟁이 시작되자 유럽 각국은

장갑차 속에서 에니그마를 다루는 독일 통신병을 바라보는 구데리안 장군(1940년 5월, 프랑스)191)

기병을 대신할 수 있는 전차의 효용성에 관심을 보였다. 그래서 전차는 말과 창, 그리고 충격력을 대신할 수 있도록 화력과 장갑, 기동력이 더해졌다. 독일은 전차를 집단으로 운용하는 개념을 발전시켜 고대 카데쉬 전투를 재현했다.

전쟁에 참여한 각국은 전차의 개량과 증산에 착수했다. 전차에 장착된 초기 기관총 몇 정 또는 소형 대전차포(37mm~50mm)는 전쟁 말기에는 75mm 이상의 주포와 수 정의 엄호용 기관총, 두

191) [Wiki media Commons], Underachieve,
https://commons.wikimedia.org/wiki/File:Bundesarchiv_Bild_101I-769-0229-10A,_Frankreich,_Guderian,_%22Enigma%22_cropped.jpg

꺼운 전면 장갑으로 진화했다. 독일은 소련의 T-34 전차와 교전 후, 이를 해군 전함 "드레드노트"의 출현과 같은 충격으로 받아들였다.

독일과 소련의 시소게임은 급속한 전차 발전 및 대전차 무기의 개발을 추진하는 원동력이 되었다. 동부전선에서 대전차 진화를 이룬 독일 전차는 서부 전선에서 싸운 미국과 영국군의 전차보다 성능 면에서 우월했다. 특히 독일의 티거 전차 한 대가 13~20대 정도의 연합군 전차를 파괴했다.

독일군은 판터 전차, 티거 전차, 야크트판터 구축전차, 엘리판트 구축전차, 험멜 자주포, 야크트 티거 구축전차, 킹 타이거 (Tiger II)전차 등을 운용했다. 하지만 독일은 산업 생산력이 뒷받침되지 않았고 500대에도 미치지 못하는 수가 생산되었고 가동률은 형편없었으며, 많은 전차가 연합군의 공습에 의해 파괴되었다.

그러나 미국이나 소련 전차는 양산이 가능했다. 독일군 전차 1대를 생산하는 동안 미국이나 소련은 5대 혹은 그 이상을 생산할 수 있었다. M4 셔먼은 기계적인 신뢰성이 높고, 미군의 높은 병참 능력과 더불어 많은 전차를 전선에 배치하는 것이 가능했다.

소련의 T-34 1940 모델[192]
(각종 개량형 28,000대 이상 생산)

미국의 M4 셔먼 브리티시 모델[193]
(각종 개량형 50,000대 이상 생산)

소련의 경우 초기의 T-34는 신뢰성이 낮았지만, 전쟁이 길어
지면서 숙련된 노동자의 등장과 지속적인 성능개량으로 인해 신뢰
성이 증가했다. 게다가 미국으로부터 지원을 받고 있어서 미국보
다는 못해도 독일보다는 나은 병참 능력을 갖추고 있었다. 따라서
미군이나 소련의 전차는 양의 우월로 성능의 열세를 만회할 수 있
었다.

새로운 전장, 공중전(空中戰)

제1차세계대전 말부터 항공기가 전투 현장에 등장했다. 당시에
는 주로 정찰 및 사진 촬영, 그리고 제한된 기총사격 및 폭탄투하
등 역할이 제한되었다. 그러나 제2차세계대전을 통해 항공기는 정
찰기, 전투기, 폭격기, 근접항공지원 등으로 다양하게 사용되었으

---

192) [Wikimedia Commons], Soviet state agencies,
　　　https://commons.wikimedia.org/wiki/File:T-34_Model_1940.jpg
193) [Wikimedia Commons], McConville (Sgt),
　　　https://commons.wikimedia.org/wiki/File:British_Sherman_tank_Italy_Dec_1943_IWM_NA_9992.jpg

며 역할별로 큰 발전이 이뤄졌다.

전쟁 초반, 독일 공군은 급강하 폭격기 등을 이용 바르샤바와 로테르담에 대한 공습을 실시했다. 바르샤바의 경우, 공습의 효과가 그다지 크진 않았으나, 로테르담의 경우, 폭탄 투하의 심리적인 효과가 독일의 의도대로 나타나서 네덜란드의 저항이 훨씬 빨리 종료되었다.

영국 본토 항공전(Battle of Britain)에서, 독일 공군은 제공권을 장악하기 위해 영국의 비행장과 항공기들을 파괴하려 했고 이후에는 런던과 다른 대도시를 폭격했다. 하지만, 영국 해안에 배치된 레이더, 스핏 파이어와 같은 전투기들에 의해 큰 효과를 거두지 못했다.

영국의 Supermarine Spitfire194) 독일의 Messerschmitt BF 109195)

미군은 장거리 사격이 가능하고 연료 탱크를 실은 P-38 라이트

194) [Wikimedia Commons], Padawane,
https://commons.wikimedia.org/wiki/File:Ray_Flying_Legends_2005-1.jpg
195) [Wikimedia Commons], I.W.M. Photo,
https://commons.wikimedia.org/wiki/File:Bf_109E-3_in_flight_(1940).jpg

닝과 P-51 머스탱 기를 제작했다. 경험이 상대적으로 적었던 새 독일 조종사들은, 포케불프 Fw-190, 하인켈 He-162, 메서슈미트 Me-262 같은 좋은 기체를 조종했음에도 전쟁 후반의 폭격에 점점 밀려만 갔다. 주간 공습에 전투기를 투입하면서 폭격기도 보호를 받게 되었고, 이는 전략적 폭격의 효과를 상당히 향상시켰다.

1942년에서 1944년까지, 연합군의 공군력은 점점 강해지는 한편 독일은 약해져 갔다. 1944년 한 해 동안 독일은 78%의 전력 감소를 겪었으며, 독일 영공에서마저 제공권을 잃었다. 그 결과 독일 내에서는 그 무엇도 보호받을 수 없는 지경까지 이르렀고, 이는 군대나 군수 공장은 물론이고 함부르크 대공습과 드레스덴 공습 때처럼 독일 시민들까지 보호받을 수 없게 만들었다.

항공 분야의 혁신으로는 전략폭격 개념이 등장했는데, 이는 적의 전쟁 수행 능력을 파괴하기 위해 적의 산업 및 인구 중심지를 폭격하는 것이다. 인원과 장비, 보급품을 적진으로 신속하게 이동할 수 있는 공정 및 공수작전도 빈번하게 실시되었다. 레이더나 지대공포와 같은 대공 무기도 발전했다.

과학기술의 적용

전쟁이 계속되면서 항공모함과 잠수함의 역할이 커졌다.[196] 제1차세계대전에서 그 효과를 입증한 잠수함은 제2차대전에서도 많

---

196) 항공모함은 '11. 항모의 전쟁' 편에서 다루었다.

은 활약을 했다. 독일이 잠수함 설계와 이리떼 전술 도입을 통해 잠수함의 공격 능력을 늘리는데 집중한 반면, 영국은 소나나 호송대와 같은 대잠수함전 무기와 전술 개발에 중점을 두었다. 그러나 전쟁이 진행되면서 연합국의 발전된 기술이 독일 잠수함에 큰 영향을 미치게 되었다.

대부분의 주요 교전국은 암호화 장비 개발에 몰두했다. 대표적인 기계가 독일의 에니그마 기계이다. 신호정보와 함께 암호를 해독하고 복호화하는 기술은 주요 전투의 승패를 가늠하게 되었다. 군사정보에서 또 다른 측면으로는 기만을 사용하는 방법도 있었는데 연합군은 민스미트(Mincemeat) 작전197)이나 보디가드 작전(노르망디 상륙작전 시) 등에서 기만작전을 이용했다.

전쟁 기간 혹은 전쟁 이후 개발된 기술이나 공학적 업적으로는 세계 최초의 프로그래밍 가능한 컴퓨터 Z3198), 콜로서스(Colossus)199), 에니악(ENIAC)200) 등이 개발되었다. 유도 미사일과 현대적인 로켓, 맨해튼 계획을 통한 핵무기, 영국 해협 아래 송유관 개발 및 인공항구의 개발 등도 이 시기에 진행되었다. 페니실린도 전쟁 기간 처음 개발되어 대량 생산, 사용되었다.

---

197) 영국군의 기만작전이다. 1943년, 독일의 상층부에게 연합군의 침공 예정지는 그리스와 사르데냐를 계획하고 있다고 생각하게 만든 것으로, 실제 계획지가 시칠리아인 것을 은닉하는 데 싱공했다.
198) 독일의 전기기계식 컴퓨터이며, 세계 최초의 작동 가능한, 프로그래밍 가능한, 완전 자동 디지털 컴퓨터이다
199) 1943년부터 1945년 사이에 영국의 암호 해독가들이 로렌츠 암호 해독을 위해 개발한 컴퓨터이다.
200) 전자식 숫자 적분 및 계산기(Electronic Numerical Integrator And Computer; ENIAC)는 1943년부터 3년에 걸쳐서 1946년 2월 14일에 펜실베이니아 대학의 모클리와 에커트가 제작한 전자 컴퓨터이다.

전쟁의 시작

전쟁 이전의 상황과 독일의 폴란드 침공

1933년 1월 히틀러가 총리에 취임하면서 독일은 제1차세계대전 후 프랑스가 점령하고 있던 라인란트(Rheinland)에 대한 재무장을 실시했다. 1938년 3월 오스트리아를 합병했고, 체코슬로바키아의 독일 민족 거주지역인 주데텐란트(Sudetenland)의 양도를 요구했다. 당연히 체코슬로바키아 정부는 반대하였으나, 영국·프랑스·이탈리아와의 뮌헨 회담을 통해 체코슬로바키아는 독일에게 보헤미아와 모라비아를 양도할 수밖에 없었다.

그 후 독일은 폴란드에게 폴란드 회랑[201]과 단치히(Free City of Danzig)[202], 동프로이센을 독일에게 양도하라고 요구했다. 또한 소련과 불가침조약을 맺으면서 전쟁을 위한 만반의 준비를 끝냈다. 1939년 9월 1일 독일군은 폴란드를 전격적으로 침공했다. 산업화가 훨씬 늦은 폴란드군은 독일 군대에 의해 쉽게 무너졌는데, 패배의 결정적인 또 다른 요인은 독일과의 사전 협정에 따른 소련군의 배후 공격이었다.

---

201) 제1차세계대전이 끝난 뒤 독립한 폴란드에 바다로의 길을 제공하기 위해 만들어진 발트해를 잇는 너비 32~112km의 회랑
202) 베르사이유 조약에 따라 단치히(현재의 폴란드 그단스크)에 설립된 도시 국가이다.

그럼에도 불구하고 전쟁은 여러 지역에서, 특히 바르샤바에서 끈질기게 지속되었다. 시장 스타르진스키(Stephen Starzynski)의 지휘에 의한 저항은, 히틀러의 명령에 따른 무차별 공중 폭격에 의해서 무너졌다. 바르샤바의 함락으로 폴란드는 패배했고, 이는 전쟁 개시 이후 불과 4주 만의 일이었다.

이탈리아의 무솔리니는 새로운 로마 제국의 탄생을 주장하며 1935년부터 1936년까지 에티오피아를, 1939년에는 알바니아를 침공하면서 그 뜻을 행동화 했다. 스페인에서는 1936년 극우파 군대와 공화당과의 내전이 발생했다. 이 내전이 주목받는 것은 여러 국가가 실질적으로 개입하지는 않았으나 소련, 이탈리아, 독일은 제한된 파병을 하면서 자기들이 개발한 신무기를 전장에서 시험했다. 1939년 3월, 프랑코 장군이 마드리드를 점령해 정권을 장악했다.

독일의 노르웨이, 덴마크 침공

폴란드에서의 승리에도 불구하고 독일군은 여건이 좋지 못했다. 장기전 대비가 제대로 되어 있지 않았고, 공군, 육군 할 것 없이 탄약, 각종 장비의 고갈을 호소하기 시작했다. 독일은 안정적인 자원 확보와 북해 전역에서 효과적인 전력 투사를 위해 덴마크, 노르웨이를 확보하는 안을 검토했다.

중립을 선언한 스웨덴 북부는 안정적인 철광석 공급처였으므로, 이 지역의 장악은 매우 중요한 사안이었다. 북유럽 장악을 위한 베저위붕 작전(Unternehmen Weserübung)의 개시일은 1940년 4월 8일로 정해졌다. 그러나 영국 수상 처칠은 독일과 소련이 공동으로 북유럽을 장악할 것을 우려했다.

1940년 2월 16일, 영국 해군 구축함이 독일군의 보조함, 알트마르크(Altmark)호를 노르웨이 영해에서 나포하는 일이 벌어지자 영국군 사령부는 대단히 고무되어 월프레드 작전(Operation Wilfred)과 R4 계획(R4 Plan)의 실행을 결정했다. 이는 나르비크에서 시작되는 노르웨이-독일 철광석 수송 항로에 대대적으로 기뢰를 설치해 봉쇄하고 해병대를 직접 투입해 노르웨이 국내의 철도망을 파괴하는 것이었다.

1940년 4월 9일 새벽 2시, 주덴마크 독일 대사는 영국의 침공으로부터 덴마크를 보호할 것이므로 독일군의 진입을 허용할 것을 요구했다. 독일군의 7개 사단 10만 병력에 비해 총병력 1만 5천 명에 불과한 덴마크군의 현실을 인지한 국왕 크리스티안 10세(Christian X)는 분노 속에 요구 사항을 수락했다. 이는 침공 개시 4시간 만의 일이었다. 크리스티안 10세는 독일에 의한 보호령을 선언했다.

남북으로 긴 노르웨이 침공을 위해서는 동시다발적인 해안 상륙이 요구되었으므로, 영국 해군에 비해 심각한 약체였던 독일 해군은 거의 전 전력을 이를 위해 동원했다. 노르웨이군은 부실한 전력에도 불구하고 최선을 다해 저항해 육상 병력의 진입을 지연, 국왕 호콘 7세(Haakon VII)와 왕가를 오슬로에서 탈출시킬 수 있었다.

한편 영국군은 독일군의 상륙 전단과 해군 전력의 대규모 이동을 사전에 포착하는 데는 성공했으나 이를 북해 돌파, 또는 분산된 상태였던 영국 함대의 요격 목적으로 오판, 윌프레드 작전과 R4 작전을 취소하고 이들의 추적에 나서 초기 대응의 지연으로 이어졌다.

3만 8,000명의 영불 연합군 병력은 4월 12일을 시작으로 노르웨이에 상륙했으나 전황은 악화되어만 갔다. 4월 말, 독일군은 오슬로를 포함해 노르웨이의 남부 권역 대부분을 장악했다. 5월 24일, 연합군의 철수 계획인 알파벳 작전(Operation Alphabet)이 승인되었고 6월 4일과 8일 사이 연합군은 노르웨이 전역에서 철수했으며, 6월 10일, 노르웨이군은 항복했다.

주요 전투

독일의 프랑스 침공

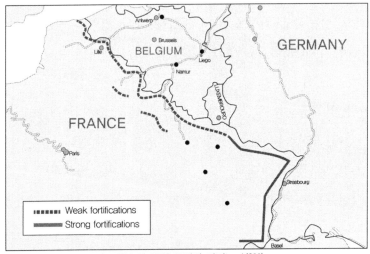

프랑스와 독일 국경의 마지노 선203)

　프랑스는 독일과의 국경에 고도로 요새화된 방어선인 '마지노 선(Maginot Line)'을 구축했다. 소수의 병력만으로도 방어가 가능하도록 했고, 각종 영구 진지와 장애물, 화력으로 강화된 난공불락의 방어시설이었다. 때문에 주요 병력은 제1차세계대전에서 독일의 주요 침공로였던 벨기에 방면에 집중 배치했다.

---

203) [Wikimedia Commons], https://commons.wikimedia.org/wiki/File:Maginot_Line-en.jpg

그중에서도 프랑스의 총사령관인 모리스 가믈랭은 벨기에 남부와 룩셈부르크 지방은 마스강(江)과 아르덴 삼림지대라는 천연 장애물이 존재하므로 광활한 개활지인 벨기에 중북부와 네덜란드 방면을 방어하는 것에 집중했다. 이를 위해 나뮈르에서 안트베르펜으로 이어지는 딜(Dyle)강(江)을 주요 방어선으로 삼는 이른바 "딜 플랜(Dyle Plan)" 혹은 "D 플랜"으로 불리는 작전계획을 수립했다.

벨기에는 비록 중립국이었지만 독일군에 단독으로 맞서다가 전 국토를 점령당했던 제1차세계대전의 뼈아픈 경험 때문에 유사시를 대비하여 프랑스군이 자국 영토에 주둔하는 것을 거절하지 않았다. 영국 역시 벨기에를 유럽과의 주요 교역로로 이용하고 있었기 때문에 제1차세계대전과 마찬가지로 "영국 원정군(BEF ; British Expeditionary Force)"을 다시 조직하여 벨기에 방면에 투입하기로 했다.

1940년 1월 10일 독일의 라인베르거 소령이 벨기에에 불시착한 사건을 통해 독일의 황색작전 계획서를 입수하자 가믈랭은 딜 플랜의 타당성을 더욱 확신했다. 다만 가믈랭은 독일의 벨기에 침공을 너무 확신한 나머지 프랑스의 유일한 기갑군단을 벨기에 방면으로 전부 이동시켰고 네덜란드의 브레다까지 방어선을 연장하면서 20개 보병사단을 추가적으로 투입했다. 3월, 독일 기갑부대가 룩셈부르크 방면에 집중되고 있다는 첩보를 스위스로부터 전달받았음에도 프랑스는 계획을 수정하지 않았다.

반면, 라인베르거의 불시착으로 작전계획의 변경이 불가피해진 독일군 내부에서 새롭게 주목받은 작전계획은 A집단군 참모장인 에리히 폰 만슈타인의 이른바 "낫질(Sichelschnitt) 작전"이었다. 만슈타인은 기존의 황색작전이 제1차 세계대전의 끔찍했던 참호전으로 이어질 뿐이고 전쟁이 장기화될 경우 소모전이 예상되므로 기습작전으로 연합군의 허를 찔러야 한다고 생각했다.

만슈타인이 주목한 것은 전차, 차량화 보병, 급강하 폭격기, 공수부대로서 이들을 작전적 기동집단군으로 활용한다면 참호전 대신에 프로이센식 기동전을 재현할 수 있다고 생각했다. 만슈타인은 이러한 작전적 기동군을 주공으로 삼아 프랑스의 마지노선(線)과 벨기에 방어선의 연결지점인 아르덴 지역을 신속하게 돌파하여 대서양 해안까지 진격함으로써 벨기에와 북프랑스에 주둔 중인 연합군에 대한 거대한 포위망을 형성하도록 작전계획을 수립했다.

만슈타인의 계획은 지나치게 모험적이라는 평가를 받았고 계획은 반려되었지만, 단기전을 구상하고 있던 히틀러에 의해 채택되었다. 독일의 프랑스 침공 작전은 크게 2단계로 구성되어 1단계는 조공이 벨기에를 공격하여 시선을 끄는 동안 주공이 아르덴 지역을 돌파하여 벨기에에 주둔한 연합군을 포위섬멸하는 "황색상황(Fall Gelb)"이었고 2단계는 황색 상황이 성공하는 경우 마지노선을 무너뜨리고 프랑스의 수도인 파리를 점령하기 위해 진격하는 "적색 상황(Fall Rot)"이었다.

1940년 5월 9일, 독일은 룩셈부르크를 점령했고, 독일 B집단 군은 벨기에와 네덜란드에 대한 기만 공격과 야간 공세를 개시했다. 프랑스 제7군은 5월 13일 네덜란드 로테르담에 접근하는 독일군 제9기갑사단의 차단에 실패했고 네덜란드는 그레베버그 전투에서 패배했다. 네덜란드는 네덜란드 운하 방어선의 그레베 선까지 후퇴했다.

네덜란드 육군은 항복 후에도 아직 대부분 그대로 있었고, 5월 14일 독일 공군에 의해 로테르담 폭격이 일어났다. 네덜란드 육군은 전략적 상황이 절망적이라고 판단하여 주요 네덜란드 도시의 파괴를 두려워했다. 항복 문서는 5월 15일 체결되었다.

5월 10일, 독일군의 벨기에를 공격했다. 우선 독일 공군은 개전과 동시에 제공권의 우위를 잡은 후 벨기에가 자랑하는 에방에마엘 요새(프랑스어 : Fort d'Ében-Émael)[204]를 공격하기 위해 팔쉬름예거(Fallschirmjäger, 독일 공수부대)를 투입했다. 글라이더를 이용하여 침투하는 독일의 팔쉬름예거의 3차원 공격에는 속수무책으로 당해야만 했다. 이어서 운하의 다리들도 독일의 공수부대에게 점령당하면서 벨기에군은 후퇴했다.

독일의 프랑스 침공의 조공 역할인 네덜란드와 벨기에 방면의 공격은 성공적으로 진행되고 있는데 반해 작전의 핵심인 기갑 집

---

204) 에방에마엘 요새는 총 8km의 길이에 걸쳐 17개의 벙커와 알베르 운하라는 지형적인 이점을 갖추고 있어서 작은 '마지노선'이라 불리웠다.

단의 아르덴 돌파는 시작부터 차질을 빚었다. 아르덴을 향하는 도로는 4개에 불과했기 때문에 41,000대에 이르는 기갑부대가 동시에 통과하는 데 많은 시간이 지체되었다.

그러나 전차부대에게 가장 큰 위협이 될 연합군 공군기들이 모두 대서양 연안에 배치되어 있었기 때문에 독일의 기갑 집단은 무사히 아르덴 지역을 지나갈 수 있었다. 5월 13일부터 독일군은 스당 근처에서 구데리안의 제19기갑군단 예하의 제1 · 2 · 10기갑사단이 일제히 뮤즈강(江)을 도하하기 시작했다.

프랑스는 스당에서 뫼즈에 이르는 약 6km 방어선에 103개의 벙커를 설치했으나 개전과 동시 독일 공군기의 폭격에 대부분 파괴되었다. 독일 제1기갑사단의 스당 방면 돌파가 성공한 것과 달리 엄폐물이 없는 개활지에서 프랑스 포병대의 포격에 노출된 제2 · 10기갑사단은 잠시 어려움에 봉착했으나 곧 도하에 성공했다.

이에 프랑스는 공군력을 총동원, 뫼즈 주변의 다리를 파괴하고자 했으나 독일의 공군력과 방공망에 피해만 입은 채 물러나야 했다. 5월 14일 클라이스트는 구데리안에게 하루에 최대 8km만 진격할 것을 명령했으나 구데리안은 거침없이 진격했고, 독일의 진격이 너무 빠른 속도로 이루어졌기 때문에 프랑스는 제대로 역습의 기회를 잡지 못했다.

독일의 기갑부대들은 경주라도 하듯이 서쪽으로 거침없이 질주했고 프랑스군의 방어선은 완전히 와해되었다. 독일 지휘부는 보병부대의 보호를 받지 않은 상태에서 기갑부대 측면이 위험에 노출되는 것을 지적하고 나섰다. 히틀러는 제1차 마른전투에서 독일군 우익의 노출이 가져온 결과를 기억하면서 진격을 멈추고 당분간 보병부대와 함께 방어선을 형성하라고 명령했다.[205]

됭케르크 철수 작전

영국군은 프랑스의 패배를 인정하고, 전투력을 보존하기 위한 조치에 들어갔다. 그러나 독일군은 연합군의 철수를 막기 위해 신속히 불로뉴를 함락시키고, 5월 23일에는 칼레마저 점령했다. 독일군은 벨기에와 북프랑스에 위치한 연합군을 거대한 포위망에 가뒀고 북프랑스 일대의 항구 대부분을 장악하여 퇴로도 대부분 봉쇄했다.

연합군은 유일한 탈출구인 됭케르크를 이용하여 바다로 철수할 수밖에 없었다. 독일군은 5월 24일 됭케르크에서 불과 15km 떨어진 지점까지 진격하면서 포위망을 좁혀오고 있었다. 하지만 병력에 비해 수송함의 숫자가 턱없이 부족했다. 그런데 연합군에게 기적이 일어났다. 전선을 방문한 독일의 히틀러가 갑자기 전군에 진격정지 명령을 하달한 것이었다.

---

205) 그러나 롬멜의 제7기갑사단은 정지 명령을 무시하고 단독으로 진격을 계속하여 프랑스군 잔존병력을 물리치고 5월 17일 아벤을 점령하였고 5월 18일에는 캉브레까지 진출했다.

히틀러는 너무나 빠른 진격 속도에 연합군의 함 정이 도사리고 있는 것은 아닌지 우려했고, 보병 지 휘관들은 기갑부대와 보병 부대 사이의 지나친 간격 에 대해 우려했다. 결정적

됭케르크 철수 작전206)

으로 독일 공군의 괴링은 됭케르크에 갇혀버린 연합군을 공군력만 으로 쓸어버릴 수 있다고 장담했다. 결국 히틀러는 5월 24일 진격 정지 명령을 내렸다.

비록 진격정지 명령이 2일 뒤인 5월 26일에 철회되었지만 영 국은 동원할 수 있는 군함을 총동원했고 이것도 부족하자 민간 선 박까지 징발했는데 이들을 "됭케르크의 작은 배들(Little Ships of Dunkirk)"이라고 불렀다. 됭케르크에서의 대규모 구출작전은 영국 의 처칠이 작전을 설명한 다이나모 룸에서 유래한 "다이나모 작전" 으로 불렸다.

5월 27일부터 6월 4일까지 구출작전이 진행되었다. 괴링이 호 언장담한 대로 독일 공군기를 동원하여 공습에 나섰으나 영국 측 도 공군기들을 총출동시켜 이를 방어했다. 결국 영국 공군기의 맹

---

206) [Wikimedia Commons], Royal Air Force official photographer,
    https://commons.wikimedia.org/wiki/File:Dunkirk_and_the_Retreat_From_France_1940_C1752.jpg

활약과 후위 엄호를 위해 남은 프랑스군 2개 사단의 희생 덕분에 연합군 총 34만 명이 영국으로 무사히 철수하는 데 성공했다.

프랑스의 항복

됭케르크 철수작전으로 연합군은 병력의 괴멸만은 막아냈다. 그러나 베네룩스 3국과 프랑스 북부 지역, 북해 연안은 독일군이 점령했다. 독일은 프랑스의 파리를 향해 진격했고, 이에 프랑스는 예비병력을 총동원하여 파리 방어에 나섰다. 프랑스 병사들 역시 조국을 수호하려는 의지를 보이며 놀라운 분전을 거듭했으나 병력의 절대적인 열세를 극복할 수는 없었다.

또한 전쟁의 추이를 지켜보던 이탈리아가 6월 10일 프랑스와 영국에 선전포고를 하고 알프스를 넘어 프랑스를 침공할 뜻을 비추면서 프랑스는 더욱 불리한 상황에 놓이게 되었다. 독일은 B집단군을 남하시켜 파리 점령에 나서게 했고 A집단군

파리의 개선문을 행진하고 있는 독일군[207]

은 마지노선 후방으로 진격시켰다. 그리고 그동안 마지노선을 견

---

207) [Wikimedia Commons], Kropf.
https://commons.wikimedia.org/wiki/File:Bundesarchiv_Bild_101I-751-0067-34._Paris._Parade_deutscher_Soldaten.jpg

제하던 C집단군에게 마지노선에 대한 공격을 개시하도록 했으며 이탈리아에게도 프랑스 남부 지방으로 군대를 보내도록 요청했다.

독일의 조직적인 공격에 프랑스 방어선이 곳곳에서 무너졌고 마침내 프랑스 정부는 6월 10일 파리를 무방비 도시로 선포하고 남쪽으로 이동하자 독일군은 6월 14일 파리에 입성했다. 구데리안의 제19기갑군단이 신속하게 마지노선의 후방을 돌아 기동하자 마지노선은 무너졌다.

프랑스군 대부분이 6월 25일 항복했고 최후까지 항전하던 일부 프랑스군도 7월 10일 저항을 포기했다. 마지노선에 주둔 중이던 프랑스 제2집단군 50만 명이 모두 포로가 되었다. 프랑스는 폴 레노가 6월 16일 총리직을 사임했고, 제1차세계대전을 승리로 이끈 페탱이 신임 총리가 되었다.

휴전을 원한 페탱은 6월 25일 정전에 합의했고, 정전조약의 체결장소로 제1차세계대전의 정전조약이 체결되었던 콩피에뉴 숲이 선택되었다.[208] 정전협정이 체결되고, 프랑스는 북부 지역을 독일에게 넘겨주었고 이탈리아에게는 남동 지역의 니시 부근과 코르시카를 내주어야 했다. 그리고 페탱을 비롯한 프랑스 내각은 비시로 수도를 옮기고 새로운 정부를 수립했는데 이를 '비시 프랑스(Régime de Vichy)'라고 부른다.

---

208) 히틀러는 1918년 제1차세계대전 패전의 굴욕을 설욕하기 위하여 제1차세계대전의 정전협정을 맺은 기념으로 박물관에 전시되었던 기차까지 다시 가져오는 치밀함을 보였다.

북아프리카 전역

프랑스가 항복한 상태에서 추축국[209]의 일원이었던 이탈리아는 북아프리카 지역의 영국 식민지들과 발칸 반도에 주목했다. 1940년 8월, 영국 본토 항공전이 절정에 있을 때, 이 틈을 노려 무솔리니는 이집트 원정을 지시했다. 리비아에 파견된 이탈리아군의 규모는 25만 전후였고, 이집트 주둔 영국군은 3만 전후에 불과하여 영국은 부담스러운 상황이었다.

이탈리아군은 9월 16일, 국경에서 약 130km 지점까지 진격했다. 영국군은 이러한 상황을 타개할 방법이 없었는데, 이탈리아군이 갑자기 진격을 멈췄다. 그리고 이탈리아의 그라치아니 원수는 시디 바라니 지역에 참호를 파고 방어진을 구축했다. 영국 본토가 독일의 폭격으로 더 이상 견디기 어려워 시간만 지나면 영국이 철수할 것으로 생각했고, 보급에도 문제가 있었기 때문이다.

그러나 이탈리아가 기대하던 상황은 벌어지지 않았고, 영국의 이집트 주둔군은 상황이 호전된 영국 본토로부터 전차나 병력, 무기 등을 지원받기 시작하면서 콤파스 작전(Operation Compass)을 개시했다. 12월 9일 배치가 끝난 영국군은 이탈리아군 방어 거점을 공격하기 시작했다. 마틸다 II를 앞세운 영국군의 공세는 방심해 있던 이탈리아군에게 충격과 공포였다.

---

209) 나치 독일, 이탈리아 왕국, 일본 제국의 3대 추축국과 이들에 동조한 국가들과 단체들의 군대와 무장 집단

영국의 웨이벌 장군은 시디 바라니 지역에서 5일간의 제한적인 반격작전을 구상했었는데 이탈리아군이 알아서 무너지는 바람에 불과 2일 만에 시디 바라니 지역을 탈환했다. 1941년 1월 4일, 해·공군력을 앞세워 바르디아를 점령한 영국군은 2월 5일, 토브룩마저 점령했다. 반격 작전이 진행된 10주 동안 영국군은 무려 800km나 진격했고, 13만 명에 달하는 이탈리아군 포로와 수많은 이탈리아군의 전차나 화포, 수많은 물자를 노획하는 전과를 올렸다.

　　한편, 영국의 타란토 공습으로 이탈리아 해군이 궤멸되어 지중해의 제해권이 영국으로 넘어가게 되었다. 이는 영연방군이 남부 유럽 지역에 직접적인 영향력을 행사할 수 있게 되었다는 의미였다. 소련 침공 준비에 전념하고 있던 히틀러는 석유의 안정적 공급이 절실했다. 이에 괴링에게 제10항공군을 편성하여 이탈리아에 파견, 영국의 해상보급선을 봉쇄하게 했고 에르빈 롬멜 중장을 아프리카 군단 사령관으로 임명하여 이탈리아군을 돕게 했다.

　　롬멜은 기만작전과 빠른 공세로 영국군을 혼란에 빠뜨렸고, 불과 1주일 만에 영국군을 800km 밖으로 몰아내는

북아프리카 전역에서 롬멜[210]

210) [Wikimedia Commons], Bundesarchiv,
　　　https://commons.wikimedia.org/wiki/File:Bundesarchiv_Bild_101I-786-0327-19,_Nordafrika,_Erwin_
　　　Rommel_mit_Offizieren.jpg

기염을 토했다. 하지만 독일군의 진군은 토브룩에서 멈췄다. 영국 수비대는 토브룩만큼은 절대 내줄 수 없다면서 완강하게 저항했고, 롬멜은 4월 말까지 공세를 퍼부었으나 번번이 좌절되었다.

4월 말, 독일군이 이집트 국경까지 진출했고 오스트레일리아군 이 토브룩항(港)에 고립되었다. 이에 연합군은 7월까지 수차례에 걸쳐 공격을 시도했으나 전선(戰線)은 엘 아게일라에 형성되었고, 연합군은 서부 사막군을 8군으로 재조직했다. 연합군은 12월 10 일, 토브룩의 포위망을 푼 뒤 12월 24일 벵가지를 점령했다.

하지만 1942년 2월 21일, 트리폴리로부터 보급을 받은 롬멜은 토브룩을 다시 점령했고, 연합군을 이집트 국경까지 몰아냈다. 롬 멜은 공세를 재개했다가 6월 말 알렉산드리아와 나일강 삼각주에 서 불과 90km 떨어진 제1차 엘 알라메인 전투에서 저지당했다. 이 시기에 지중해 지역의 독일군 보급망이 파괴되었다.

버나드 몽고메리 장군이 8군 사령관에 취임했다. 8월 31일, 롬 멜이 엘 알라메인에 대한 2차 공세를 실시했으나 영국군은 알람 할파 전투와 제2차 엘 알라메인 전투에서 승리했다. 몽고메리는 추축군을 밀어붙이며 11월 13일 토브룩을 재탈환했고 트리폴리는 1943년 1월 23일 함락되었다.

프랑스령 알제리 및 모로코 지역에서는 1942년 11월 8일~11 일까지, 미군이 주축이 되고 영국군이 소수 포함된 연합군의 상륙 작전이 시행되었다. 당시 프랑스령 알레리 및 모로코에는 비시 프랑스군이 점령하고 있었다. 작전의 목적은 이 지역을 장악해서 독일군을 포위, 압박하기 위함이었다. 우여곡절 끝에 연합군이 상륙에 성공하자 후방이 불안해진 독일은 프랑스 본토의 비시 프랑스 지역을 직접 독일군이 점령, 관할하게 했다.

롬멜은 상륙에 성공해서 동진하는 미군과 리비아에서 서진하는 영국군 사이에 포위되었으나 1942년 12월 일련의 방어 작전으로 연합군을 저지하기 위해 애썼다. 그중 가장 유명한 것은 제2군단을 상대로 한 카세린 협곡 전투였다. 그러나 롬멜은 병력과 장비가 부족했으며 카프리 작전이 실패되자 더는 희망이 없다고 판단했고 본국으로 소환되었다.

결국 영국 8군이 추축국의 마레트(Mareth) 방어선을 돌파한 이후, 연합군은 아프리카에서 추축군의 저항을 분쇄하고 1943년 5월 13일 항복을 받았다. 이때 독일군 12만 5,000명을 포함한 27만 5,000명의 추축국 병력이 항복했는데 이 엄청난 병력 손실은 추축군의 군사력을 크게 감소시켰다.

스탈린그라드 전투

1941년 6월 22일, 독일군과 추축군은 소련을 침공했다.(Operation Barbarossa) 초기 전투에서 승리한 독일군은 모스크바까지 진격했으나 모스크바 공방전을 기점으로 소련이 반격으로 전환했다. 독일 중부 집단군의 손실이 커지고 보급선은 길어지면서 날씨마저 추워지자 독일은 재정비에 들어갔다.

히틀러는 미국이 유럽전에 참전하기 전에 동부전선을 끝내거나 또는 최소화하려고 했다. 그래서 코카서스의 대유전 지대를 점령하여 소련군의 연료를 고갈시키고 부족한 독일군의 연료 문제를 해결하려 했다. 스탈린그라드는 카스피해(海)와 북부 러시아를 잇는 수송로인 볼가강의 주된 산업 도시였고, 이곳을 점령하면 코카서스로 전진하는 독일군 좌익의 안전을 확보할 수 있었다.

히틀러는 청색 작전(Fall Blau)으로 명명한 1942년 여름 공세 계획을 세우도록 했다. 1942년 6월 28일, 독일군은 쾌속의 진군을 개시했고, 소련군은 동쪽으로 무질서한 패주를 시작했다. 저항선을 구축하려는 여러 시도 역시 독일군의 측면 포위로 좌절되었다.

소련군은 7월 2일 하르코프 북방의 포위망과 일주일 후 밀레노보와 로스토프 근방의 포위망에 갇혀 각각 섬멸되었다. 7월 하순까지 독일군은 소련군을 돈강까지 밀어붙였다. 독일군의 공세로 동쪽으로

폐허가 된 스탈린그라드 상공의 독일 급강하 폭격기[211]

211) 위 기관.
ttps://commons.wikimedia.org/wiki/File:Bundesarchiv_Bild_183-J20510,_Russland,_Kampf_um_Stali
nyrad,_Luftangriff.jpg

후퇴하던 소련군 부대는 스탈린그라드에 집결했다. 소련군의 목표는 어떤 희생을 치르더라도 스탈린그라드를 사수하는 것이었다.

전투는 독일 공군의 무차별 폭격으로 시작되었고 도심을 완전히 폐허로 만들었다. 스탈린은 민간인이 시를 떠나 피난 가는 것을 금지했다. 여자와 아이를 포함한 민간인이 방위망을 구성하기 위해 동원되었다. 8월 23일, 독일 폭격기 600대가 도시를 불지옥으로 만들었고, 시민 약 4만여 명 이상이 사상하는 참혹한 결과를 낳았다.

8월 하순까지 독일 B집단군은 스탈린그라드 북쪽에서 볼가강(江)에 이르렀다. 남쪽을 향한 다른 진격도 이어졌다. 9월 1일까지 소련군은 독일군의 포병과 폭격에 노출되어 위험한 볼가강 도하를 통해서만 스탈린그라드 내의 부대들에게 보급과 지원을 할 수 있었다.

소련군은 폐허가 된 시설을 이용 방어 거점을 구축했다. 전투는 치열했고 잔혹했다. 최초 전투에 참여한 소련군 병사의 평균 생존 시간은 24시간 미만이었다. 1942년 7월 27일에 내려진 스탈린의 227호 명령에 따르면 상부의 명령 없이 위치를 벗어나는 모든 자는 즉결 처분이 가능했다. 물론 스탈린그라드에 투입된 독일군도 커다란 손실을 보고 있었다.

소련군은 시가지에서 가능한 근접전투를 실시했다. 그리고 이러한 방법은 독일군의 전통적인 협동작전과 포병 지원을 무력화시

켰다. 독일군은 이런 시가전을 농담 삼아 생쥐 전쟁(Rattenkrieg)

이라고 불렀다. 시가지에서
소련군 저격수들은 독일군에
게 심리적 재앙이었다. 양군
의 손실이 막심했기 때문에,
계속 새로운 부대가 시내로
투입되었다.

스탈린그라드 시가전212)

독일군은 3개월 동안 수많은 전사자를 남기고 느리고 값비싼
대가를 치른 전진 끝에 11월에 볼가강의 강둑에 도달했다. 한편
코카서스(최종 목적지는 바쿠)로 향하는 A집단군의 진격은 초기
몇 달간의 진격 속도와 다르게 11월 이후로는 눈에 띄게 느려졌
다. 11월 이후 A집단군은 카프카스 산맥에서 교착상태에 빠졌다.

소련군은 축차적인 병력 투입으로는 독일군을 격퇴할 수 없음
을 깨닫고 대규모 공세를 통해 전세를 뒤집으려 하였다. 그리하여
스탈린의 승인을 얻어 일방적 공세 작전을 입안했다. 11월 19일
에 개시된 천왕성 작전이었다. 11월 23일, 소련군의 협격 포위로
25만여 명의 독일과 루마니아군 그리고 약간의 크로아티아 출신의
의용병 부대가 거대한 포위망에 갇혔다.

포위망에 갇힌 제6군사령관 프리드리히 파울루스 장군은 소련

---

212) [Wikimedia Commons], https://commons.wikimedia.org/wiki/File:Stalingrad-war.jpg

군 포위망을 돌파하겠다고 요청했으나, "항복 절대 불가"의 명령만을 반복했다. 고립된 독일군에게 공중보급을 계획했으나, 애초부터 무리였다. 제6군은 기아에 시달리고 있었고, 조종사들은 도착한 물자를 나르는 병사들이 너무 지치고 굶주려서 음식을 나를 수 없다는 것에 충격받았다.

소련군은 포위망을 줄이기 위한 전투를 개시했다. 12월 포위를 모면한 독일 제4기갑군을 주축으로 구성된 돈 집단군은 만슈타인 지휘하에 포위된 독일군을 구출하기 위해 "겨울 폭풍 작전"을 개시했으나 소련군은 이를 격퇴했다. 다시 겨울이 오자 볼가강이 결빙하여 소련군의 보급은 쉬워졌다. 그러나 시내에 포위된 독일군은 식량, 난방 연료, 의약품 부족에 시달렸고, 수많은 병사가 동상, 영양실조, 질병으로 사망했다.

1943년 2월 2일, 독일 제6군은 항복했다. 독일군 포로는 22명의 장성급을 포함한 9만 1,000명이었다 독일군의 병력과 자원은 스탈린그라드에서 지나치게 소모되었고 더는 소련군을 압도할 만한 힘을 갖고 있지 않았다. 이와 반대로 소련군은 초기의 패배를 딛고 이 전투를 기점으로 병기와 전법을 대폭 개량하여 독일군과 대등하게 싸울 수 있는 전력을 확보하게 되었다.

노르망디 상륙작전

1943년 5월, 북아프리카에서 독일군을 몰아낸 연합군은 같은 해 7월 시칠리아를 침공하고, 9월에는 이탈리아 본토에 상륙했다. 1943년 2월, 소련군은 스탈린그라드 전투에서 결정적 승리를 거두어 그동안의 수세를 공세로 전환하기 시작했다. 그리고 1943년 11월, 테헤란 회담에서 루스벨트와 처칠은 스탈린에게 다음 해 5월까지는 유럽에 제2전선 구축을 약속했다.

장비와 물자를 상륙시키는 USS LST[214]

연합군은 1944년 5월 1일 노르망디 상륙작전을 계획했다.[213] 그러나 부대 규모를 확장하고, 추가 장비를 마련하거나 새로 생산하기 위해 작전은 6월까지 연기되었다. 최종적으로 미군 22개 사단, 영국군 12개 사단, 캐나다군 3개 사단, 폴란드군 1개 사단, 프랑스군 1개 사단 등 연합군 39개 사단 1백만 명 이상의 병력이 노르망디에 투입하기로 결정했다.

---

213) 노르망디 상륙작전(Normandy landings)는 연합군의 오버로드 작전(Operation Overlord)의 일환이었고, 암호명은 넵튠 작전(Operation Neptune)으로 1944년 6월 6일 암호명이 해왕성 또는 디데이로 부여되었다.
214) [Wikimedia Commons], US Coast Guard,
   https://commons.wikimedia.org/wiki/File:Normandy_Invasion,_June_1944.jpg

상륙에 앞서 보디가드 작전(Operation Bodyguard)이라는 코드명으로 유럽 본토 공격의 시간과 장소를 독일이 오판하도록 기만작전이 다양하게 시행되었다. 포티튜드 작전(Operation Fortitude)은 상륙 지점을 기만하기 위한 것으로, 북 포티튜드는 노르웨이로, 남 포티튜드는 프랑스의 칼레에 상륙할 것이라 독일이 믿게 하는 작전이었다. 이 밖에도 레이더 교란, 기만 통신, 모의 풍선 등을 활용해서 독일군이 정확한 상륙 지점을 예측하지 못하도록 했다.

한편, 히틀러는 1942년부터 유럽 대륙의 서쪽 해안으로부터 스칸디나비아에 이르는 방어선 구축을 지시했다. '대서양 방벽'으로 알려진 이 방어선 구축에 수백만 명의 프랑스 인부들이 동원되었다. 대규모의 해안포와 수많은 포대가 설치되

대서양 방벽을 확인하는 롬멜[215]

었으며, 수십만 명의 독일군 부대를 해안 곳곳에 배치했다.

6월 6일 새벽, 미 육군 제82공수사단과 101공수사단, 영 육군 제6공수사단은 해안포 진지나 교량 등을 점령하기 위해 가장 먼저

215) [Wikimedia Commons], Bundesarchiv.
https://commons.wikimedia.org/wiki/File:Bundesarchiv_Bild_101I-295-1596-10._Frankreich._Atlanti kk%C3%BCste._Erwin_Rommel.jpg

노르망디에 강하했다. 그리고 상륙작전을 개시했다. 상륙 지점은 총 4개 지역으로 미군은 유타와 오마하 해변, 영국군은 소드 해변 및 골드 해변, 캐나다군은 주노 해변에 각각 상륙했다.

첫날 연합군 손실은 10,000여 명으로 추산되었고 4,414명이 사망한 것으로 확인되었다. 또한 유타 해변을 비롯한 모든 상륙 지점은 해변으로부터 10~16km까지 진격하고 연결되어야 했지만, 이 목표 중 어떤 것도 달성되지 않았다. 그만큼 희생이 큰 작전이었다.

상륙작전 이후 가장 큰 문제점 중 하나는 보급이었다. 노르망디 해안에 직접 선박을 정박시키고 물자를 하역하는 작업은 속도가 너무 느렸다. 이를 예측한 연합군은 상륙작전 3일 뒤인 6월 9일, '멀베리(Mulberry)'라는 이름의 조립식 인공항구를 노르망디 앞바다에 가설했다.

골드 해변에 지어진 인공항구 멀베리(Mulberry)

연합군은 노르망디 지역에서 2개월을 보냈고 독일의 정예 병력들의 저항은 완강했다. 그러나 연합군은 히틀러의 사수 명령으로 인해 현지에 묶인 서부 전선의 독일군 잔존 전력을 팔레즈(Falaise pocket)[217]

216) [Wikimedia Commons], Royal Air Force official photographer,
   https://commons.wikimedia.org/wiki/File:The_Mulberry_Harbour_C4626.jpg

에 몰아넣어 섬멸했다. 이후 프랑스 해방까지 독일군은 제대로 된 저항을 못 하고 패주를 거듭했다.

벌지(Bulge) 전투

1944년 9월 4일 영국군은 벨기에 안트베르펜을 해방했다. 그러나 연합군의 보급선이 길어져 진격은 정지되고 전선은 교착상태가 되었다. 이 상황을 타개하기 위해 9월 17일 버나드 연합군은 '마켓가든 작전'[218]을 실시했지만 실패했다. 연합군은 일시적으로 진격을 중지하고 보급 문제를 해결해야 했다.

히틀러는 궁지에 몰린 상황을 타개하기 위해 반격 작전을 구상했다. 벨기에 아르덴 지방의 삼림지대를 기갑부대로 돌파하여 단번에 안트베르펜까지 진격하여 이곳을 탈환하고, 서부전선 북쪽의 연합군을 포위, 괴멸시킨다는 계획이었다. 작전 시기는 아르덴 숲이 안개에 휩싸이는 겨울로 잡았다. 제공권을 상실한 상태에서 연합군의 항공기 공격을 회피하기 위함이었다.

연합군은 독일군의 공격 징후나 공세 준비에 대한 정보가 있었으나, 독일에게는 공세에 나설 여력이 없다고 판단했다. 또한 아르덴 지방은 깊은 삼림과 산악지대였기에 기갑부대가 쉽사리 통과

---

217) 1944년 8월 12일~21일까지 벌어진 팔레즈 계곡에서의 연합군과 독일의 전투. 이 작전으로 독일군은 1만 명의 사상자와 5만 명 이상의 포로, 그리고 많은 전차들을 잃게 된다.
218) 제2차세계대전에서 가장 많은 공수부대가 투입된 작전이었다. 연합군의 공수부대와 지상군은 네덜란드의 에인트호번과 네이메헌을 점령하는데 성공했으나 아른헴과 그 교외에서 거점을 지키는데 실패해서 전략적으로 중요한 라인강의 교량을 확보하는데 실패했다.

할 수 없다고 생각했다. 1944년 12월 16일 독일군은 진격을 개시했다. 독일군의 예상대로 악천후로 인해 연합군은 항공기를 띄울 수 없었다.

기습을 당한 연합군은 일부 거점에서 완강하게 저항했으나 전사자가 속출하고 포위 위기가 발생하는 등 상황은 위급했다. 그러나 아이젠하워의 결단은 빨랐고 101 공수사단을 바스토뉴로, 82 공수사단을 생 비트로 급히 보냈다. 12월 하순에 이르자, 독일군의 주력부대 전진은 매우 지연되었다. 오히려 속공에 성공한 독일군 부대가 포위당해 집중적인 반격을 당하는 사태가 속출했다.

12월 23일 날씨가 회복되면서 연합군은 공중 공격을 통해 독일군의 보급기지를 폭격하여 괴멸적인 타격을 주었고, P-47 썬더볼트는 도로상의 독일군을 공격했다. 거기에 바스토뉴에 대해 공중 보급으로 의약품, 식료, 모포, 탄약이 보급되었다. 자원봉사자들로 구성된 의료팀도 글라이더로 현

벌지 전투에서 미 290보병연대 병사들[219]

219) [Wikimedia Commons]. Braun, USA,
https://commons.wikimedia.org/wiki/File:American_290th_Infantry_Regiment_infantrymen_fighting_in_snow_during_the_Battle_of_the_Bulge.jpg

지에 들어가 부상자 구원에 나섰다.

연합군은 무선 감청을 통해 독일군의 위치를 탐지하고 적시적인 타격을 가했다. 패튼의 제3군은 바스토뉴를 구원하기 위해 진군을 계속했다. 12월 26일 16:50분 제4기갑사단의 일부가 바스토뉴에 도달하여 독일군의 포위를 깨뜨렸다. 1월 13일 독일군은 바스토뉴에서 퇴각했고, 1월 23일에는 독일군 사령부에 의해 작전중지가 결정되었다.

전쟁의 종결과 영향[220]

1945년 4월 29일, 이탈리아에서 독일군이 항복했다. 4월 30일, 베를린의 의회 의사당을 소련군이 점령하면서 독일군은 군사적으로 완전히 패배했고, 5월 2일에는 베를린 수비군이 항복했다.

4월 28일, 이탈리아에서는 무솔리니가 처형되었다. 4월 30일, 히틀러가 자살했고, 5월 7일과 8일에는 독일의 완전하고 무조건적인 항복 문서가 서명되었다. 5월 8일이 넘어가자 항복 문서가 효력을 발휘했지만, 프라하에 있는 독일 중부집단군은 5월 11일까지 저항했다.

전쟁이 끝나고 패전국 독일은 전쟁 전과 비교했을 때 영토의

---

220) 태평양전쟁 부분은 '11. 항모의 전쟁' 편 참고.

1/4이 손실되었다. 동부에서는 슐레지엔(Schlesien), 노이마르크 (Neumark)[221]와 포메라니아(Pomerania) 대부분이 폴란드에게 넘어갔고 동프로이센은 폴란드와 소련이 분할 점령했다. 그리고 이 지역에 거주하던 독일인 9백만 명 이상이 독일 본토로 추방되었다. 체코슬로바키아의 주데텐란트에서도 3백만 명이 넘는 독일인이 추방되었다.

독일 본토 역시 서독과 동독으로 분단되었고, 유럽 대륙 역시 서방과 공산권으로 갈라졌다. 대부분의 동유럽과 중부유럽 국가는 소련의 영향권에 속하게 되어 공산 정권이 들어섰다. 그 결과 동독을 포함, 폴란드, 루마니아, 헝가리, 불가리아, 체코슬로바키아, 알바니아가 소련의 위성국이 되었지만, 유고슬라비아는 독자 노선을 유지할 수 있었다.

전쟁이 끝나고 세계 질서의 중심이 기존의 서유럽에서 새롭게 초강대국으로 떠오른 미국과 소련으로 넘어갔다. 영국은 전쟁으로 인해 경제가 피폐해지고, 인도가 독립하는 등 식민지 관리에도 어려움을 겪게 되었다. 결정적으로 1941년 미국의 참전 이후 전장의 주도권마저 미군에 넘겨주었다.

비극적인 전쟁의 재발을 방지하기 위해 연합국은 1945년 10월 24

221) 구 브란덴부르크 주 동부로 현재 폴란드 루부스키에 주에 귀속

일, 유엔(UN)을 출범시켰다. 그럼에도 불구하고 세계는 미국이 주도하는 나토(NATO)와 소련이 주도하는 바르샤바 조약 기구(Warsaw Treat Organization, WTO)의 두 편으로 갈라졌다. 두 세력 사이의 오랜 정치적 긴장과 군사 경쟁인 냉전이 시작되었고, 냉전 기간 전례 없는 군비 경쟁과 전 세계의 수많은 대리전이 이어졌다.

민간인과 군인 사망자를 포함하여 약 6,000만~7,000만 명에 달하는 사람들이 전쟁으로 사망했다. 전쟁의 여파로 서구권에서는 집단주의 사상이 쇠퇴하고 개인주의 사상이 대두되었다. 자치령 또는 식민지들은 전쟁 기간 중 동원된 인적 물적 지원에 대해 대가를 요구했고, 이를 계기로 자치령에 본국과 동등한 입법 활동이 보장되고 많은 식민지가 독립했다.

많은 남성이 징집되면서 산업 공백을 충당하기 위해 여성 노동자가 증가했고, 이를 계기로 여성들은 여론을 형성하고 권리 확대를 요구하게 되었다. 이는 전후 페미니즘 운동에도 영향을 주었다. 유색인종의 참정권 또한 비슷한 시기에 크게 확대되어, 미국에서는 1965년 연방 투표권법이 가결되었고 유색인종의 참정권이 완전히 보장되었다.

항모의 전쟁 - 제2차세계대전(태평양 전역)

전쟁의 배경

러일전쟁에서 승리한 일본은 러시아가 배상금을 지불할 수 없다는 입장을 고수하자, 조선에 대한 지배권, 남만주의 이권을 확보하는 것에 만족해야 했다. 이러한 결과가 미국의 압력 때문이라는 여론이 확산되면서 반미감정으로 발전했고, 일본은 이후부터 미국을 중요 가상적국으로 삼아 매년 연도작전계획을 작성하는 등 미국과의 전쟁을 염두에 두고 있었다.

일본은 러일전쟁의 승리로 열강의 지위를 인정받기 원했고, 미국 이민에 특혜국 지위를 누리기 원했지만 모든 것이 뜻대로 되지 않았다. 더욱이 일본 경제는 전후 호황이 잠시에 그쳤고, 때마침 불어닥친 세계 대공황의 여파에 시달려야 했다. 이에 1937년, 일본은 중일전쟁을 일으켰고, 난징 대학살 등 온갖 전쟁범죄에 앞장선 결과, 국제적인 압력을 받는다.

난징에 입성하는 일본군(1937. 12. 17.)[222]　　난징 대학살 희생자들과 일본 군인[223]

동시에 일본은 동남아시아로 시선을 돌렸다. 풍부한 동남아의 자원으로 부족한 중일전쟁을 지속할 자원을 확보하고 해외경제에 휩쓸리지 않는 자급경제권을 완성하기 위해서였다. 1940년, 유럽은 한창 전쟁 중이었고, 영국, 프랑스, 네덜란드는 동남아시아 식민지를 통제할 수 없었다. 반면, 프랑스령인 인도차이나 국가들은 독일의 괴뢰국인 비시 프랑스와 협정을 맺어 지배권을 인정받을 수 있었다.

1940년 일본은 제5사단을 인도차이나에 진군시켰고 추축국 동맹인 삼국동맹을 체결했다. 이어서 네덜란드령 인도네시아를 압박하면서 인도네시아에서 생산되는 90%의 물자 독점권을 요구했다. 미국은 이에 대한 보복으로 중국에 1억 달러의 차관을 제공했고 영국 역시 1만 파운드의 차관을 지원했다. 하지만 일본은 확장정책

---

222) [Wikimedia Commons], 支那事變寫眞帖(China Incident Photo Album),
　　https://commons.wikimedia.org/wiki/File:Iwane_Matui_and_Asakanomiya_on_Parade_of_Nanking.jpg
223) 위 기관, Originally Moriyasu Murase,
　　https://commons.wikimedia.org/wiki/File:Nanking_bodies_1937.jpg

을 멈추지 않았고, 전쟁에 대한 국민의 지지 또한 확고했다. 반면, 연합국이 이 지역에서 일본을 압박할 수 있는 군사력은 없었다.

1941년엔 미국(America), 영국(Britain), 중국(China), 네덜란드(Dutch) 4개국이 일본에 전략물자수출을 금지하는 소위 'ABCD 포위망'을 형성했다. 이러한 금수조치에는 당연히 석유도 포함되었고, 당시 일본 전체 석유 수입의 80% 이상을 미국에서 수입하는 상황에서 일본의 석유 재고량은 턱없이 부족했다. 미국의 석유수출 금지는 일본에게 치명타였고, 1941년 3월에는 무기대여법이 통과되어 영국과 중국에 무상으로 무기가 공급되기 시작했다.

석유 비축량이 당장 수 개월분으로 떨어지자 일본은 결정을 내려야 했다. 미국을 포함한 연합국으로터 군사 지원 및 자문을 받고 있는 중국 국민당군의 전투력은 날로 강해지고 있는 상태에서 중일전쟁은 장기화의 수렁 속에 빠지고 있었다. 일본은 중국으로부터 철수하면서 조선과 만주국 일부만을 확보하는 것으로 만족하느냐, 아니면 석유를 확보하기 위해 동남아의 유전을 확보하느냐의 선택을 강요받았고 결국은 전쟁을 선택했다.

전술과 무기의 진화

항모의 전쟁

태평양전쟁은 기본적으로 기존 해전의 패러다임을 바꾼 함모의 전쟁이었다. 전함은 함대 주력의 지위에서 물러나고 항공모함이 그 자리를 물려받은 것이다. 진주만 기습에 동원된 일본의 항공모함과 함재기들은 해전의 양상을 바꾸었고, 진주만 기습을 통해 함재기의 위력을 체험한 미 해군은 진주만의 연기가 채 걷히기도 전에 전함 중심 교리를 미련없이 버렸다.

특히 속력이 느리고 기름을 많이 쓰며 어뢰에 취약한 구형 전함들은 기동부대에서 주력이 될 수 없었다. 실제로 미드웨이 해전(1942년 6월) 당시 태평양함대는 최대 7척[224]의 구형 전함을 동원할 수 있었다. 그러나 니미츠 제독은 항공모함 기동부대에 구형 전함을 포함시키는 대신 순양함과 구축함의 호위를 받는 항공모함 기동부대로 미드웨이 해전을 치렀다.

진주만 기습에서 살아남은 태평양함대의 항공모함은 1942년 초에 중부 태평양의 일본군 기지를 공격했고 4월에는 도쿄를 공습하여 일본인에게 진주만 기습에 버금가는 충격을 안겨 주었다. 1942년 5월 초에는 산호해 해전에서 개전 이후 최초로 일본군의

---

224) 메릴랜드, 테네시, 펜실베이니아, 콜로라도, 뉴멕시코, 미시시피, 아이다호

전진을 저지했으며, 6월 4일에는 미드웨이 해전에서 일본의 주력
항공모함 4척을 격침시켰다.

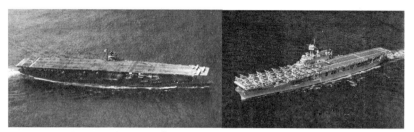

일본 아카기항공모함225)   미국 엔터프라이즈 항공모함226)

　항공모함에 탑재하는 함재기는 일본의 0식 함상전투기(제로센)
에 미국이 경쟁기를 제작하여 대응했다. 제로센 전투기는 A6M이
라는 제식 번호를 가지고 있는데, 이는 전투기를 의미하는 A, 그
중 6번째 모델을 의미하는 6, 미쓰비시에서 생산되었다는 것을 의
미하는 M이 결합된 것이다. 자원이 부족했던 일본은 조종석의 장
갑판을 떼어 버리고 연료탱크 봉합 장치도 생략하는 등 경량화에
집중했다. 이러한 노력으로 925마력짜리 저출력 엔진으로도 장거
리 항속 능력과 탁월한 상승력, 선회성능을 비롯 높은 기동력을
갖출 수 있었다.227)

　일본은 중일전쟁 등을 통해 공중전 경험을 쌓은 숙련된 조종사
들을 보유할 수 있었는데, 태평양전쟁 초기에는 미국의 F2A 버팔

225) [Wikimedia Commons], U.S. Navy National Museum of Naval Aviation.
　　https://commons.wikimedia.org/wiki/File:Japanese_aircraft_carrier_Akagi_01.jpg
226) 위 기관. https://commons.wikimedia.org/wiki/File:USS_Enterprise_(CV-6)_underway_c1939.jpg
227) 무리한 경량화로 인한 취약한 기체 강도와 방어력은 이후 제로센의 치명적인 결점으로 작용

로나 P-40 등 상대적으로 저성능의 항공기를 상대로 우세를 점할 수 있었다. 당시 태평양 지역에 배치된 미국 조종사들이 신병이 많았고 숙련된 조종사가 별로 없어서 연합군을 압도할 수 있었는데 이는 연합군 지휘부에 큰 충격을 주었다.

그러나 미국은 제로센의 기체를 획득, 연구하면서 F4F 와일드캣이나 P-40등, 상대적으로 저성능의 전투기들을 대신하여 F-6F 헬켓, F4U 콜세어, P-38 라이트닝과 같은 강력한 엔진과 방호력 및 무장을 갖춘 고성능 신형 전투기들을 대량으로 생산, 전장에 투입했다. 공중전이 지속되면서 베테랑 파일럿을 대량으로 잃은 일본은 급격히 무너지기 시작했고, 1943년부터 대량으로 배치되기 시작한 신형 미군 전투기들은 제로센 전투기들을 손쉽게 제압했다.

일본 0식 함상전투기|228)   미국 F4F 와일드캣229)

228) [Wikimedia Commons]. Kogo. https://commons.wikimedia.org/wiki/File:A6M3_Zero_N712Z.jpg
229) 위 기관. U.S. Navy National Museum of Naval Aviation.
      https://commons.wikimedia.org/wiki/File:F4F-4_Wildcat_of_VGF-27_in_the_Solomons_1943.jpg

상륙작전

태평양전쟁 당시 미군의 대부분 작전은 상륙작전이었다. 특히 미국은 타라와 상륙작전 시 발생한 엄청난 피해에 놀랐고, 태평양 함대 사령부는 상륙작전 절차를 재검토했다. 미군을 가장 고전하게 만들었던 것이 일본군이 건축한 콘크리트 토치카 및 벙커란 점에 주목했다. 실험을 통해 전함 주포에 철갑탄을 장전해서 정확하게 명중시켜야 콘크리트 토치카와 벙커를 격파가 가능함을 확인했다.

이후 전투에서는 상륙을 위한 공격준비사격의 양과 기간을 크게 늘렸다. 상륙을 시작하기 며칠 전부터 전함과 순양함을 동원하여 철갑탄과 고폭탄으로 섬을 초토화했으며, 구축함의 근접사격과 항공기 공습 이후 지상 병력이 들어가는 순으로 변경되었다. 또한 표적이 완전하게 파괴 또는 무력화된 상태를 확인하는 절차를 거치게 했다.

작전을 수행하기 위해서는 공수부대를 포함하여 육해공 총 전력을 모아 쏟아붓는 합동작전이 요구되었다. 육해공군의 제병과를 지휘·통제하기 위해서 지휘함을 새로 건조하게 되었으며, 근접항공지원을 위한 전담부대를 조직했다. 또한 상륙 지역을 사전에 정찰하고 장애물과 특화점을 제거하기 위해 UDT 같은 특수부대가 창설되었다. 해안 접근을 위해 방호력을 제공할 수 있는 상륙장갑차의 중요성도 부각되었다.

상륙작전에 따른 피해가 심대함을 절감한 미군은 태평양의 섬들을 일일이 공략하는 대신 필요한 곳만 골라서 점령하고 나머지 섬들을 압박하는 방식으로 작전을 변경하게 된다. 마셜제도와 마리아나 제도 역시 일본군이 많은 섬들을 방어 거점으로 만들었으나, 미군은 필요한 곳만 점령해 버리고 남은 곳은 그냥 고립시켜 버렸다. 일부 섬들은 아예 폭격만으로 무력화 시켜버리고는 지나쳐 버렸다.

그러나 일본군은 절대 항전의 의지를 견지했고, 이러한 상륙작전의 발전도 적군이 진지를 요새화, 지하화하여 대비한다면 이오지마 전투 같은 엄청난 인명피해를 피할 수 없었다.

전쟁의 시작

일본의 전쟁 계획

일본의 전쟁 목적은 소위 '대동아 공영권'을 확보하는 것이었다. 아시아 사람들에 의해 공동으로 번영하는 권역이라는 뜻으로, 일본 제국의 영토 확장 정책이자 기본 이념이다. 자원 부족과 경제 제재에 시달리던 일본 제국이 더 많은 자원을 확보하고 더 거대한 블록 경제 체제를 구축하기 위해 시작한 전쟁을 정당화하기 위한 명분으로 사용되었다.

이를 위한 전쟁 목표는 미국의 전쟁 의지를 와해하는 것이었다. 일본은 미국의 군사적·경제적 잠재력을 잘 알고 있었으며, 이러한 잠재력이 현존 전력으로 전환되기 이전에 압도적인 승리가 필요했다. 압도적 승리로 빠른 시간 안에 유리한 협상 조건을 강요함으로써 대동아 공영권의 기득권을 유지하려 했다. 따라서 전쟁수행개념은 기습을 통한 단기 선제전략을 구현하는 것이었다. 단계별 전쟁수행개념은 다음과 같다.

1단계는 기습을 통한 전략적 공세이다. 하와이에 있는 미 해군의 태평양함대를 무력화하고 남방 자원지대를 점령하는 것이다.

2단계는 주변 방어선을 강화한다. 쿠릴열도, 웨이크, 마샬 제도, 길버트 제도, 비스마르크 제도, 북부 뉴기니아, 티모르, 자바, 수마트라, 말라야, 미얀마 등을 연하여 외곽 방어선을 구축하는 것이다.

3단계는 지구전 및 전략적 방어를 통해 미국과 협상하는 것이

다. 방어선 내에서
제한된 소모전으로
미국의 전의를 소멸
후, 아시아를 일본의
지배하에 두도록 미
국과 협상하고, 종전한다.

일본군 해군이 사용한 뇌격기(B5N2)[231]

진주만 기습

일본은 1941년 12월 7일, 미국의 하와이 진주만 기지를 기습
공격했다. 항공모함 6척과 함재기 360대의 일본 연합 함대는 12
월 7일 새벽 하와이에서 북서쪽 370km 해상에 도착했다. 일본
함재기들은 제1파 189대, 제2파 171대로 나누어 공격했는데, 이
는 모든 함재기들이 동시에 이륙하는 것이 불가능했기 때문이다.

당시 미군 태평양함대는 여러 첩보를 통해 일본군의 공격이 임
박했다는 사실을 인지하고 있었는데, 그 장소를 하와이로 특정하
지 못했다. 단지 동남아시아 어느 곳에서든 일본의 공격행위가 있
을 때 전함을 신속히 파견하기 위해 대비하고 있었다. 따라서 공
격 임박 징후[230]를 두 차례 감지했으나 이것을 진주만 공격의 전

---

230) 첫 번째는 일본군 잠수함의 출현이었다. 두 번째는 당시 진주만에 갓 설치한 육군의 통신중대 하와
이 공습경보대(Signal Company Aircraft Warning Hawaii, SCAWH) 소속 SCR-270 방공용 레이더에
일본 함재기들이 점 표적으로 감지되었지만, 아군 비행기로 오판했다.

조로 받아들이지는 않았다.

이러한 무방비 상태에서 미국은 포드 섬 항공기지가 제일 먼저 피폭당했고 활주로에 계류중이던 전투기들이 파괴당했다. 이어서 포드 섬 인근에 정박 중인 전함들이 폭탄과 어뢰를 얻어맞았다. 당시 진주만의 군항(軍港)에는 함선 주변에 설치해야 하는 어뢰 방지용 그물이 없었다. 진주만의 수심이 얕아서 어뢰로 공격하는 것 자체가 불가능할 것으로 판단했기 때문이다. 그러나 일본은 어뢰에 목제 부품을 장착하여 자세를 유지한 상태로 공격할 수 있도록 어뢰를 개조했고 이를 뇌격기에 장착했다.

7시 55분, 다카하시 소좌가 이끄는 강하폭격대 51대는 두 팀으로 나눠 있었다. 대장이 직접 이끄는 쇼카쿠대는 히컴과 포드 섬 양 기지를 공격하고, 사카모토 아키라 대위가 이끄는 즈이카쿠대는 휠러 기지를 공격했다. 7시 57분, 무라타 소좌가 이끄는 뇌격대는 전함 USS 웨스트버지니아에 첫 어뢰를 명중시킨 것을 시작으로 계속해서 어뢰 공격을 하였다.

비행 총대장이 이끄는 수평폭격대 50대는 포드섬 동측 계류장 북쪽에 계류되어 있던 전함 8척 중 무려 7척을 명중시켰다. 포드 섬 남쪽에서는 전함 USS 펜실베니아 함만 타격을 입었다. 8시 30분, 이타야 소좌의 제공대는 미군 전투기가 나타나시 않자 6개

231) [Wikimedia Commons]. https://commons.wikimedia.org/wiki/File:B5N2_550lb_bomb.jpg

반으로 나눠 각 항공기지에 기관총을 난사했다.

8시 40분, 시마자키 시게카즈 소좌가 이끄는 제2파 공중공격대 167대가 도착했고 강하폭격대 78대가 공격을 개시했다. 진주만은 이미 불바다여서 검은 연기가 자욱해 목표물 확인이 어려울 지경이었다. 이때 1차 공격에서 살아남은 일부 미 군함이 대공포들을 발포하였는데 강하폭격대는 이 포격 불빛을 보고 공격했다. 미국은 전투기 몇 대가 간신히 이륙에 성공, 저항했으나 피해만 입게 되었다.

기습 공격으로 2,334명의 미군 장병과 103명의 민간인이 사망했다. 미군의 피해는 전함 4척 침몰, 1척 좌초, 3척 손상, 순양함 3척 손상, 구축함 3척 손상, 기타 함선 2척 침몰, 1척 좌초, 2척 손상, 항공기 188대 상실, 159대 손상 등이었다. 반면, 일본은 항공기 29기 손실, 74기 손상, 전사 64명, 포로 1명 등이었다.

그러나 진주만 공격 당시 미 항공모함은 대부분 진주만에 없었다. 주요 공격 대상이었던 항공모함들이 대서양, 본토 해군기지, 태평양 다른 섬 등에서 다른 작전을 수행 중이었다. 또한 진주만에는 미 해군이 두 달 동안 사용할 수 있는 유류 저장시설이 지상에 있었다. 일본 전투기들은 군사시설만을 목표로 선정했고, 유류 저장시설은 아무런 피해를 보지 않았다. 해군 공창(조선소)과 잠수함 기지도 피해를 입지 않았는데, 이러한 이유로 미군의 반격이 더욱 신속하고 수월할 수 있었다.

미국의 반격 계획

미국의 전쟁수행개념은 태평양 지역에서 병참선을 확보하고 일본 본토 공격을 위한 간접접근전략을 구사하는 것이었다. 이를 위해 먼저 작전지역을 3개의 전구로 재편성했는데 태평양지역 전구(니미츠), 남서태평양 전구(맥아더), 남태평양 전구(홀시)로 구분했다.

이를 기본으로 Arc Line(미국과 오스트레일리아, 뉴질랜드 사이의 병참선 및 통신선 등)을 확보하고, 진주만 피습으로 입은 군사적 손실을 회복하여 반격을 하는 것이었다. 미국은 반격작전을 위해 2개의 작전선을 구상했고 주공은 니미츠 제독이 중부 태평양으로, 조공은 맥아더 장군이 남서 태평양으로 지향했다.

주요 전투

산호해(the Coral Sea) 해전

1942년 5월 4일~8일, 일본군 해군과 미국·호주 연합해군 간에 벌어진 해상 전투이다. 산호해 해전은 항공모함의 함재기를 이용, 함포 사거리 밖의 원거리 적 함대를 식별 및 공격하는 등 최초의 항모전이었다.

진주만 기습을 성공적으로 마친 일본은 1942년 초, 필리핀, 타이, 싱가포르, 네덜란드령 동인도, 웨이크섬, 뉴브리튼, 길벗제도를 차례로 점령했다. 미국의 태평양함대가 피해 복구중이었으므로 일본은 큰 어려움 없이 이곳의 연합군을 축출할 수 있었다. 또한 일본 해군 지휘부는 남태평양에서의 위협을 완전히 제거하기 위해서는 오스트레일리아 북쪽을 점령해야 한다고 생각했다.

그러나 중일전쟁으로 육군 병력의 지원이 어려웠던 점을 감안하여 일본 해군과 육군은 툴라기와 포트 모레스비를 점령하기로 하고 이 작전을 'MO작전'으로 명명했다. 위 두 지역을 점령하면 미국과 오스트레일리아 간의 보급선을 끊을 수 있을 것으로 판단했기 때문이다.

1942년 3월, 연합군측은 일본군 통신의 반절 가까이를 차지하는 JN-25B 암호의 15%를 해독할 수 있었고, 4월이 지나면서 85%를 해독할 수가 있게 되었다. 이를 통해 연합군은 'MO작전'의 존재에 대해서 알 수 있었고, 목표가 포트 모레스비라는 것을 알아냈다. 니미츠 제독은 가용한 항공모함 모두를(당시 4척) 산호해에 투입하기로 하고 상부에 승인을 득하였다.

일본의 포트 모레스비 침공대는 일본 육군의 남태평양군 소속 5천 명의 병력과 일본 해군 육전대 5백 명의 병력으로 구성되어 있었다. 툴라기 침공대는 일본 해군 육전대 4백 명의 병력으로 구성되어 있었다. 일본은 혹시나 접근할지 모를 연합군 함대에 대한 정찰을 함재기와 잠수함을 통해 지속적으로 실시했으나, 미국 함대의 이동을 파악하지 못했다.

5월 1일 아침, 미 17기동함대와 11기동함대는 뉴칼레도니아 남서쪽 350마일 해역에서 합류했다. 5월 4일, 미 17기동함대는 과달카날 남쪽 120마일 해상에서 총 60대의 항공기를 발진시켜, 툴라기의 시마 함대를 공격했다. 함재기들은 일본의 구축함 기쿠주키와 3척의 기뢰제거함을 침몰시켰고 4척의 다른 함정에도 피해를 입혔지만, 일본의 수상기 기지 건설은 계속되었다.

5월 6일, 플레쳐는 11기동함대와 44기동함대를 17기동함대로 통합시켰다. 5월 7일, 하루 동안에는 미국과 일본의 정찰기 및 함재기들이 항공모함을 찾기 위해 분주했으나 부정확한 정찰과 보고의 오류, 그에 따른 오판으로 하루종일 성과가 없었다. 미국이 일본의 경항모 쇼호를 침몰시킨 것이 최대 성과였다.

5월 8일, 일본과 미군 항공모함은 서로 390km 거리를 두고 있었고 구름 사이로 서로를 관측할 수 있었다. 양측은 공격기들을 준비하기 시작했다. 요크타운의 폭격기 편대는 10:32분에 일본 항공모함 상공에 도달했다. 쇼카쿠는 미국 항공기들의 공격으로 갑판이 크게 손상되었고, 223명의 사상자를 내면서 전장을 이탈했다.

한편 일본 함재기들의 공격은 요크타운을 견제하면서 렉싱턴에 집중되었다. 일본 다카하시의 폭격기들은 2발의 250kg 폭탄을 렉싱턴에 명중시켜 화재를 냈다. 요크타운은 비행 갑판에 250kg 폭탄을 한 발, 반 철갑탄을 한 발 맞았다. 반철갑탄은 4층을 뚫고 들어가 폭발하여 비행기 저장고를 폭파시키고 66명의 승무원이 몰살당했다.

양측의 공격이 끝나고 플레쳐는 항공모함 2대가 모두 손상을 입었고, 전투기 손실이 막심하다는 것을 알았다. 게다가 네오쇼와 심즈가 침몰하여 연료공급을 받을 수도 없어, 더 이상의 작전이 어려웠다고 판단하여 철수를 결정했다. 한편, 일본도 항공기 손실이 크고 연료가 부족하여 'MO작전'을 7월 3일로 연기하면서 쇼카쿠는 수리를 위해 일본으로 향했고, 즈이카쿠는 라바울 침공대를 호위하여 물러났다.

산호해 해전이 종료하고 5월 9일, 미 17기동함대는 동쪽으로 변침하여 뉴칼레도니아섬 남쪽 길로 빠져나갔다. 니미츠 제독은 플레쳐에게 통가타부에서 급유를 받은 후 최대한 빨리 진주만으로 복귀하라는 명령을 내렸다.

산호해 해전에서 미국은 정규 항모 렉싱턴을 잃고 요크타운도 큰 손상을 입었지만, 엄청난 수리력을 발휘하여 요크타운을 끝내 미드웨이 전장에 참가시켰다. 반면 일본은 정규 항모 쇼카쿠가 대파당했고, 즈이카쿠는 항공기의 손실이 막심했는데 수리가 지연되어 두 항공모함은 미드웨이 전투에 참가하지 못했다.

미드웨이(Midway) 해전

미드웨이 해전은 1942년 6월 4일~7일까지 벌어진 태평양전쟁의 결정적인 해전이다.

이 시기 일본은 관동군 및 중일전쟁에 참가한 병력을 제외하고는 모두 남태평양 작전에 투입되어 있었고, 야마모토는 미국의 항공모함을 남겨둔 채 계속 남쪽으로 진격하는 것을 위협으로 판단했다. 이런 상황에서 둘리틀 공습이 벌어졌고, 산호해 해전을 치르게 되자, 군부의 반대파들도 미드웨이 작전을 찬성하게 되었다.

미드웨이 공격 계획은 미국 해군의 작전 거점을 미국 본토로 철수시킴으로써 일본 본토에 대한 위협을 방지하겠다는 것이다. 야마모토는 이 작전을 통해 진주만 공격에서 놓쳤던 미국의 항공모함들을 제거하려 했다. 또한 알류샨 열도의 애투섬과 키스카섬을 점령함으로써 알래스카를 거쳐 북쪽에서 일본을 위협하는 것을 방지하겠다는 계획도 포함되어 있었다.

그러나 일본의 이러한 작전계획을 미국은 암호해독을 통해 사전에 입수했다. 미국의 대응방안은 매우 제한되었는데 전체 함정 숫자에서 3:1의 열세였기 때문이다. 니미츠가 선택할 수 있는 방법은 미드웨이로 접근하는 일본군 함대를 먼저 찾아내어 함재기로 기습하는 것뿐이었다. 미군은 정찰을 통해 일본군 함대가 6월 2일~3일에 미드웨이 인근에 도착할 것으로 판단했다. 반면 일본은 미국 해군이 미드웨이 동북쪽에서 대기하고 있다는 사실을 알 수 없었다.

6월 4일, 일본 함대에서 제로센, 급강하 폭격기로 구성된 총 108기의 항공대가 미드웨이섬으로 출동했다. 그러나 미드웨이 미군 기지는 심각한 피해를 입지 않았고, 오히려 출동했던 일본 함재기들이 22.4%의 손실을 입었다. 미드웨이의 지상 기지를 무력화하기 위해 후속 공격을 생각하고 있었던 나구모는 미 항공모함이 나타나면 상대하기 위해 대비시켜놓았던 대함용 어뢰/철갑탄으로 무장된 폭격기들의 무장을 지상 공격용 폭탄으로 바꾸라고 명령했다.

무장 변경이 50% 정도 진행되었을 때, 일본의 정찰기가 미 항공모함을 발견했다고 보고하자 일본 함대는 충격을 받았다. 나구모는 출격이 지연됨을 무릅쓰고 다시 무장을 대함용으로 바꾸라고 지시했으며, 이러한 명령은 항공모함 전체에 혼란을 야기시켰으며 적어도 그 시간은 위험에 노출되었다.

미드웨이섬에서 발진한 미군의 1차 공격(8시~9시)은 일본 함대에 큰 피해를 주지는 못했지만 큰 혼란에 빠지게 했다. 9시 20분부터 항공모함에서 출격한 미 해군의 3개의 뇌격기대대가 순차적으로 일본 함대를 공격했으나 일본군에게 거의 직접적인 피해를 주지 못한 채 10시 40분경 극소수의 잔존기만 남기고 전멸하고 말았다.[232]

한편, 엔터프라이즈 소속의 비행대대(급강하 폭격기)들은 예상된 지점에서 일본 함대를 발견하지는 못했지만, 한 척의 일본 함정을 발견하여 항적을 추적하면서 일본 항공모함을 발견했다. 제로센들은 요크타운의 뇌격기들과 전투기들을 막으려고 모두 일본 함대 동남쪽 상공의 해수면 근처로 내려가 있어서 방해될 전투기 세력도 없었다.

미 급강하 폭격기들은 일본 항모 카가를 집중 공격했고 카가는 총 811명이 전사·실종됨으로써 일본 항모들 중 최대의 인명 피해를 입었다. 근처에 있던 항모 아카기는 1,000파운드 폭탄이 비행 갑판 한복판에 명중되었고, 히류와 소류호도 급강하 폭격기에 의해 집중 공격당했다. 결국 일본의 항공모함 4척 중 3척이 5분 만에

미군 SBD 돈틀리스 급강하 폭격기[233]

---

232) 미 뇌격기부대의 실패 요인은 축차공격, 전투기부대 호위의 부재, 어뢰 성능 불량, 전술 미스 및 부대원들간의 갈등 등이다.
233) [Wikimedia Commons], U.S. Navy photo.
https://commons.wikimedia.org/wiki/File:Douglas_SBD_Dauntless_dropping_a_bomb._circa_in_1942.jpg

격침의 운명을 맞게 되었고, 히류 1척만이 살아남게 된 상황이었다. 이후 일본의 잔류 함재기들에 의한 반격이 있었고 미 항모 요크타운이 침몰당했으나 미국의 재반격으로 일본 함대는 무력화되었다.

이 전투의 결과로 미국은 태평양에서 제해권을 장악할 수 있었다. 또한 이후 이어진 과달카날 전역에서 일본군은 항공기, 조종사, 수송선박을 비롯한 인적, 물적 소모를 감당하지 못하고 패배하게 된다. 미국은 일본군의 공격 위치를 정확히 알고 일본에 비해 훨씬 준비되어 있었으며, 운(運)도 작용하는 등 전쟁의 본질을 그대로 드러낸 전투였다.

이오 지마(Iwo Jima) 전투

유황도(硫黄島)로 알려진 이오 지마는 표면이 대부분 유황의 축적물로 뒤덮여 있는 섬이다. 1944년 마리아나 제도를 점령한 미군은 11월부터는 B-29 폭격기로 일본 본토를 공습하기 시작했다. 그러나 마리아나 제도와 일본 본토의 중간 지점에 있는 이오 지마는 미군 공

이오 지마 상륙 작전[234]

234) [Wikimedia Commons], Department of Defense Photo (USN) NH65311.
https://commons.wikimedia.org/wiki/File:H-hour_at_Iwo_Jima,_NH65311;fig15.jpg

습의 방해가 되었고, 오히려 일본군은 이 섬을 근거로 마리아나 제도의 비행장을 공격했다. 따라서 미군은 이오 지마의 일본군 위협을 제거하고 전진 항공기지를 구축하기로 한다.

　이오 지마 수비대 사령관으로 부임한 구리바야시 다다미치 장군은 이전과 다른 전술로 방어에 임했다. 이오 지마 방어가 사실상 강요된 자살행위임을 잘 알고 있었지만, 미군에게는 최대한의 피해를 강요하고 일본에 유리하게 이용할 방법을 강구했다. 그리하여 기존의 해안선 방어 전술의 문제점을 제대로 파악하여 전술을 전환하고, 장기 지구전을 계획했다.

　이전의 전투에서 미군의 막강한 화력을 경험한 구리바야시는 해안선에 방어선을 구축하는 것은 미군에게 표적을 제공하는 것이라 판단했다. 따라서 해안선 안쪽으로 병력을 이동시킨 뒤, 거대한 땅굴로 연결된 탄탄한 방어망을 구축했다. 그리고 쓸데없는 돌격으로 나가 죽기보단 최대한 오래 살아남아서 저항하도록 명령했다.

화염방사기를 이용한 동굴 소탕235)

235) [Wikimedia Commons], Archives Branch, USMC History Division.
　　https://commons.wikimedia.org/wiki/File:Marine_Flamethrower_Squad_Firing_on_Japanese_Defenses
　　_Iwo_Jima,_February_1945.jpg

1945년 2월 19일부터 미군은 기존의 전술처럼 함상 및 공중에서 3일간 무자비한 포격을 가한 뒤 당당하게 상륙했다. 그러나 일본군은 해안선에 없었고, 땅굴로 인해 피해를 전혀 입지 않았다. 구리바야시는 해변이 미 해병대 병력과 장비들로 가득할 때까지 사격을 하지 말라고 명령했다. 미군이 해안선에 집결하자 일본군은 노출된 인원과 장비를 대상으로 집중사격을 실시했고 해안선에 상륙한 미 해병대는 혼란에 빠진 채 큰 피해를 입었다.

　　2월 23일, 스리바치산이 포위되었으나, 지하 터널 망을 구축해 놓았다는 사실을 알게된 미군은 지상에서 포위를 해도 지하를 차단하지 않는 한 산을 고립시킬 수 없다는 것을 알게 되었다. 정밀 정찰과 수색을 거듭한 끝에 1개 분대가 산 정상에 올랐고, 산 정상에서 찾은 파이프들을 이용해 깃대를 만들고 정상에 성조기를 세웠는데, 이는 일본 영토에 휘날린 첫 외국 깃발이 되었다.

　　상륙 직후의 막대한 희생과 스리바치산 함락 이후에도, 미군은 구리바야시가 구축해둔 방어선으로 인해 공격이 지연되었고 일본군은 완강하게 저항했다. 특히, 타마나산 공격에 8일이 소요되었고 사상자가 약 3,000여 명이 발생하자 타마나산을 우회해야 했다. 이때 미군은 화염방사기를 사용, 동굴 진지 등을 소탕했다.

　　결국 미군의 공격에 본대에 합류 직전 센다군은 전멸하고 센다와 참모진들은 자결했다. 이후 쿠리바야시는 센다의 최후를 보고받고 최후의 전투를 준비했다. 3월 26일, 쿠리바야시는 남은 병력

300여 명을 이끌고 마지막 돌격을 감행했으나 실패했고 대부분 전사했다. 이때 함께 돌격한 쿠리바야시도 전사한 듯하다. 이것이 일본군의 마지막 조직적 공격이었다. 이후 일본군은 섬 곳곳에서 유격전을 펼쳤지만, 큰 피해를 주지는 못했다.

　미군의 이오 지마 점령은 B-29 폭격기의 항속거리 문제와 폭탄 적재량 제한의 문제를 완화시켰고 폭격기 및 승무원의 희생을 감소시켰다. 반면, 일본군은 그간 미군의 폭격기를 괴롭혔던 경보망과 대응력이 무너졌다. 1개월 이상 계속된 전투는 미군의 상처 가득한 승리로 끝났다. 이 전투는 최초로 일본군보다 미군의 인명피해가 컸던 전투였다.[237] 이러한 피해는 일본 본토 공격 전에 맨하탄 프로젝트를 통해 완성된 리틀보이, 팻맨

스리바치산에 게양된 성조기[236]

원자폭탄을 히로시마와 나가사키에 투하하는 원인이 되었다.

---

236) 미국 내셔널 갤러리(워싱턴). https://artvee.com/main/page/8/?s=war&tc=pd
237) 전 병력 110,000명 중 미 해군 및 해병대의 전사자는 6,821명, 부상은 19,189명에 실종이 494명이었다. 일본 육해군은 22,000명 가운데 4,000명만 남고 전원 전사했다.

전쟁의 종결과 영향

일본은 연이은 패배로 군사력이 바닥을 드러냈고 전선을 더 이상 유지할 수 없었으며 일본 본토마저 위협받았다. 연합군은 포츠담 선언 등을 발표하며 일본에게 전쟁을 끝낼 기회를 주었으나 결사 항전의 뜻을 굽히지 않았다. 연이은 상륙작전으로 막대한 피해를 감수해 온 미국은 일본의 전쟁의지를 꺾을 수 있는 방법이 필요했고 원자폭탄이라는 극단의 수단을 선택했다.

USS 미주리에서 일본 항복 문서에 서명(1945.9.2.)[238]

전쟁의 흐름을 판단하면서 개입 시기를 저울질하고 있던 소련은 일본과의 불가침조약을 파기하고 만주 지역으로 진군했다. 소련의 선전포고가 있었지만 만주 지역의 일본 관동군은 이미 조직적인 전투력이 와해된 상태에서 항복하고 말았다. 상황이 급진전하자 항전을 주장하는 장교들도 결국은 연합국이 내민 포츠담 선

238) [Wikimedia Commons],
    https://commons.wikimedia.org/wiki/File:Surrender_Japan_US_China_05.jpg

언을 받아들여 전쟁은 종결되었고, 일본 제국은 그해 9월 2일 항복조인식과 동시에 공식적으로 해체되었다.

전쟁에서 승리한 미국은 군사력, 경제력에서 세계 최강국이 됐다. 일본을 꺾으면서 태평양 전역과 동남아시아 대부분에 대한 통제권을 확보했고, 일본 침공 이전에 이 지역을 통제했던 서방 국가들도 미국의 우위를 인정해야 했다. 그러나 많은 경우 식민지 국가의 독립에 대한 기대는 제국주의 간 거래에 밀려 배신당하고 무시되었다.

한반도는 미군과 소련군에 의해 분할 점령되었고, 베트남이나 인도네시아 등지에서는 옛 식민지 주인들이 자신들의 권리를 주장하며 복귀하려 했다. 이러한 혼란은 식민지 국가들의 독립이 그들의 의지가 아닌 강대국의 이해관계에 의해 찾아온 것이기 때문이었다. 그리고 그러한 독립은 내전으로 이어졌다. 미·소 냉전이라는 또 다른 제국주의 경쟁이 시작되었으며, 미국은 공산주의에 맞서 일본의 경제를 재건해야만 했다.

제4세대 전쟁

4세대 전쟁의 정의와 개념

4세대 전쟁이라는 용어는 1989년 미 해병대 Gazzette지(誌)에 실린 논문 "The Changing Face of War : Into the Fourth Generation"에서 처음 등장했다. 이 논문을 작성한 린드(William S. Lind)와 그의 동료들은 30년 전쟁(1618~1648년) 이후의 전쟁을 현대전으로 구분하면서 현대전을 3개의 세대로 나누었고, 환경의 변화에 따라 진화론적 세대 개념을 가지고 전쟁 양상의 변화를 설명했다.

1세대 전쟁은 30년 전쟁 이후 7년 전쟁과 나폴레옹 시대를 걸쳐 총포의 치명성과 정밀성이 향상되고, 대형이 강조되는 시대였다. 국가의 개념이 선명해졌고 종교와 식민지 쟁탈이 전쟁의 중요 원인이기도 했다. 당연히 공격의 대상은 전투원이었고 전쟁의 개념은 '절대전(絕對戰)'이었다.

2세대 전쟁은 1860년대 남북전쟁의 종식으로부터 제1차세계대전의 시기이다. 강선식 소총, 후장포, 철조망, 기관총, 간접사격과 같은 당시의 기술적·전술적 발전과 1세대 전쟁이 진화한 결과이다. 참호전을 극복하기 위해 '기동전'의 개념이 등장했지만, 사실 '기동전'은 고대 전쟁에서도 있었다.

3세대 전쟁은 제2차세계대전 이후 1990년대까지이다. 기술적이고 전술적인 변화가 선형전(線形戰)을 탈피하여 비선형적이면서 입체적인 전술의 발전을 가져왔다. 제2차세계대전에서 독일의 전격전을 시작으로 항모의 전쟁, 전략 폭격, 종심 깊은 공격과 이동수단의 획기적 발전 등이 동반되었다.

4세대 전쟁은 현재 진행형이다. 4세대 전쟁을 정의해보면, 국가나 비국가 단체가 군사 및 비군사적인 제반 수단을 활용, 적의 정책결정자를 공격하여 정치적 의지를 굴복시킴으로써 정치적 목적을 달성하려는 비교적 장기간의 전쟁 형태이다. 핵심적인 사항은 전쟁의 주요 행위자가 국가에서 비국가행위자(nonstate-actor)로 변했다는 것이다.

린드는 4세대 전쟁에서 국가의 역할은 약해진 반면, 분란 세력이나 국제 테러단체와 같은 비국가행위자가 전쟁의 주체가 됨으로써, 기존의 전쟁수행개념의 변화가 불가피하다고 주장했다. 그가 제시한 4세대 전쟁의 개략적인 특징은 다음과 같다.239)

- 광범위하게 분산, 전쟁의 실체가 대체로 불분명, 전시와 평시가 모호
- 비선형 전투, 전장이나 전선의 명확한 식별 불가
- 민간인과 군인의 구분이 사라짐

---

239) 권영상. "린드 4세대 전쟁론의 재조명—4세대 전쟁론 비판에 대한 반증을 중심으로"(군사연구 제144집, 2017)을 참고

- 비행장, 주요 산업시설 등 대단위 고정 표적은 취약성 증가
- 각 군의 고유 영역은 없어지고, 합동작전의 중요성 증대

4세대 전쟁의 사례로는 이라크 및 아프가니스탄 전쟁 등이 주요 연구 대상이지만, 전쟁 개념과 양상을 고려해 본다면 모택동의 인민전쟁, 베트남 공산화 등도 포함된다고 할 수 있다.

베트남 전

프랑스의 식민지 시기

베트남 마지막 왕조였던 응우옌 왕조는 쩐 왕조를 무너뜨리고 새 왕조를 세울 때 프랑스의 지원을 받았다. 당시 프랑스는 인도 식민지 각축에서 영국에게 패한 뒤 인도차이나반도의 베트남에 눈을 돌리고 있었다. 그러나, 미국 독립 전쟁에서 영국에게 밀린 뒤, 경제 위기로 인해 바로 식민지화 정책을 펴지는 못하였고, 소극적인 통상과 로마 가톨릭교회 선교사 파견에 그쳤다.

응우옌 왕조는 새 왕조를 세운 뒤 외국 사람이나 문물에 배타적인 정책을 펼쳤다. 1836년, 2대 황제인 민망(베트남어: Minh Mạng, 明命)은 로마 가톨릭의 선교를 금지하고 프랑스 선교사를 처형하였으며 기독교 신자 다수를 탄압했다. 프랑스는 이를 빌미로 인도차이나반도를 식민지로 만들기 시작했다.

1843년, 프랑스는 장바티스트 세실 제독과 레오나르 샤르네르 대령의 지휘 하에 베트남에 함대를 파병했다. 프랑스는 코친차이나(Cochinchina)[240]를 할양받은 이후 차츰 식민지를 확대하여 1887년 베트남과 캄보디아, 라오스를 병합한 식민지인 프랑스령 인도차이나를 설립했다. 프랑스령 인도차이나는 제2차 세계대전이

---

240) 17세기에 유럽인들은 베트남의 북쪽을 통킹이라고 불렀고, 남쪽은 코친차이나 또는 네덜란드인들은 꿔남(Quinam)이라고 불렸다.

끝난 1945년까지 계속되었다.

응우옌 왕조가 무너진 뒤 베트남에서는 지속적인 독립운동이 있었다. 1885년, 응우옌 왕조의 관원이었던 쯔엉딘은 의병을 일으켜 싸웠고, 여러 번 프랑스군에게 승리를 거두기도 했지만, 결국 수세에 몰려 자결했다. 무장투쟁이 실패로 돌아간 뒤에도 1885~1889년 사이에 왕조 부활을 목적으로 대규모 반란이 있었지만 영향력은 없었다.

그러나 1930년 호찌민이 결성한 베트남 공산당과 1941년 결성된 비엣민[241]은 독립을 위해 무장투쟁을 지속했다. 제2차세계대전이 일어나자 프랑스는 자국의 방어를 위해 프랑스령 인도차이나에 있던 군대를 철수시켰고, 이 공백기를 틈타 일본군이 베트남을 점령했는데, 호찌민은 당연히 일본군과 싸웠다.

제1차 베트남 전쟁

1945년 태평양전쟁에서 일본이 항복하자, 호찌민은 9월 2일 베트남 민주 공화국을 세우고 독립을 선언했다. 한편, 제2차세계대전 기간에 베트남을 통제할 수 없었던 프랑스는 베트남을 식민지령으로 회복하기를 원했다. 프랑스는 응우 엔 왕조의 마지막 황제 바오 다이를 내세워 베트남국을 세웠고, 결국 베트남 민주 공화국과 프랑스 사이에 전쟁이 일어났다.

---

241) 비엣민(Việt Minh)은 베트남 독립동맹회(越南獨立同盟會;Việt Nam Độc Lập Đồng Minh Hội)의 약자다. 한자로는 줄여서 월맹(越盟)이라고 읽는다.

제1차 인도차이나 전쟁에서 호찌민은 보구엔지압(武元甲)을 국방상으로 임명, 프랑스에 대항했다. 베트남의 전략/전술은 3단계로 나누어 실행되었다. 1단계는 프랑스의 막강한 화력을 피해 방어에 치중하되, 산악 요새를 강화하는 것이었다. 미국은 1954년까지 총 80%나 되는 전쟁 비용을 프랑스를 대신해서 지불했다. 2단계는 은거지에서 노출된 적을 공격하는 것이고, 3단계는 전면 공세로 전환하는 것이었다.

8년간 계속된 전쟁은 1954년 5월 7일 디엔비엔푸(Dien Bien Phu) 전투에서 프랑스가 궤멸적인 패배를 맞아 종결되었다. 프랑스는 육로로 다른 곳에 연결되지도 않은 분지

분지(평지)에 구축한 프랑스군 진지[242]

위에 요새를 만들고 공수로 투입된 전투력과 오직 항공보급 만으로 대항했다. 이에 반해 베트남군은 순수하게 인력만으로 보급품과 화포들을 정글과 산속으로 운반하여 프랑스군을 수개월 동안 포위하여 공격했다.

베트남은 1954년 열린 제네바 협정을 동해 평화협정을 맺었다.

---

242) [Wikimedia Commons], Stanley Karnow: Vietnam: A History, The Viking Press, New York, https://commons.wikimedia.org/wiki/File:Dien_Bien_Phu002.jpg

우선 통일된 베트남을 수립하기 위해 1956년 7월 이내에 보통선거를 진행한다고 규정했다. 제1차 인도차이나 전쟁에서 프랑스를 지원했던 미국은 프랑스가 물러난 뒤 공산화된 중국을 견제할 전략적 요충지로서 베트남을 바라보았고, 도미노 이론을 내세워 베트남에 반공 정부가 세워져야 한다는 입장을 고수했다.

제2차 베트남 전쟁

1955년 북베트남의 호찌민 정부는 제네바 협정에 따라 베트남 통일 정부 구성을 위한 선거를 촉구했다. 그러나, 미국의 거부로 1955년 10월 23일 남베트남 지역만으로 국민투표를 실시했고, 바오 다이의 베트남국에 염증을 느끼고 있던 남베트남 사람들은 왕국의 폐지와 공화국의 수립을 묻는 국민투표를 환영했다. 선거 이후 응오딘지엠을 대통령으로 하는 베트남 공화국이 수립되었다.

응오딘지엠은 독실한 로마 가톨릭 신자이자 철저한 반공주의자였다. 그러나 지엠 정권의 족벌 정치와 부정부패로 남베트남은 안정을 찾지 못했고, 많은 농민들이 남베트남 민족해방전선을 지지하는 요인이 되었으며, 시위와 봉기가 그치지 않았다. 1963년, 사이공 중심가에서 틱꽝득(釋廣德) 스님이 분신자살한 것이 도화선이 되어 전국적인 저항이 시작되었고, 1963년 11월 즈엉반민 장군이 일으킨 군사 쿠데타에 의하여 응오딘지엠은 살해되었다.

반면, 호찌민은 미국의 개입을 불러들일 직접적인 무장투쟁에 신중했다. 그러나 북베트남은 1959년부터 1961년까지 3만 명의

병력을 라오스로 보내 라오스
와 캄보디아를 지나는 호찌민
통로를 만들었다. 1964년에는
베트남 인민군 1만여 명이 호
찌민 루트를 통해 남베트남을
공격했고, 1965년에는 10만
명에 달했다.

미국의 신문들은 1964년 8
월 2일, 베트남 연안에서 정찰
중이던   미국의   매덕스

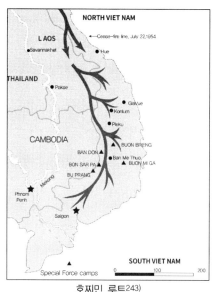

호찌민 루트[243]

(Maddox) 구축함이 북베트남의 어뢰정으로부터 공격을 받았다고
보도했다. 미국 해군은 북베트남의 공격에 적극적으로 대응했고,
이로 인해 북베트남 어뢰정 3척이 파괴되고 10여 명의 사상자가
나왔다.[244]

통킹만 사건 며칠 뒤 미국은 이에 대한 보복으로 북베트남에
폭격을 감행했다. 미국 연방 하원은 통킹만 사건이 전면전으로 확
대되는 것을 거부했지만, 미 대통령 존슨은 이미 전면전을 개시하
고 있었다.

미국 공군이 주둔한 비행장이 몇 차례 공격을 받게 되자, 미국

243) [Wikimedia Commons], https://commons.wikimedia.org/wiki/File:HoChiMinhTrailMap.jpg
244) 한겨레신문(2014.8.9.)

은 기지를 방어한다는 이유로 전투부대를 파병했다. 1965년 3월 8일, 3,500명의 미 해병대가 베트남 다낭에 상륙한 것을 시작으로 미국의 본격적인 파병이 시작되었다. 여론은 압도적으로 파병을 지지했다. 지상군 작전은 북위 17도선으로 제한되었지만, 북폭은 19도선까지 시행되었다.

1968년 1월 30일, 베트남 민족해방전선과 북베트남은 구정 공세[245]를 감행했다. 공세 초기, 미군과 남베트남군은 고전을 면치 못했고 일부 지역에서 퇴각했지만, 얼마 지나지 않아 막강한 화력으로 반격, 전술적으로는 베트남 민족해방전선에게 큰 피해를 입혔다.

그러나, 구정 대공세는 전쟁 승리를 낙관했던 미국 내 여론에 큰 충격을 주면서 상황을 반전시켰다. 여론이 나빠지자 북베트남과 미국 사이에 평화협정 논의가 시작되었다. 닉슨 대통령은 구정 대공세가 지나고 난 뒤 철군 계획(정확히 표현하면 감축)을 발표했다.

닉슨 독트린이라 불린 그의 계획은 남베트남군을 강화시켜 스스로의 영토를 방어하도록 한다는 것이었다. 그러나 인도차이나 지역에서의 분쟁 확산 방지를 위해 미군의 개입은 지속된다는 점을 명시했다. 미국 내의 반전 운동은 점점 거세졌다.

1973년 1월 15일 닉슨은 북베트남에 대한 공격을 중지한다고

---

245) 베트남의 명절인 뗏 휴일에 이틀 동안 휴전을 하겠다는 약속을 깨고 남베트남 전역에서 기습 공격을 한 것이다.

발표했고, 1월 27일 "종전과 베트남의 평화 복원에 대한" 파리 평화협정을 체결하여 미국의 베트남 전쟁 개입을 공식적으로 종결했다. 미군과 연합군은 3월까지 철군했고, 남베트남에는 티우 정권이 남겨졌다.

제3차 베트남 전쟁

1974년 1월, 남베트남 민족해방전선은 공세를 시작했다. 1974년 12월 13일 북베트남군은 프억렁(Phước Long) 성에 있는 14번 통로를 공격했다. 1975년 1월 6일 성도(省都)인 프억빈(Phước Bihn)이 함락되자 포드 정부는 남베트남에 대한 지원 재개를 의회에 요청했지만 거부되었다. 프억빈이 함락된 뒤에도 미국의 지원이 없자 남베트남의 지배층은 혼란에 빠졌다.

1975년 초 당시 남베트남군은 북베트남군에 비해 3배나 많은 대포와 두 배 더 많은 탱크, 그리고 1,400대의 항공기를 보유하고 있었으며 병력 역시 두 배 이상 많았다. 그러나, 석유 가격 인상(1973년 오일쇼크)으로 상당수는 사용할 수 없었다. 반면에 북베트남군은 공산주의 국가들로부터 받은 원조를 바탕으로 잘 조직되어 있었고, 사기 또한 높았다.

1975년 3월 10일 반띠엔중(Văn Tiến Dũng) 장군은 탱크와 대형 곡사 화기를 동원하여 중부 고원 지역을 공격하는 '275작전'을 개시했다. 이 작전의 목표는 닥락(Dak Lak) 성246)의 부온마투옷(닥락 성의 성도)였다. 3월 11일 남베트남군은 별다른 저항 없이 후퇴했다.

4월 말 메콩강 삼각주 지역에서는 명령 체계가 무너진 채 고립된 남베트남군이 조직력을 상실한 채 북베트남군과 전투를 벌이고 있었다. 사이공에는 수도방위군 3만 명이 남아 있었지만 이미 사기는 극도로 떨어져 있었다. 1975년 4월 30일 북베트남군은 사이공을 함락했다.

사이공 미국 대사관 옥상에서 헬리콥터로 탑승하는
사람들247)

미국이 전쟁에서 실패한 이유

당시 베트남은 오랜 기간의 프랑스 식민지 지배를 벗어나 독립 국가로 거듭나길 원했다. 곧이어 등장한 미군을 베트남 국민들은 또 다른 외국 점령군으로 볼 수밖에 없었다. 이런 환경에서 미국은 베트남의 이익보다 공산주의의 확장 방지라는 자국의 목표에 충실했고, 미군 수뇌부는 이 작전을 단순한 군사작전으로 판단했다.

제2차세계대전과 6.25전쟁을 통해 기동전의 교리를 발전시켜온 미국으로서는 그들의 정규전 교리가 비정규전에 무력화되는 모습을 지켜봐야 했다. 북베트남군과 베트콩의 '히트 앤드 런' 작전으로

---

246) 베트남 중부 고원 지방의 성 단위 행정 구역
247) https://www.bbc.com/korean/international-58199143

막강한 화력은 표적을 잃어버렸다. 작전이 조용하면 베트콩은 민간인 복장으로 위장하여 주민들과 분리가 불가능했다. 그들을 추격하게 되면 '양민학살'이라는 누명을 덮어쓰는 함정에 빠졌다.

보구엔지압 장군과 북베트남군이 구정 공세를 통해 미군에게 전하고자 한 메시지는 두 가지였다. 첫째 미군에게 베트남 전쟁이 그들이 생각한 것처럼 곧 끝날 전쟁이 아니고, 언제 어디에서든지 북베트남군이 원하는 시간과 장소에서 공격이 가능하다는 공포감 조성이었다. 둘째, 전쟁 뉴스를 통해 미국 국민들에게 전쟁이 미국 정부에서 홍보하는 것처럼 성공적으로 진행되지 않고 있다는 것을 알려주는 것이었다.

베트남전은 약자가 강자를 상대로 전쟁을 할 때, 어떤 전략과 전술을 사용해야 하는지를 잘 보여준 전쟁이었다. 미국은 새로운 전쟁수행개념에 대응해야 했지만, 기민함과 적응력을 상실했고 그 결과로 베트남에서 철수해야 했다. 새로운 개념의 전쟁, 제4세대 전쟁에 대한 이해와 대응이 부족했던 것이다.

미국의 이라크 전쟁

전쟁의 원인과 배경

2001년 9월 11일, 알카에다가 뉴욕의 세계 무역 센터와 워싱턴의 펜타곤을 공격했다. 부시 대통령은 이라크의 후세인을 대용목표로 삼았다. 후세인이 대량살상무기를 계속 비축하고 제조하고 있다는 보고를 받았고, 이는 미국에 심각한 위협이라고 판단했다. 2002년 10월 미국 의회는 이라크에 대한 군사력 사용을 승인했다.

2002년 9월 11일, 9·11 1주기를 맞아 부시 대통령은 추도식 후 특별담화를 통해 이라크에 대한 침공 계획을 발표했다. 9·11 이후 아프간 전쟁을 일으켜 탈레반을 일시적으로 붕괴시킨 이후였기 때문에, 이러한 이라크 침공 계획은 이미 많이 예상되고 있던 실정이었다. 미국은 2002년 이미 후세인 정권 심장부에까지 공작원을 심어두고 감시할 정도로 이라크 내 정세를 긴밀히 살폈고, 이를 통해 침공계획과 무력 사용에 대한 국제사회에서의 정당화 여부 등을 꾸준히 계획, 논의하다가 9·11 1주기 때 직접적인 침공 계획을 처음으로 발표했다.

콜린 파월 미 국무장관은 2003년 유엔에 이라크가 생물 무기 생산을 위한 '이동식 실험실'을 갖고 있다고 말했다. 영국 정부는 이라크 미사일이 지중해 동부에 있는 영국 목표물을 타격하기 위해 45분 이내에 준비될 수 있다고 주장하는 정보 문서를 공개했다. 영국의 당시 총리였던 토니 블레어는 사담 후세인이 WMD를 계속

해서 생산하고 있다는 것이 "의심할 여지가 없다"고 말했다.[248]

미국의 두 이웃인 캐나다와 멕시코는 전쟁 지원을 거부했다. 유럽에서 미국의 두 주요 동맹국인 독일과 프랑스도 지원을 거부했다. 나토 회원국이자 이라크의 이웃인 튀르키예는 미국과 동맹국이 자국의 공군기지를 사용하는 것을 거부했다. 1990-91년 걸프전에서 미국을 지원했던 사우디아라비아 등 중동 국가들은 2003년 미국의 이라크 침공은 지원하지 않았다.

전쟁의 시작과 사담 후세인의 최후

2003년 3월 20일, 바그다드 현지 시각 오전 5시 34분에 미군의 침공이 개시되었다. 작전명은 이라크 자유 작전(Operation Iraq Freedom)이고 총사령관은 미 육군 대장 토미 프랭크스 장군이었다. 연합군은 미군 240,000명, 영국군 45,000명, 오스트레일리아군 2,000명, 폴란드군 194명 등, 총 287,194명으로 구성되었다. 여기에 쿠르드 지역군 70,000명이 가세했다.

바그다드 시간으로 3월 20일, 토마호크 순항미사일의 폭격을 시작으로 다국적군의 공중전력은 수백 회에 걸쳐 이라크 공화국 수비대를 공습하기 시작했다. 바그다드 남쪽에 위치한 메디나 사단이 가장 큰 타격을 입었고, 메디나 사단 후방에 위치한 함무라

---

248) 두 나라는 라피드 아메드 알완 알자나비라는 화학공학자와 무함마드 하리스 소령이라는 정보장교 등 두 명의 이라크 탈주자의 주장에 크게 의존했다. 그들은 이라크의 WMD 프로그램에 대해 직접적으로 알고 있다고 말했다(https://www.bBCE.com/korean/international-65004929)

비 사단도 다국적군의 공습에 초토화됐다. 그러나 메디나 사단은 다국적군의 공습에 대비해 부대를 넓게 전개했고, 3월 23일 밤 미 육군 소속의 아파치 공격헬기를 상대로 상당한 전과를 거두었다.

아파치 공격헬기의 공격 실패 이후, 미군은 고정익기를 중심으로 이라크 공화국 수비대에 맹렬한 공습을 가했다. 특히 B-1B와 B-52 폭격기들이 근접항공지원작전에 전격 투입되었다. 목표 상공에 도착한 B-52 폭격기는 4만 피트 상공에서 전차부대 선두에 2발의 CBU-105를 투하했는데, 이들 폭탄은 몇 초 사이에 24대 이상의 이라크 전차들을 파괴했다.

단 한 번의 공습으로 이라크 공화국수비대의 전차부대 절반이 무력화됐다. 겁에 질린 이라크군은 전차에서 뛰쳐나와 미 해병대에 항복하기 시작했다. 결국 미 해병대는 총 한 방 쏘지 않고 전차부대 전원을 포로로 잡았다. 이날 이후 B-52 폭격기는 바그다드 주변의 이라크 공화국 수비대 기계화 부대에 다시 한번 CBU-105 4발을 투하했다. 투하된 CBU-105는 여단 규모의 기계화 부대를 완전히 파괴했다.

다국적군의 공습에 이라크 공화국 수비대는 하나, 둘씩 부대가 해체됐다. 그리고 4월 5일, 미 3사단 소속의 M1A1 전차부대는 일명 썬더 런(Thunder Run) 기동을 통해, 이라크 공화국 수비대의 방어망을 순식간에 뚫고 바그다드에 진입하는 데 성공했다.

이라크군과 민병대는 산발적 저항을 하기는 했으나 막강한 미군 및 동맹군을 저지하기는 역부족이었다. 남부 지역에서의 전투는 패배를 거듭했고, 4월에 이르러 사막의 모래 폭풍으로 미군의 진격이 잠시 묶인 틈을 타 공화국수비대를 투입해 공세를 벌였다. 공화국수비대가 그나마 이라크군 내에서 정규군이라 할 법한 유일한 병력이었고 이후 저항 세력의 주축도 공화국수비대였다.

하지만 미군은 항공 전력을 동원한 대규모 융단폭격으로 대응했고, 결국 공화국수비대는 붕괴되었다. 남은 병력은 중장비를 버린 채 퇴각했으며, 전장을 이탈하여 후일 후세인 일파 소속의 저항군으로 합류하게 된다. 이후에도 진격이 계속되어 침공 2주만인 4월 9일에 바그다드는 함락되었고, 후세인 정부는 붕괴했다. 4월 30일까지의 이라크군의 전사자는 9,200명, 민간인 사망자는 7,299명, 그리고 미군은 139명, 영국군은 33명이 전사했다.

2003년 5월 1일, 미국의 43대 대통령 조지 부시는 미 해군 항공대의 함재기인 S-3 바이킹 대잠초계기를 타고 산디아고에 정박 중이던 USS 에이브러햄 링컨함에 착함,

링컨함에서 영접받고 있는 부시 대통령[249]

---

249) [Wikimedia Commons]. U.S. Navy photo by Photographer's Mate 3rd Class Tyler J. Clements. https://commons.wikimedia.org/wiki/File:George_W_Bush_on_the_deck_of_the_USS_Abraham_Lincoln.jpg

후세인 정권 붕괴와 종전을 선언했다.

미군의 전쟁 수행 자체는 그 과정과 결과에서 매우 우수했다. 걸프전과 마찬가지로 군 전체 병력은 25만 이상의 대규모였지만 대부분이 비전투부대 및 이를 호위하는 병력으로 실제 전선에 적극 투입된 건 2~3만 명 정도였다. 미군은 강력한 항공지원 아래 속도 위주의 기동전으로 이라크의 전쟁수행 능력을 순식간에 무너뜨렸다.

그러나 이렇게 깔끔하게 보이는 전과는 사실 이라크군이 경제난으로 완전히 무너져 있었기 때문이기도 했다. 한때 병력 100만여 명을 자랑하던 이라크군은 1991년 걸프전 당시 주력부대가 거의 다 소멸되고 경제난까지 겹치면서 대폭 축소된 상태였다. 2003년 개전 직전에는 병력은 30만여 명 안팎으로 떨어져 있었으며, 그나마 제대로 된 부대는 공화국수비대 정도였다.

이라크 대통령 사담 후세인은 수도인 바그다드 함락 이후 도망자 신세가 되었다. 전쟁 초반에는 기세등등한 태도로 나오며 이라크 군인들에게 끝까지 저항하라고 메세지를 던졌지만, 미군이 바그다드까지 치고 올라오자 급히 피난을 떠나 자신의 고향인 티크리트의 은신처에 숨어 기거했다. 그러던 2003년 12월, 미군 특수부대에 의해 체포되었으며 2년간의 전범재판을 거쳐 2006년 말 사형당했다.

끝나지 않은 전쟁, 그리고 미군의 철수

2003년 4월, 미국은 바그다드를 함락시키고 종전을 선언했다. 그러나 첨단 무기와 화력, 기동전 위주의 전쟁은 현지 주민들과 동떨어진 별개의 작전이 될 수밖에 없었고, 이는 미국이 원하는 새로운 체제 수립에 걸림돌이 되었다. 더욱이 현지 상황과 주민들의 생활을 고려하지 않은 전후 처리는 곳곳에서 저항세력을 만들어냈다. 전후 미국은 이라크의 안정과 정부 수립을 지원하는 안정화작전을 시행했으나 실패하였고, 고심 끝에 '대반란전'을 수행했다.

부족 단위의 국가 특성에다가 전쟁으로 국경이 사실상 사라졌기 때문에 도처에서 범죄자와 깡패, 무장세력이 이라크로 유입되었다. 대표적으로 ISIL250)이 있다. 이들은 반미저항뿐 아니라 수니파와 시아파가 충돌하며 자기끼리 서로 총을 겨눴다. 그래서 미국은 그들과도 싸워야만 했고 매년 수백 명의 사망자가 발생했다.

미국의 종전 선언 이후 미군과 이라크 정부군에게 가장 큰 위협은 아래 세 가지로 요약할 수 있다.

첫째, 적과 아군의 피아식별이 불가능하다는 점이었다. 무장세력들은 민간인과 미군부대에서 근무하는 현지 이라크인 등을 이용하여 각종 테러를 지속하였으며, 특히 일반차량과 탈취한 미군 차량을 이용한 차량폭발 테러는 매우 위협적이었다.

---

250) Islamic State of Iraq and the Levant : 이슬람 근본주의를 표방하는 국제 범죄 단체이다. 한국에서는 주로 줄여서 IS라고 부른다.

둘째, 이라크인 무장세력들이 사용할 수 있는 각종 무기가 풍부하다는 점이었다. 이라크 내에는 미군과 이라크군에 의해서 유기된 각종 폭탄 및 불발탄 등이 산재했으며, 무장세력들은 이를 이용한 급조폭발물(IED) 공격을 활발하게 전개하여 미군과 이라크 정부군 사상자를 전쟁

급조폭발물(IED)에 의해 전복된 차량[251]

기간보다 더 많이 발생시켰다.

셋째, 국제적 매스컴 등을 이용하여 미국과 동맹군에 의한 이라크군 포로와 민간인 학대 등을 선전함으로써 국제적 지지 획득에 노력하는 한편, 미군과 동맹군 포로의 참수 장면을 공개 방송함으로써 전의상실을 기도했다.

후세인 정부 붕괴 이후 이라크 신정부가 생겼지만 이들도 이라크 정국을 수습하지 못하고 있었기 때문에 혼란은 더욱 가중되었고, 치안과 경제 상황은 나아지지 못했다. 2007년에는 이라크 주둔 미군이 17만 명까지 늘었다. 그러나 미국은 대량살상무기를 끝내 찾아내지 못했다. 이러한 이라크 신정부의 무능함은 2010년대 아랍의 겨울 당시 일어났던 이라크 내전 초기에 ISIL에게 영토의

251) [Wikimedia Commons].
   https://commons.wikimedia.org/wiki/File:Buried_IED_blast_in_2007_in_Iraq.jpg

반 이상을 내주게 되는 결과를 낳았다.

버락 오바마 전 대통령은 2010년 8월 이라크 전쟁 종전을 공식 선언했으나, 미군 철수 이후 이라크는 내전에 휩싸였다. 2014년 이슬람국가가 이라크 북부 모술을 장악하자 미국 주도 연합군은 이에 대응해 이라크에 군대를 다시 투입했다. 이후 2019년 이슬람국가 지도자들이 체포되거나 제거된 이후 미군은 이라크 내 전투 임무보다 훈련·자문에 주력해왔다.[252]

이라크 정부는 2017년 12월 IS가 격퇴됐다고 선언했지만, IS 잔당은 이라크와 시리아 곳곳에서 지속적으로 소규모 공격을 하고 있다. 미군은 두 나라에 기지와 전초기지, 활주로 등 군도(群島)처럼 연결된 12개 기지를 운영하며 이라크군과 쿠르드계 민병대와 함께 대테러 활동을 해왔다.[253] 2021년 12월 9일, 이라크와 미국 주도의 연합군은 연합군의 전투 임무가 끝났다고 발표하여 이라크에 남아 있는 미군들을 공식적으로 자문, 지원, 훈련 역할로 전환시켰다.

미국은 초기 정규작전 외에는 정치적·군사적 목적을 달성하지 못하고 철수했다. 이라크에서 무엇을 얻고, 무엇을 포기해야 하는가에 대한 전략적인 고려가 미약했다. 그래서 지형과 환경, 주민과 종교의 늪에 빠졌다. 미국의 이라크 전쟁은 전쟁 이후 작전의 중요성과 심각성을 깨닫는 배경이 되었고, 새로운 전쟁수행방식인 제4세대 전쟁의 연구를 촉진했다.

252) 한겨레신문(2021. 07. 27.)
253) 조선일보(2020.01.08.)

미국의 아프가니스탄 전쟁

전쟁의 원인

미국-아프가니스탄 전쟁은 2001년 10월 7일부터 2021년 8월 30일까지 20여 년간 미국이 아프가니스탄에서 벌인 전쟁이다. 미국은 9.11 테러의 주범으로 알려진 알 카에다와 오사마 빈 라덴을 지원하는 탈레반 정권을 축출하기 위해 아프가니스탄을 침공했다. 미국은 군사적인 승리 이후에 새로 구성된 아프가니스탄 정부를 지원-유지함으로써 이 지역에서 테러의 근원을 없애려 했다.

테러사건이 일어난 지 이틀이 지난 9월 13일, 미국은 파키스탄 대통령 페르베즈 무샤라프에게 탈레반에 대한 지원 중단, 파키스탄 영공 통과와 이/착륙 백지 위임장을 요청했고, 바로 당일 모든 조건이 수락되었다. 탈레반에게는 24~48시간 안에 빈 라덴과 그 측근들의 인도 및 알카에다 캠프 폐쇄를 수용하지 않을 경우, 미국은 모든 수단을 이용해 테러 시설을 공격할 것이라는 최후 통첩을 보냈다. 탈레반은 고민했지만 결국 빈 라덴을 보호한다는 결정을 내렸다.

전쟁의 전개

2001년 10월 7일, 아프칸에 대한 공격작전이 개시되었다. 미 해군 수상함과 잠수함에서 토마호크 순항미사일이 발사된 이후, 뒤이어 B-52H 폭격

B-52H Stratofortress[254]

기에서 AGM-86C 순항미사일이 발사되었다. 그 뒤를 따라 항공모함 CVN-65 엔터프라이즈와 CVN-70 칼 빈슨에서 이함한 미 해군 전투기와 함께 미 공군의 B-1B와 B-52H 폭격기가 탈레반과 알카에다 기지를 맹폭하였다.

미국은 지상군으로 제5특전단을 투입했는데, 이들은 ODA[255]로 나뉘어 각각 임무를 수행했다. 각 ODA는 10~12명의 병력으로 구성되어 있으며 직접적으로 전투에 참여하기보다 항공지원 조율, 표적정보 제공, 레이저 타케팅 조사 등을 통해 미 공군 전력을 효과적으로 유도하는데 집중했다. 이들은 폭격지점을 정확히 유도했고 미 공군, 해군 전투기는 물론 영국 토네이도 공격기까지 날아와 하루에 120회 이상의 공습을 가했다.

---

254) [Wikimedia Commons].
　　https://commons.wikimedia.org/wiki/File:B-52H_Stratofortress_(7414115180).jpg
255) Operational Detachment Alpha : 작전분견대

11월 6일, 미 공군은 BLU-82 열 압력 폭탄을 투하하기 시작했는데, 엄청난 맹폭으로 탈레반은 조직적인 저항이 불가했고, 도주하기 시작했다. 미국은 탈레반이 카불에서 시가전을 준비할 틈을 주지 않고 신속하게 접근했고, 11월 12일에 특별히 격렬한 전투 없이 카불을 함락시켰다. 카불은 아프가니스탄의 수도이고 교통의 요지였으므로 탈레반에게 있어 매우 치명적이었다.

12월 2일 미군과 연합군은 칸다하르로 향하는 핵심 교량이 위치한 사이드 알림 카라이(Sayd Alim Kalay)마을에 도착했다. 탈레반은 미군과의 교전을 통해 자신들의 위치가 노출되면 폭격된다는 것을 학습했고, 동굴진지를 활용해 버티면서 지연전을 수행하기 시작했다. 그러나 2001년 12월 7일, 칸다하르가 함락되면서 탈레반이 항복하였고 전쟁이 일단락되었다.[256]

아프가니스탄에서 탈레반 세력이 사라지자, 아프가니스탄은 다시 혼란 상태에 빠졌다. 이를 해결하기 위해서 하미드 카리즈이 주도하에 아프가니스탄 임시정부(AIA)가 구성되었다. 한편 미군은 탈레반과 알카에다 잔당 토벌을 위해 아나콘다 작전을 개시했다. 샤히코트(Shah-i-Kot) 계곡에 숨어든 탈레반과 알카에다 잔당들을 소탕하기 위해 제3, 5특전단, 제10산악사단, 제101공수사단이 동원되었다.

---

256) 미군이 탈레반의 중심 거점 칸다하르를 점령한 뒤, 2001년 12월 7일 탈레반이 항복했다. 그 이후 탈레반은 파키스탄 파슈툰 지역으로 후퇴한 뒤 세력을 회복했다.

또한 미군을 도와 아프가니스탄 안정화 작전에 참여한 ISAF(International Security Assistance Force : 국제 안보지원군)소속의 호주, 덴마크, 프랑스, 독일, 노르웨이 연합군이 함께 했다. 이외에도 약 600여 명의 아프가니스탄 병사들이 참가했다. 이 작전으로 샤히코트 계곡에 숨어든 약 1,500여 명의 탈레반과 알카에다가 전사했다.

미군은 2011년 넵튠 스피어 작전에서 빈 라덴을 사살했다. 미국은 전쟁 장기화로 인한 피로와 경제 위기 등의 다양한 요인들로 전쟁 지속에 부담을 느꼈고 2011년 NATO 회의에서 점진적 철군을 결정했다. 2021년 8월 30일, 아프간 내 미군의 마지막 수송기가 카불의 하미드 카르자이 국제공항에서 떠나며 미국-아프가니스탄 전쟁이 사실상 종료되었다.

마지막 수송기에 오르는
제82공수사단장 도너휴 소장257)

---

257) [Wikimedia Commons], Master Sgt. Alexander Burnett,
　　https://commons.wikimedia.org/wiki/File:Last_American_Soldier_leaves_Afghanistan.jpg

전쟁의 성격

미국은 2개월 만에 아프가니스탄에서 전개된 군사작전을 마무리하고, 아프가니스탄 과도 정부가 출범시켰다. 하지만 미국의 의도와는 달리 오사마 빈라덴을 중심으로 한 알 카에다를 완전히 격퇴하는 것은 실패했으며, 아프가니스탄을 장악한 이후의 안정화 작업도 순조롭게 이뤄지지 못했다. 이후 국제안보지원군은 안정화를 위해 지속적으로 작전에 투입되었지만, 아프가니스탄 전역에서 탈레반의 영향력은 줄어들지 않았고 곳곳에서 탈레반의 테러가 이어졌다.

미국-아프가니스탄 전쟁은 나토 가맹국이 공격받을 경우 모든 나토 동맹국이 집단, 혹은 개별적으로 공동 군사 대응을 한다는 나토 헌장 5조가 최초로 발동된 전쟁으로 미국뿐 아니라 나토 가맹국 전부가 직간접적으로 참전한 전쟁이기도 했다. 또한 테러와의 전쟁이란 원대한 계획의 첫 단계로 펼쳐진 '항구적 자유 작전'(Operation Enduring Freedom)의 일부이자 마지막 전쟁이기도 했다.

21세기 최초의 전쟁이자 현재까지 미국 역사상 최장기 전쟁이 되어버린 이 전쟁은 미국에게 상처만 남긴 전쟁이 되었다. 그리고 영국-아프가니스탄 전쟁, 소련-아프가니스탄 전쟁에 이어 세 번째로 강대국의 아프가니스탄 침공이 실패로 끝난 전쟁이 되었다. 미국이 이 무의미한 전쟁에 최소 2조 달러를 지출함으로써 미국의 초강대국 지위가 약화된 원인 중 하나이기도 하다. 미국이 아프가니스탄 민생 지원책으로 뿌린 돈만 천억 달러라고 하지만, 이 돈은 대부분 부패한 아프간 관리들의 호주머니로 들어갔다.

전쟁 기간 중, 탈레반 측의 잔혹 행위만을 강조하는 사람도 있지만, 산악 게릴라전이 다 그렇듯이 미군이나 아프간 정부군의 소탕전에서 빚어지는 불가피한 민간인 피해 또한 심각했다. 특히 이런 종류의 전쟁을 하는 데는 촌락민의 지지가 필수적이었다. 탈레반이 세력을 떨칠 수 있었던

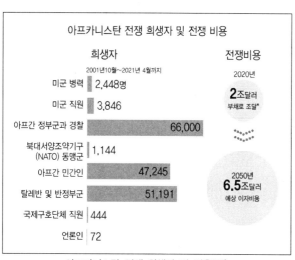

아프가니스탄 전쟁 희생자 및 비용258)

것은 아프간 정부군이나 미군의 문제도 상당하기 때문이다.

미국은 압도적인 화력과 첨단장비를 보유하고 있었지만, 해당 전쟁에서 미국이 보유한 명분은 거기까진 미치지 못했다. 더욱이 탈레반들은 AK 소총, 로켓추진 수류탄, 심지어 화승총 등 구식

258) 연합뉴스(2021.8.12.)

장비로 무장한 일개 반군에 불과했다. 탈레반들은 고화력의 비싼 무기를 지속적으로 사용해서 파괴해야 할 가치있는 자산들을 가지고 있지도 않았다.

결국 주요 표적이 존재하지 않는 전쟁, 해당 주민들의 지지가 없는 전쟁에서 미국은 막대한 예산만 투입한 채 시간만 허비한 셈이다. 특히 인질에 대한 미디어 공격, 오폭에 대한 신속하고도 생생한 현장 보도 등 탈레반들은 정보화와 세계화의 특징을 최대한 활용했다. 군사력을 상대로 하지 않고 정책결정자와 언론을 상대로 전쟁을 수행한 것이다.

에 필 로 그

전쟁에 관한 과학적 접근은 '전승(戰勝)의 요인은 무엇인가?'에 집중되어 왔다. 과거부터 이 질문에 답하기 위해 장군들과 이론가들은 고민했고, 전장에서 실험과 체험을 통해 그 답을 찾고자 했다. 만약 전쟁에서 승리할 수 있는 유일하고도 확정적인 방법, 또는 요인이 있다면 그러한 방법이나 요인을 적용해서 틀림없는 승리를 쟁취할 수 있었을 것이다.

그러나 전쟁은 예상할 수 없는 마찰과 우연이 빚어내는 불확실성 그 자체이다. 그래서 누구도 예상할 수 없는 결과를 만들어내기도 하고 어떤 이들은 이를 이용하기도 한다. 유일하고도 확정적인 방법은 없는 것이고, 전장을 대하는 일반적이고 통상적인 원칙 또는 준칙이 있을 뿐이다.

그럼에도 전장(戰場)을 지배하는 단 하나의 원칙을 꼽으라면 그것은 '상대적 우세(優勢)'이다. 전쟁사를 통해서 많은 위대한 지휘관들이 '상대적 우세'를 달성하려고 했음을 본문은 지적하고 있다. 그들은 싸우는 시간과 장소를 선택해서 주도권을 확보했고, 절대적 열세(劣勢)를 부분적인 상대적 우세로 전환하여 전세를 역전시키는 용병술을 발휘했다.

인원과 장비의 절대적 우세가 지배하던 고대 전쟁에서 레욱트라 전투의 에파미논다스, 그리고 알렉산더는 기동과 대형을 통해 수적(數的) 열세를 극복했다. 그리고 이러한 전술적 천재성은 고대 로마와 몽골을 거쳐 프리드리히 대왕과 나폴레옹에 의해 다듬어지고 진화되었다. 창검의 시대에서 총포의 시대로 전쟁 양상이 바뀌었음에도 기동과 대형의 중요성은 오히려 심화되었다.

고대 보병의 전투가 대형을 통해 수적 열세를 극복했다면, 그 이후 오늘날까지 우세를 가져다 줄 수 있는 결정적 요인은 기동이다. 많은 위대한 장군들이 오직 신속한 기동을 위해 혁신했고, 때로는 많은 것들을 포기했다. 그래서 본문에서는 기동을 위한 혁신에 중점을 두고 무기와 장비, 병참, 기술 등을 분석했다.

사실, 기동의 혁신에 관한 개념적 고찰은 단순했다. 적보다 빠르고 기습적으로 부대를 움직일 수 있도록 하는 것, 그리고 이를 위해 모든 것을 쏟아붓는 것이다. 더 빠르기 위해 말을 탔고, 전차를 운용했고, 내연기관으로 대체했다. 심지어 공중과 해상, 수중에서도 이러한 혁신은 계속되었다.

무기체계는 기동하는 부대들을 위해 더욱 정밀하고 치명적으로 진화했다. 화포, 유도탄, 공중 폭격 등은 이러한 전술적 임무를 달성하기 위해 사거리가 늘어나고 명중률이 향상되었다. 이러한 점에서 산업혁명 이후의 전쟁들은 과학기술의 발달과 밀접한 관련이 있으며, 기술이 전술을 선도하기도 했다. 또한 대량살상무기의 등장은 전략적 목표를 달성할 수 있는 대안이 되기도 했다.

전쟁과 무기는 진화적 발전을 거듭해 왔다. 지난 전쟁과 그 전장에서 쓰였던 무기들이 최적화하여 다음 전장에서 운용되기 때문이다. 만약 이러한 진화의 과정을 무시하거나 외면한 지휘관이 있다면 통찰력을 상실했음이 분명하다. 많은 지휘관이 이러한 통찰력의 부재로 부하를 잃었다.

본문은 그 통찰력을 제공하기 위해 진화라는 관점에서 시기별로 주요 전쟁을 구성했고, 당시 운용했던 무기·장비들을 함께 제시했다. 이 책을 통해 전쟁의 흐름 속에서 당시 상황을 이해하고 전쟁의 맥락을 짚어볼 수 있으면 하는 바람이다.

전쟁사를 연구하면서 전투의 현장에 몰입하다 보면, 전사들의 함성과 신음, 말발굽 소리가 들려온다. 그때 그 사람들은 왜 거기에 있었고, 왜 죽어갔는가? 그 어린 나이에 상대방을 죽여야만 하는 어떤 적개심은 있었는가? 전장의 실상에 다가가면 갈수록 전장에서 더 멀어지고 싶은 마음이 생기는 이유이다.

따라서 전쟁의 시작은 신중하고 어려워야만 한다. 손자병법에서 강조했듯이 싸우지 않고도 적을 굴복시킬 수 있는 것이 가장 좋은 것이다.(不戰而屈人之兵, 善之善者也) '전(全)'이야말로 최선이라 하지 않았는가? 아쉬운 것은 그러한 역량과 통찰력을 제공하기에 본문 내용이 너무 부족하다는 점이다.

전쟁사 연표

구분	인류의 출현
46억년전	지구의 탄생(45억 6천만년전)
6천6백만년전	운석 충돌(멕시코 지역, 지구 생물 전체의 75% 멸종)
6백만년전	인류의 선조 출현
4백만~2백만전 3백만년전	Australopithecus africanus 출현(오스트랄로피테쿠스속 중 제일 처음 발굴된 화석, 1924년 남아프리카 공화국에서 발견, 별칭은 '타웅 아이') Australopithecus Alarensis 출현(1974년 에티오피아에서 발견된 여성 화석 인골, 별칭은 '루씨')
150만년전	호모 에렉투스 출현
60만년전	호모 하이델베렌시스 출현(불, 도구 사용) ☞ 빠르게 사라짐
35만년전	네안데르탈렌시스 출현
4만년전	호모 사피엔스사피엔스 출현
1만년전	신인류 출현(신석기 시대)
9,000년전	농경시작

구분	중동/아프리카	유럽	아시아	한국
BCE 7,400년경	Çatalhöyük(터키)(~BCE 5,200), 석기~청동기시대 과도기 거주지			
BCE 7,000년경	4대 문명(청동기, 문자)의 시작			
BCE 4,000년경	고대 이집트문명			
BCE 3,000년경	메소포타미아문명(수메르인)			
BCE 2,300년경				
BCE 2,000년경			인더스 문명 / 황하문명	고조선 건국(BCE 2,333경)/삼국유사
BCE 1,500년경	히타이트 철 야금 시작			
BCE 1,530년경	바빌로니아 멸망			
BCE 1,457년경	Megiddo 전투			
BCE 1,446년경	유대민족의 출애굽			
BCE 1,285년경	Kadesh 전투	페니키아 / 헤브라이 / 수메르·아카드 / 이집트 / 신바빌로니아(기원전671)		청동기시대 시작(BCE 1,000년경)
BCE 910	앗시리아제국 (~BCE 606)	유대 / 이스라엘 / 기원전700 / 기원전722 / 기원전796 / 아시리아		
BCE 770년경		리디아(기원전546) / 메디아(기원전550) / 신바빌로니아(기원전539) / 이집트(기원전525) / 페르시아 제국	춘추 전국 시대	
BCE 660	페르시아 제국 (~BCE 247)			
BCE 625	신바빌로니아 왕국 (~BCE 539)			
BCE 586	남유다 멸망			
BCE 490	1차 페르시아 전투(마라톤 전투)			
BCE 480	2차 페르시아 전투(살라미스 전투)			
BCE 431	펠로폰네소스 전쟁(~BCE 404)			

BCE 415	아테네, 시칠리아 원정		
BCE 404	스파르타, 그리스 제패(~BCE 371)		
BCE 401	크세노폰, 페르시아 원정(~BCE 399)		
BCE 400년경	투석기와 투창기의 사용 시작		철기시대 시작(BCE 400년경)
BCE 371	레우크트라 전투에서 테베 승리 테베의 그리스 통일(~BCE 362)		
BCE 359	마케도니아 방진 개발		
BCE 338	마케도니아 필립2세, 캐로니아전투에서 그리스군 격파		
BCE 333	알렉산더대왕, 이소스 전투		
BCE 331	알렉산더대왕, 가우가멜라 전투		
BCE 327	알렉산더대왕, 인도 원정		
BCE 322		중국 장수성에서 칼 모양 토기에 등자를 사용한 흔적 발견	
BCE 264	1차 포에니 전쟁(~BCE 241)		~ 고조선 (AD 108) BCE 2세기경 부여 (~AD494)
BCE 247	Parthian제국(~AD 224)/중기병, 궁기병 ↔ Rome Testudo		
BCE 221		진나라 중국 통일	
BCE 218	2차 포에니 전쟁(~BCE 201)		
BCE 216	칸나에 전투에서 한니발 승리		
BCE 202		중국 한나라 건국	
BCE 149	3차 포에니 전쟁(~BCE 146)		BCE 37 고구려 (~AD668) BCE 18 백제 (~AD660) BCE 57 신라 (~AD935)
BCE 58	카이사르, 갈리아 정복(~BCE 51)		
BCE 31	옥타비아누스, 악티움전투에서 승리		
AD			
43	로마, 영국 정복 개시	채윤, 종이 발명(105)	
122	로마, 영국에 하드리안 장성 축성, 로마제국 최대 팽창(~136)		
220		중국 삼국시대 (위,촉,오) (~265)	
270년경		중국에서 나침반 사용	
293	디오클레티아누스, 로마 제국 4개로 분할		
316		중국, 남북 대립시대 (~589)	
324	콘스탄티누스 로마 제국 재통일		
331	콘스탄티우스 대제, 밀라노 칙령, 기독교 공인		
390	베게티우스, 〈군사론〉~440년경 개정판		
395	로마 제국, 동서로 분할		
407	게르만 족, 라인 강 넘어 서로마 제국 침략		

410	서고트족 로마 약탈			
451	훈족 아틸라, 서유럽 침략			
455	반달족, 로마 약탈			
476	서로마 제국 멸망			
527	유스티니아누스, 비잔티움 지배(~565)			
533	벨리사리우스, 북아프리카 정복(~534)			
535	벨리사리우스, 이탈리아 정복(~554)			
570	모하메드 탄생		수 건국 (581)	
612			고구려·수나라 전쟁(~614)-살수대첩	
634	모슬렘의 정복 시작		당 건국 (618)	
645			고구려·당나라 1차전쟁 2차전쟁(647), 3차전쟁(661~662) -안시성전투	
673	모슬렘의 콘스탄티노플 공격(~677)			백제멸망 (660), 고구려멸망 (668)
700경	등자, 서유럽에 도입			
711	모슬렘, 서고트족의 스페인 침략			
766	샤를마뉴의 통치(~814)			
773	샤를마뉴, 이탈리아 정복(~774)			
793	샤를마뉴, 라인강 및 다뉴브강 운하 건설 시도			
800경	바이킹족 침략			
800	샤를마뉴, 서유럽 황제 등극			
850경	프랑스 석궁 이용		중국, 화약 발명	
918			요(거란국) (916)	고려 건국 발해 멸망(926), 신라 멸망 (935)
955	오토 1세, 레크펠트 전투에서 마자르 족 격퇴			
962	오토 1세, 서유럽 황제 등극		송 건국 (960)	
993			거란 1차 침공 격퇴, 2차 침공 격퇴(1010~1011), 3차 침공 격퇴(1018) 귀주대첩(1019)	
1060	노르만족, 시칠리아 정복(~1091)			
1066	헤이스팅스 전투 : 노르만족 영국 정복			
1096	1차 십자군 원정(~1099)		금 건국 (1115)	
1161			중국에서 폭약 최초 사용	
1200경	나침반 서유럽에 도입			
1204	라틴족, 콘스탄티노플 점령(~1261)			

1206		칭기스 칸 몽골 통일, 몽골의 중국 정복(~1238), 원 건국(1271)
1231		몽골의 고려 침공 (~1259)
1237	몽골의 러시아 정복(~1240)	
1302	코르트레이크(Kortrijk~벨기에 소도시) 전투에서 플랑드르 보병, 프랑스 기병에게 승리	
1314	스코틀랜드 독립	
1320경	유럽에서 최초 화포 사용	
1337	백년 전쟁(~1453) 1346 : 크레시 전투(영국 장궁이 프랑스 석궁을 제압) 1415 : 아쟁쿠르 전투(수적 열세인 잉글랜드군이 프랑스군을 대파)(1:4~6)	
1350경	함포 개발, 최초의 휴대용 화약무기(소화기) 개발	명 건국 (1368)
1385	알주바로타 전투 : 포루투칼 독립(아비스 왕조 설립)	
1392		조선 건국
1419	후스전쟁(~1434)-보헤미아에서 후스파와 교황을 추종하는 국가들간 전쟁	
1450경	화승 활강 소총 개발	
1453	콘스탄티노플 함락, 비잔틴제국 멸망	
1455	장미 전쟁(~1485)	
1490경	강선 총신 개발	
1494	샤를 8세, 이탈리아 침략	연산군 폐위, 중종반정 (1506)
1511	스코틀랜드에서 최초의 범선 전함 진수	
1517	종교개혁(마르틴 루터)	
1519	스페인 코르테스, 멕시코 아즈텍 제국 정복(~1521) 마젤란의 세계일주 찰스 5세, 스페인 · 네델란드 · 합스부르크 · 신성로마제국 통일	
1531	스페인 피사로, 잉카 제국 정복(~1537)	
1556	스페인 필립 2세 통치(~1598)	
1571	레판토 해전(신성 동맹 함대와 오스만 제국이 벌인 전투로 오스만 제국 참패)	
1572	스페인에 대한 네델란드의 반기(~1648)	
1588	스페인 무적함대 패배	
1592		임진왜란 (~1598)
1600	영국, 동인도회사 설립	
1602	네델란드, 동인도회사 설립	
1616	존 어브 낫소 백작, 서부 독일에 최초 육군사관학교 설립	청 건국
1618	30년 전쟁(~1648)	인조반정 (1623), 정묘호란 (1627) 병자호란 (1636 ~1637)
1635	프랑스 · 스페인 전쟁(~1659)	

1648	먼스터 평화조약, 네덜란드 반란 종식 웨스트팔리아 평화조약, 30년 전쟁 종식		
1649	영국 공화정 출범(~1660)		
1659	피레네 평화조약, 프랑스 · 스페인 전쟁 종식		
1672	프랑스 · 네덜란드 전쟁(~1697)		
1672	폴란드 · 오스만전쟁(~1699) -오스만 영어식 표현 오토만(Ottoman)		
1688	아우크스부르크 동맹 전쟁(~1697)-9년 전쟁		
1689	피터 대제 러시아 통치(~1725)		
1690경	총꽂이 대검의 보편적 이용		
1701	스페인 왕위계승 전쟁(~1714)		
1704	블렌하임 전투		
1740	오스트리아 왕위계승 전쟁(~1748), 프리드리히 프로이센 통치(~1786)	몰비츠 전투(1741.4.10.)	프로이센 승
		코투지츠(Chotusitz) 전투(1742.5.15.)	프로이센 승
		데팅겐(Dettingen) 전투(1743.7.27.)	국본군이 프랑스에게 승
		퐁트누아(Fontenoy) 전투(1745.5.11.)	프랑스가 국본군에게 승
		호엔프리드베르크(Hohenfriedberg) 전투(1745.6.4.)	프로이센이 오스트리아 작센에게 승
		케셀스도르프(kesselsdorf) 전투(1745.12.14.)	프로이센이 오스트리아 작센에게 승
1756	7년 전쟁(~1763)	로보지츠 전투(1756.10.1.)	프로이센 승, 작센 항복
		콜린 전투(1757.7.18.)	오스트리아 승
		로스바흐 전투(1757.11.5.)	프로이센 승
		로이텐 전투(1757.12.5.)	프로이센 승, 슐레지엔 확보
		조른도르프 전투(1758.8.25.)	프로이센 · 러시아 무승부
1775	미 독립전쟁(~1783)		
1789	프랑스 혁명		
1792	프랑스 혁명 전쟁(~1802), 나폴레옹 프랑스 장악(1799)		
1803	나폴레옹 전쟁(~1815), 러시아 침공(1812), 워털루 전투(1815)		
1807	반도 전쟁(~1814)-스페인 · 포르투갈이 나폴레옹 지배에 대항		
1810	라틴아메리카 독립 전쟁(~1824)		
1825	최초로 철도 운행		
1827	총미 장전식 소총 개발		
1830	프랑스, 알제리 점령		
1833	유선 전신 개발		
1840		아편 전쟁 (~1862)	
1846	멕시코 전쟁(~1848)		
1853	크림 전쟁(~1856), 페리호 사건		
1859	최초의 철갑 전함 건조		
1861	미 남북전쟁(~1865), 케티스버그 전투(1863), 노예해방 선언(1863)		
1862	리차드 캐틀링, 최초의 수동식 기관총 개발		

1866	프러시아 · 오스트리아 전쟁		병인양요 (프랑스)
1867		일본 명치유신	
1870	프러시아 · 프랑스 전쟁(~1871)		신미양요 (미국)
1876	전화 발명		강화도 조약
1879	줄루 전쟁		
1881	보어人들, 영국으로부터 독립		
1884	히람 맥심, 자동식 기관총 발명		임오군란 (1882), 갑신정변 (1884) 갑오개혁 (경장)1894 을미사변 (1895), 아관파천 (1896)
1894		청일전쟁	
1899	보어 전쟁		
1903	최초로 비행기 비행 성공		
1904		러일전쟁	
1906	영국 전함 '드레드노트' 진수		
1914	1차세계대전(~1918)	중화민국 건국(1912)	
	솜 전투에서 최초로 탱크 사용(1916)		
	독일 무제한 잠수함전 · 러시아 혁명 · 미국 참전(1917)		
1919	베르사이유 조약		3.1만세 운동
1926	최초로 액체 연료 로켓 발사		6.10만세 운동
1929	뉴욕 증권 시장 파산		
1933	히틀러, 독일 수상에 취임		
1935	레이더 개발, 무솔리니 에티오피아 침략/합병(~1936)		
1936	독일 라인란트 재무장, 스페인 내전(~1939)	중일전쟁 (1937 ~1945)	
1939	제2차세계대전(~1945) / 독일 폴란드 침공		
	최초로 헬리콥터 비행, 터보 제트 비행기 시험 비행		
	독일 · 소련 불가침 조약(1939.8.23.)		
1940	독일 프랑스 침공, 독일 · 일본 · 이탈리아 동맹 조약 체결		
1941	일본 · 소련 불가침 조약 체결, 독일 소련 침공	일본 진주만 기습	
1942	엘 알라메인 전투, 독일 V-2 로켓 발사	미드웨이 전투	
1943	쿠르스크 전투, 연합군 이탈리아 상륙		
1944	노르망디 상륙, 발지 전투		
	최초로 전투용 제트 항공기 등장, 히틀러 암살 기도 실패		
1945	독일 무조건 항복	일본 무조건 항복	대한민국 독립

연도			
1946		베트민· 프랑스 인도차이나 전쟁	
1947	인도 독립		
1948	1차 아랍·이스라엘 전쟁		
1949	소련 원자탄 개발, 북대서양 조약 기구 발족	모택동 중국 통일(중화인민 공화국)	
1950			6.25전쟁 (~1953)
1953	스탈린 사망		
1954	최초의 원자력 추진 잠수함 개발	디엔비엔푸 전투	
1956	2차 아랍·이스라엘 전쟁		
1957	소련 인공위성 발사		
1960	대륙간 탄도 미사일 개발		4.19혁명, 5.16군사 정변(1961)
1965		베트남 전쟁 (~1975)	
1967	3차 아랍·이스라엘 전쟁		
1979	소련의 아프가니스탄 침공(~1989)		
1980	이란·이라크 전쟁		5.18민주화 운동
1982	포클랜드 전쟁		김일성사망 (1994)
1990	걸프 전쟁(~1991)		IMF구제 금융 (1997)
2001	9.11 테러		
2001.10.7.	미국의 아프가니스탄 침공(~2021.8.30.)		
2003	미국의 이라크 침공(~2011)		김정일사망 (2011)
2022	러시아 우크라이나 침공		

참고 문헌

Antony Beevor, 『제2차 세계대전-모든 것을 빨아들인 블랙홀의 역사』 (김규태, 박리라 역), 글항아리, 2017.

Arther Ferrill, 『전쟁의 기원』(이춘근 역), 북앤피플, 2019.

C. V. Wedgwood, 『30년 전쟁(1618-1648)』(남경태 역), 휴머니스트, 2011.

Fremont-Barnes, Gregory, 『나폴레옹 전쟁 : 근대 유럽의 탄생』(박근형 옮김), 플래닛미디어, 2020.

Holland, Tom, 『페르시아 전쟁-최초의 동서양 문명 충돌, 지금의 세계를 만들다』,(이순호 역), 책과 함께, 2006.

John Keegan, 『세계전쟁사』(유병건 옮김), 까치글방, 2019.

Michael Whitby 외, 『로마전쟁』(김홍래 역), 플래닛미디어, 2020.

Morris Rossabi, 『몽골제국』(권용철 역), 교유서가, 2020.

Peter Hopkirk, 『그레이트 게임』(정영목 역), 사계절 출판사, 2008.

Peter Simkins 외, 『제1차세계대전』(강민수 역), 플래닛 미디어, 2008.

Thomas X. Hammes, 『21세기 전쟁 : 비대칭의 4세대 전쟁』(하광희 역), 한국국방연구원, 2010.

Thucydides, 『펠로폰네소스 전쟁사』(천병희 역), 숲, 2011.

Veenhof Klaas R., 『고대 오리엔트 역사 : 알렉산더 대왕 시대까지』(배희숙 역), 한국문화사, 2015.

미야자키 마사카츠, 『하룻밤에 읽는 세계사』(이영주 역), 알에치코리아, 2021.

일본역사학연구회, 『태평양전쟁』(방일권외 옮김), 채륜, 2017.

하라다 게이이치, 『청일·러일전쟁』(최석완 역), 어문학사, 2012.

남문희, 『전쟁의 역사 1 : 동서양의 격돌 고대그리스전쟁』, 휴머니스트, 2011.

유원수, 『몽골 비사』, 사계절, 2004.

육군군사연구소, 『청일전쟁』, 2014.

육군사관학교, 『세계전쟁사 부도』, 2007.

육군사관학교, 『세계전쟁사』, 2015.

이내주, 『전쟁과 무기의 전쟁사』, 채륜서, 2017.

이희수, 『인류본사-오리엔트 중동의 눈으로 본 1만 2,000년 인류사』, 휴머니스트, 2022.

정토웅, 『세계전쟁사 다이제스트 100』, 가람기획, 2010.

권영상, "린드 4세대 전쟁론의 재조명-4세대 전쟁론 비판에 대한 반증을 중심으로", 군사연구(제144집), 2017.

백상환, "현대전에서의 전략적 기습의 유용성과 한계", 학위논문(석사), 1995.

이강경외, "제2차 세계대전시 미·영 연합군의 승전 요인 고찰 : 무기체계 연구개발 및 전시생산체제를 중심으로", 군사연구(153권), 2022.

정재욱, "신고전적 현실주의 접근을 통한 펠로폰네소스 전쟁의 원인 고찰", 국가안보와 전략(16권 1호), 2016.

조한승, "4세대 전쟁의 이론과 실제", 국제정치논총(50권 1호), 2010.

최영진, "세계를 놀라게 한 몽골 기병의 전략 : 20년 만에 세계를 제패한 칭기즈칸의 전략 비결은?", 국방저널, 2021.

최영진, "제1차 세계대전과 서방 패권", 국방저널, 2022.

최장옥, "제4세대 전쟁에서 '군사적 약자의 장기전 수행전략'에 관한 연구", 학위논문(박사), 2015.

중앙일보(2009.3.23.), 중앙일보(2010.10.1.), 조선일보(2020.1.08.), 연합뉴스(2021.8.12.), 한겨레신문(2014.8.9.), 한겨레신문(2021.7.27.)

https://www.wikipedia.org

https://commons.wikimedia.org

https://m.post.naver.com/viewer/postView.nhn?volumeNo=285478 39&memberNo=25828090

https://terms.naver.com/entry.naver?docId=3348523&cid=47307& categoryId=47307

https://www.bbc.com/korean/international-58199143

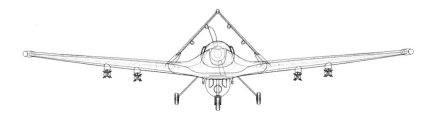